环境灵敏的思茅松天然林生物量模型构建

Environment-Sensitive Biomass Models for *Pinus kesiya* var. *langbianensis* Natural Forest

欧光龙　胥　辉　著

科学出版社

北京

内 容 简 介

本书以云南省普洱市思茅松天然林为研究对象,选择3个思茅松天然林典型位点(墨江哈尼族自治县通关镇、思茅区云仙乡、澜沧拉祜族自治县糯福乡)调查思茅松天然林45个样地和128株单木的生物量,以基本测树因子为基础,分析生物量随地形因子、气候因子、竞争因子等环境因子的变化规律,以幂函数方程为基础,采用非线性混合效应模型技术,考虑模型的方差结构和空间自相关协方差结构,构建生物量模型的区域效应混合模型。从单木和林分水平构建考虑环境因子固定效应的区域混合效应模型、考虑环境因子的林分生物量扩展因子及根茎比模型,以及考虑环境因子固定效应的单木地上部分生物量生长混合效应模型,分析各维量模型拟合及检验表现,选择出各维量最佳的拟合模型,从而构建环境灵敏的思茅松天然林生物量模型体系。

本书可以为从事森林生物量及碳储量的估算及模型研究的科研人员提供科学指导,基础资料及研究经验可以为生态学、林学领域的相关研究者提供参考。

图书在版编目(CIP)数据

环境灵敏的思茅松天然林生物量模型构建/欧光龙,胥辉著. —北京:科学出版社,2015.6

ISBN 978-7-03-045096-8

Ⅰ.①环… Ⅱ.①欧… ②胥… Ⅲ.①思茅松–天然林–生物量–生物模型–研究 Ⅳ.①S791.259.01

中国版本图书馆 CIP 数据核字(2015)第 132938 号

责任编辑:杨 岭 孟 锐/责任校对:刘亚琦
责任印制:余少力/封面设计:墨创文化

科 学 出 版 社 出版

北京东黄城根北街 16 号
邮政编码:100717
http://www.sciencep.com

成都创新包装印刷厂印刷
科学出版社发行 各地新华书店经销

*

2015 年 7 月第 一 版 开本:B5(720×1000)
2015 年 7 月第一次印刷 印张:17 1/2
字数:390 000

定价:89.00 元
(如有印装质量问题,我社负责调换)

资 助 项 目

研究资助：

国家自然科学基金项目：基于蓄积量的生物量和碳储量机理转换模型构建
（31160157）
云南省应用基础研究计划项目：思茅松天然林地上部分生物量生长模型构建
（2012FD027）

出版资助：

西南林业大学省院省校森林培育学重点学科
西南林业大学博士专著出版基金
西南林业大学西南地区生物多样性保育国家林业局重点实验室

前　言

　　全球气候变化引发了国际社会对温室气体排放及其吸存的广泛关注，植物的固碳功能使得人们关注陆地植被的碳吸存（IPCC，2003，2006）。森林生态系统是陆地生态系统中的重要碳库，森林碳增汇作为碳减缓的一个重要手段，地位尤为突出，森林碳汇研究日益受到国际社会的广泛关注（魏殿生，2003）。森林碳汇估算的基础是森林生物量的准确估算。森林生物量作为森林生态系统的最基本的特征数据，是研究森林生态系统结构和功能的基础（Lieth & Whittaker，1975；West，2009），生物量的调查测定及其估算一直是林业及生态学领域研究的重点，由于生物量数据获取具有破坏性，因此其模型研究一直为学者所重视。

　　目前构建了大量的生物量模型，也开展了关于生物量因子模型的研究，以及生物量生长的研究工作，但就其模型构建而言，仍然存在以静态模型为主，缺乏动态模型；以基本测树因子为自变量的模型为主，考虑环境因子的模型不多；以基本生物量模型为主，缺乏生物量因子模型等问题。如何构建高精度的生物量模型体系，准确把握生物量分布、分配及生长规律对于精确估算森林生物量及碳储量至关重要。

　　鉴于此，本书依托国家自然科学基金项目"基于蓄积量的生物量和碳储量机理转换模型构建（31160157）"和云南省应用基础研究计划项目"思茅松天然林地上部分生物量生长模型构建（2012FD027）"，开展了以思茅松天然林为研究对象，从单木和林分水平构建了考虑环境因子固定效应的区域混合效应模型、考虑环境因子的林分生物量扩展因子及根茎比模型，以及考虑环境因子固定效应的单木地上部分生物量生长混合效应模型，探索研究环境灵敏的高精度的思茅松生物量模型体系。

　　本书第 1 章综述了目前森林生物量模型研究，以及混合效应模型在生物量模型构建中的应用概况，介绍了本书的主要研究内容及技术路线；第 2 章从研究区概况、思茅松简介、数据调查与测定、数据收集与处理、模型构建与评价等方面介绍了本书相关研究的方法；第 3 章则在单木水平上，构建了思茅松天然林单木生物量各维量环境灵敏的生物量模型；第 4 章在林分水平上，构建了思茅松天然林林分生物量各维量环境灵敏的生物量模型；第 5 章考虑生物量因子的变化，在林分水平上从生物量扩展因子和根茎比两个方面构建了环境灵敏的思茅松天然林林分生物量因子模型；第 6 章构建了环境灵敏的思茅松单木生物量地上部分各维量生物量生长模型；第 7 章对模型研究及其存在的问题进行了总结讨论。

　　本书是欧光龙在导师胥辉教授的指导下，在依托相关研究项目完成的东北林业大学森林经理学科博士学位论文《气候变化背景下思茅松天然林生物量模型构建》的基础上进一步完善形成的。西南林业大学王俊峰、梁志刚等老师，肖义发、陈科屹、郑海妹、孙雪莲、徐婷婷、张博等硕士研究生参加了野外调查及室内数据测定，野外调查还得到了云南省普洱市林业局及墨江哈尼族自治县林业局、澜沧拉祜族自治县林业局、思茅区林业局相关同志的帮助。本书出版得到"西南林业大学省院省校森林培育学重点学科"、"西南林业大学博士专著出版基金"、"西南林业大学西南地区生物多样性保育国家林业局重点实验室"共同资助。在此一并致谢！

　　由于作者水平有限，书中难免存在不足之处，恳请读者批评指正！

著　者

2015 年 1 月于昆明

目　　录

第 1 章 绪 论

1.1 引 言

1.1.1 研究背景及目的和意义

1.1.1.1 研究背景

全球气候变化引发了国际社会对温室气体排放及其吸存的广泛关注，植物的固碳功能使得人们关注陆地植被的碳吸存（IPCC，2003，2006）。森林生态系统是陆地生态系统中的重要碳库，森林碳增汇作为碳减缓的一个重要手段，地位尤为突出，森林碳汇研究日益受到国际社会的广泛关注（魏殿生，2003）。森林碳汇估算的基础是森林生物量的准确估算。

森林生物量是森林生态系统的最基本的特征数据，是研究森林生态系统结构和功能的基础（Lieth & Whittaker，1975；West，2009），因此，生物量的研究向来受到众多学者的广泛重视。由于森林生物量模型有助于了解森林生态系统结构与功能及它们对环境因子变化的响应，生物量模型构建是生物量研究的重要方面，也是生物量研究和估算的最常用方法。目前已经构建了数以千计的生物量方程或模型，如 Jenkins 等（2004）总结了北美 177 项研究得出 2640 个生物量方程，Zianis 等（2005）、Ter-Mikaelian 和 Korzukhin（1997）、Eamus 等（2000）和 Keith 等（2000）分别综述了欧洲、北美及澳大利亚的生物量模型，总结了各式各样的生物量模型。但主要以静态模型为主，缺乏动态模型；以基本测树因子为自变量的模型为主，考虑环境因子的模型不多。

此外，以往生物量调查多集中在地上或树干等易测部分，因此分析生物量分配规律，基于森林生物量的相对生长关系，通过相关生物量因子估算其他维量的生物量，需要合理利用以往相关数据。IPCC（2003）（IPCC，Intergovernmental Panel on Climate Change，即政府间气候变化专门委员会）总结了不同生态系统类型，以及主要树种及树种组的生物量因子参数及其变化范围，发现生物量因子的值不但随森林类型的不同而异，而且在同一森林类型中还随林龄、林分密度、立地条件、气候及其他环境因素的不同而异（Brown & Schroeder，1999；Fang et al.，2001a；Poorer et al.，2012；罗云建等，2013），因此采用平均生物量因子或某一恒定值估算会带来较大的估算误差；一些学者通过幂函数、线性函数及双曲线函数等形式分析了生物量因子的连续变化规律，拟合了生物量因子模型（Brown &

Schroeder，1999；Fang et al.，2001a；Zhou et al.，2002；罗云建，2007；吴小山，2008；李江，2011）。虽然目前构建了一定数量的生物量因子连续变化函数模型，且生物量因子随林分因子和环境因子呈现规律性变化，但其模型中较少纳入环境因子作为变量直接参与模型拟合。因此，构建环境灵敏的生物量因子变化模型对于准确估算林木生物量具有重要意义。

综上所述，生物量模型研究是生物量研究的重要内容，尤其是在气候变化背景下，如何构建与其相适应的精确估算模型更是成为生物量研究的重点。而在目前的生物量模型研究中以静态模型为主，缺乏动态模型；以基本测树因子为自变量的模型为主，考虑环境因子的模型不多。因此，本研究以思茅松天然林为研究对象，考虑环境因子对生物量的影响，从单木和林分生物量模型、生物量扩展因子及根茎比模型和单木生物量生长模型 3 个方面，构建环境灵敏的生物量模型体系。

1.1.1.2　研究目的和意义

森林碳汇是陆地植被碳汇的重要内容，如何准确估算生物量成为森林碳汇估算的关键，生物量模型研究可以准确量化森林生物量分配、分布及累积规律，是实现生物量估算的重要方法。因此，本研究针对目前森林生物量研究中存在的问题，以我国南亚热带的思茅松天然林为研究对象，从环境灵敏的单木和林分生物量模型、生物量扩展因子及根茎比模型和单木生物量生长模型 3 个方面构建思茅松生物量模型体系。

首先，在单木和林分两个水平上构建思茅松生物量模型。采用混合效应模型技术，考虑区域效应对生物量的影响，分析模型的方差结构和空间自相关的协方差结构对模型精度的影响，构建各维量区域效应混合效应模型；综合考虑林分、地形、气候和竞争等因子对思茅松单木及林分生物量的影响，将环境因子引入混合效应模型，分析环境因子的固定效应，从而构建环境灵敏的生物量混合效应模型，为单木及林分水平上生物量的准确估算提供依据。

其次，在林分水平上构建生物量各维量生物量扩展因子及根茎比模型。分析林分水平各生物量维量间的分配规律，考虑林分、地形、气候等因子对生物量扩展因子及根茎比的影响，分析模型的方差结构和空间自相关协方差结构，构建生物量扩展因子及根茎比模型，实现对以往调查数据的合理使用。

再次，构建单木生物量生长模型。分析单木生物量生长规律，采用混合效应模型技术，考虑区域效应对生物量生长的影响，分析模型的方差结构和时间自相关的协方差结构对模型精度的影响；考虑地形、气候和竞争等环境因子的作用，构建环境灵敏的单木生物量生长模型。从而掌握思茅松单木生物量的动态变化规律，为其林分的抚育管理提供重要依据。

1.1.2　森林生物量模型研究概述

1.1.2.1　森林生物量研究简介

森林生物量作为森林生态系统最基本的特征数据，是研究森林生态系统结构和功能的基础（Lieth & Whittaker，1975；West，2009），生物量的调查测定及其估算一直是林业及生态学领域研究的重点。1876 年，Ebermayer 对树叶落叶量及木材重量进行了测定，20 世纪 20 年代，Jensen、Burger 和 Harper 等也进行了类似测定；20 世纪 50 年代，日本、苏联、英国及美国等国科学家对各自国家的生物量进行了测定调查及资料收集工作；20 世纪 60 年代中期以后，在 IBP（国际生物学计划）和 MAB（人与生物圈计划）推动下，生物量研究得以迅速发展；20 世纪 80 年代后期，全球碳循环成为研究热点，从而从侧面推动了森林生态系统生物量的研究。

在我国，生物量的研究最早见于 20 世纪 70 年代末 80 年代初，代表性的研究成果有潘维俦等（1979）、陈炳浩和陈楚莹（1980）、李文华等（1981）及冯宗炜等（1982）的研究。随后一些学者先后对我国几十个树种及森林类型的生物量进行了研究（例如，陈灵芝，1984；马钦彦，1989；刘世荣，1990；党承林和吴兆录，1992；李意德等，1992；郑征等，2000；吕晓涛等，2007）。国内一些学者也开展了我国森林生物量研究的总结工作，如罗天祥（1996）论述了中国主要森林类型的生产力格局；冯宗炜等（1999）总结了全国不同森林类型的生物量及其分布格局；Wang 等（2008）总结了东北林区的森林生物量特征；史军（2005）总结了造林活动的人工林对中国陆地碳循环的影响；罗云建等（2013）基于上述研究，系统综述了中国森林生态系统的生物量及其分配情况，并分析了生物量因子随林分因子、气候因子等的变化规律。

要获知森林生物量分布及其动态变化的情况，森林生物量的测定是关键。森林生物量测定方法一般有收获法、平均木法、相对生长法（模型法），以及材积转换法，其中平均木法和相对生长法又称平均生物量法。随着遥感技术的发展，利用遥感技术（RS）和地理信息系统技术（GIS）相结合进行植被生物量估测，可以估算区域或更大尺度的植被生物量（万猛等，2009）。但是基于森林资源调查的传统方法仍然占据十分重要的位置，目前主要采用的是平均生物量法和材积源生物量法（Guo et al.，2010）。

1.1.2.2　森林生物量模型概述

1986 年，在世界林分生长模型和模拟会议上，林分生长模型和模拟的定义被提出，即林分生长模型是指一个或一组数学函数，它描述林木生长与林分状态和立地条件的关系，模拟是使用生长模型去估计林分在各种特定条件下的发展

（Bruce & Wensel，1987）。林木生长与收获研究一直是林业研究的重点和热点。对于林木直径、树高、材积生长的研究比较多，形成了从单木生长模型、径阶分布模型到全林分模型的一整套生长和收获模型体系（孟宪宇，2006）。

森林生物量作为森林生态系统的重要属性，森林生物量模型研究也一直是林木生长及收获模型研究的重点。就单木和林分等中观尺度而言，全世界已经建立的生物量模型超过 2300 个，涉及树种 100 个以上（Chojnacky，2002）。例如，Ter-Mikaelian 和 Korzukhin（1997）总结了北美地区 65 个树种的生物量模型，给出了基于相对生长的 803 个方程；Jenkins 等（2003）则总结了美国主要树种（含 100 多个树种）的 300 余个生物量方程，建立了国家尺度上的地上部分生物量模型；Jenkins 等（2004）还通过对北美地区 177 份研究的总结，报道了基于直径的生物量方程多达 2640 个；Zianis 等（2005）则总结罗列了欧洲地区主要树种的生物量模型方程共计 607 个，并做了不同维量模型的统计分析；Muukkonen（2007）建立了欧洲主要树种的通用型生物量回归方程；Case 和 Hall（2008）则基于地区、区域性的和全国通用的相对生长方程比较分析了不同通用性水平下的加拿大中西部地区的 10 个树种生物量的预估误差；Basuki 等（2009）构建了印尼加林曼丹东部低地热带雨林中的龙脑香科 4 个属的生物量方程；Návar（2009）基于相对生长方程构建了墨西哥西北部热带及温带 10 个树种的各器官维量的生物量方程。可见，目前已经构建了大量的生物量预估模型。

就具体生物量模型构建而言，其主要包括对模型结构的确定和参数估计方法的选择（曾伟生等，2011）。模型结构通常可以分为线性、加性误差的非线性和乘积误差的非线性 3 种（Parresol，1999，2001），通常生物量对象不同，模型结构就可能不同（胥辉，1998；曾伟生等，1999；唐守正等，2000；Zianis et al.，2005；Repola et al.，2007），而其中幂函数形式（相对生长方程）是应用最广的一种（Ter-Mikaelian & Korzukhin，1997；胥辉和张会儒，2002；Zianis，2008；曾伟生等，2011）。此外，为解决林木总生物量和各分量间相容的问题，一些学者采取了模型系统的方式解决其相容性问题，从而确保各分量之和与总量相容的问题（胥辉，1998，1999；张会儒等，1999；唐守正等，2000；António et al.，2007；董利虎等，2013）。

对于模型的参数估计方法而言，线性模型可以用标准的最小二乘法进行估计，而非线性的模型可以采用参数估计的迭代程序（曾伟生等，2011）。而对于相容性模型的参数估计，学者们采用了不同的模型方法，如骆期邦等（1999）和张会儒等（1999）分别采用线性联立方程组模型和非线性联合估计模型解决了生物量总量与各分量之间的相容性；唐守正等（2000）、胥辉等（2001）通过不同非线性联合估计方案构建了生物量相容性模型，并提出了两级联合估计的方法；Parresol（2001）通过非线性似乎不相关模型手段解决了非线性生物量模型中的可加性问题；Bi 等（2004）则以对数转换为基础，构建可加性生物量方程系统，并采用似乎不相关模型联合估计生物量模型中的方差参数和偏差校正因子；曾伟生和唐守正（2010）在构建地上部分生物量模型时，引入度量误差模型方法，考虑比例函数分级联合控制和比例函数总量直接控制两种方案，形成了以地上总生物量为基础的相容性模型系统；曾伟生和唐守正（2010）采用混合效应模型手段建立全国和区域相容性立木生物量方程。

可见，目前构建了大量的生物量模型，也采用了很多近现代的模型技术解决了生物量模型中存在的数学问题，但这些模型多以静态模型为主，缺乏动态模型；以基本测树因子为自变量的模型为主，考虑环境因子的模型不多。

1.1.2.3　材积源的生物量法研究概述

由于地上部分或树干部分的数据相对容易测量，尤其是树干部分数据还可以通过以往调查保存的大量林木材积与树干密度计算得出，因此分析生物量分配规律，以及林木生物量各维量与材积之间的关系，构建生物量因子模型，实现生物量维量间或生物量维量与材积的转换，尤其是生物量维量与树干生物量及材积的转换，合理、有效地利用以往数据对于生物量研究具有重要意义。如何通过易测部分数据估算出不易测量部分的生物量？植物生物量分配规律的相对生长为此提供了有力的理论支持。

生物量分配规律是森林生物量研究的重要内容，森林生物量各维量间呈现相对生长关系（West et al.，1997，1999a，1999b；West & Niklas，2002；程栋梁，2007；韩文轩和方精云，2008；程栋梁等，2011），这就为通过易测维量的生物量估算其他维量的生物量提供了可能。因此，基于森林生物量的相对生长关系，通过生物量因子可以估算得出其他维量的生物量值。计算主要森林类型的生物量估算参数值，构建生物量估算参数与林分调查指标的函数关系是当前国内生物量估算需要开展的工作（罗云建等，2009）。

据此，IPCC 总结了世界各地不同生态系统类型，以及主要树种及树种组的生物量因子参数及其变化范围，这些计量参数包括生物量转化与扩展因子（biomass conversion and expansion factor，BCEF）、生物量扩展因子（biomass expansion factor，BEF）、根茎比（ratio of root to shoot，R）、木材基本密度（basic wooddensity，WD）等（IPCC，2003）。Brown 和 Lugo（1984）认为生物量与蓄积量之比为常数，后来 Fang 等（1998）认为生物量与蓄积量的关系呈连续函数变化；研究表明，生物量因子的值不但随森林类型的不同而不同，而且在同一森林类型中还随林龄、林分密度、立地条件、气候，以及其他环境因素的不同而不同（Brown & Schroeder，1999；Fang et al.，2001a；Lehtonen et al.，2004；Poorer et al.，2012；罗云建等，2013）。因此，采用平均生物量因子或某一恒定值估算会带来较大的估算误差。而且生物量因子与林龄、胸径、树高、树干生物量等林分调查指标存在显著的相关性

（Levy et al.，2004；Segura，2005；Cheng et al.，2007；罗云建等，2013）；根茎比随着林龄、胸径、树高和地上部分生物量的增加而减小，随着林分密度的增加而增加（Caims et al.，1997；Mokany et al.，2006；Wang et al.，2008）。一些学者通过幂函数、线性函数及双曲线函数等形式分析了生物量因子的连续变化规律，拟合了生物量因子模型（Brown & Schroeder，1999；Fang et al.，2001a；Zhou et al.，2002；罗云建，2007；吴小山，2008；李江，2011），选用自变量包括了材积（Brown et al.，1999）、立木蓄积（Fang et al.，2001b）、胸径（罗云建等，2007）、树高（Levy et al.，2004）、林龄（Lehtonen et al.，2004）等。

生物量因子除随林分基本测定因子呈现规律性变化外，也会随环境因子发生变化（罗云建等，2013）。对生物量扩展因子而言，树干、树枝生物量扩展因子与林分密度呈负相关，但相关性不显著，树叶、地上、根系及乔木层生物量扩展因子与林分密度呈正相关，但其中地上部分生物量扩展因子与林分密度相关性不显著（罗云建等，2013）；而气候因子会影响到生物量扩展因子，从寒温带到热带，阔叶林的生物量扩展因子平均值逐渐增加，针叶林则无明显的变化趋势（IPCC，2003）；罗云建等（2013）对我国森林生物量扩展因子与气候因子关系进行分析发现，随年均温的增加，树枝、树叶和地上部分生物量扩展因子呈现先增加后减小的变化，地下和乔木层生物量扩展因子则逐渐减小，树干生物量扩展因子没有明显变化趋势；而随年降雨量的增加，除树干生物量扩展因子没有明显变化趋势外，其余生物量因子均随之逐渐减小。对根茎比而言，环境因子是否会影响根茎比尚无定论（罗云建等，2009），罗云建等（2013）研究发现，森林生物量根茎比随林分密度没有明显的变化，随年均温的增加逐渐减小，随年降雨的增加则呈现"U"形变化趋势；Caims 等（1997）则认为年均降雨量和土壤质地并不会显著影响根茎比；Mokany 等（2006）认为根茎比随着年均降雨量的增加而减小，随着黏土、壤土到砂土土壤质地的变化而有增加的趋势。

可见，虽然已经构建了基于基本的林分因子或单木测树因子的生物量因子连续变化函数模型，而且生物量扩展因子也随环境因子变化而变化，但目前模型中较少纳入环境因子作为变量直接参与模型拟合。因此，考虑环境因子，将其纳入模型拟合，从而构建环境灵敏的生物量扩展因子模型对于提高模型精度，通过扩展因子准确估算生物量具有重要意义。

1.1.3 混合效应模型在生物量模型构建中的应用

1.1.3.1 混合效应模型简介

随着近现代生物数学模型技术的发展，一些数学模型技术被广泛应用到林木生长与收获模型中，如非线性及线性联立方程组模型、非线性度量误差模型、非线性误差变量联立方程组模型、混合效应模型等（唐守正等，2009）。由于混合效应模型解决了模型含有随机参数，以及模型误差不是独立分布的问题，自 Laird 和 Ware（1982）完整描述混合效应模型后，它逐渐被应用于医学、林业等领域的相关统计分析及模型构建中（Pinheiro & Bates，2000；Little et al.，2006；李春明，2009，2010；符利勇，2012）。

混合效应模型包含了固定效应和随机效应两部分，既可以反映总体的平均变化趋势，又可以提供数据方差、协方差等多种信息来反映个体之间的差异；并且在处理不规则及不平衡数据，以及在分析数据的相关性方面具有其他模型无法比拟的优势，在分析重复测量和纵向数据及满足假设条件时具有灵活性（李春明，2009）。目前混合效应模型根据其模型形式可以分为线性混合效应模型和非线性混合效应模型（李春明，2009，2010）。

对于混合模型的构建而言，在确定基本模型的基础上，分析模型随机效应结构变化，需要确定 3 个结构（Pinheiro & Bates，2000；Fang et al.，2001b；李春明和唐守正，2010），即混合效应参数、组内方差协方差结构（R 矩阵）和组间方差协方差结构（D 矩阵）。目前很多软件均能进行混合效应模型的计算，如 ForStat 软件和 SPSS 软件均能进行线性混合效应模型计算，SAS、S-Plus 和 R 等软件均有相应模块可以进行线性和非线性混合效应模型计算，且 3 个软件还可以进行嵌套多水平的随机效应的混合效应模型计算，且各个软件均设置了相关的反映随机效应方差和协方差结构的方程（Pinheiro & Bates，2000；Little et al.，2006；唐守正等，2009；李春明，2010；符利勇，2012）。以 S-Plus 为例，该软件设置的描述方差结构的方程包括固定函数（varFixed）、幂函数（varPower）和指数函数（varExp）等类型；而描述自相关的协方差方程时除复合对称结构（compound symmetry，CS）、广义结构（general symmetric）等外，还分别从空间自相关和时间自相关两个方面描述，其中空间自相关方程包括高斯形式（Gaussian）、Spherical、指数形式（Exponential）和线性形式（Linear）等，时间自相关方程则包含了自回归（autoregressive，AR）、条件自相关回归（conditional autoregressive，CRA）、自回归移动平均（autoregressive-moving average，ARMA）等形式（Pinheiro & Bates，2000）。

目前混合效应模型的参数估计方法，对于线性混合效应模型来说主要有最小范数二次无偏估计、最小方差二次无偏估计、极大似然和限制极大似然估计等（李春明，2010），而对于非线性混合效应模型则有 EM 运算法则、重要性抽样、Newton-Raphson 算法、极大似然法和限制极大似然法（李春明，2010；符利勇等，2013），SAS 和 S-Plus 两大软件的缺省方法均为限制极大似然法（Pinheiro & Bates，2000）。此外，相关软件也选择了一些统计指标进行模型拟合评价，其中 Akaike 信息指数（Akaike information criterion，AIC）和贝叶斯信息指数（Bayesian information criterion，BIC）是最为常用的两个指标。

1.1.3.2 混合效应模型在林业模型构建中的应用

自 Laird 和 Ware（1982）完整描述混合效应模型后，由于混合效应模型多具有较普通回归模型较好的拟合精度和预估精度，因此在林业上该模型技术被广泛应用于各种模型的构建中，符利勇（2012）在其博士论文中从单水平和嵌套多水平非线性混合效应（NLMEMs）模型两个方面综述了混合效应模型在林业中的应用，认为单水平 NLMEMs 在林业上应用较多，嵌套两水平 NLMEMs 应用较少，而嵌套三水平及三水平以上的 NLMEMs 非常少见。

在单木水平上，学者们采用混合效应模型技术构建了树高（Nanos et al.，2004）、树高与直径关系（Calama & Montero，2004；Budhathoki et al.，2005；Dorado et al.，2006；Mahadev & John，2007；李春明，2010）、胸径及断面积（雷相东等，2009；李春明，2012b；符利勇等，2012）、材积（Gregoire et al.，1996）模型；在林分水平上，学者们也采用混合效应模型技术，分别构建了林分优势高（Lappi & Bailey，1988；Fang & Bailey，2001；李永慈，2004；李春明和张会儒，2010）、林分断面积（Gregoire，1987；Fang & Bailey，2001；李春明，2011；符利勇等，2011）及林分蓄积（Hall & Clutter，2004；Zhao et al.，2005；李春明，2012a）模型。此外，混合效应模型也应用到了林业模型中其他研究对象中，如单木冠幅（符利勇和孙华，2013）、木材密度（李耀翔和姜立春，2013）、削度方程（Garber & Maguire，2003）、林分密度（Rose et al.，2006）、节子大小（陈东升等，2011）及林木生物量模型（Zhang & Borders，2004；Fehrmann et al.，2008）构建。考虑的随机效应包括区域效应、样地效应、样木效应，以及立地条件差异、抚育管理措施等（李春明，2009，2010）。

1.1.3.3 混合效应模型在生物量模型构建中的应用

从 1.1.3.2 的描述中可以看出，目前混合效应模型被广泛应用于林业研究中，但其研究内容主要集中在单木及林分树高变量、直径及断面积、材积及蓄积等基本测树因子上，而对生物量等研究较少。对于生物量的混合效应模型构建，主要有 Zhang 和 Borders（2004）为了提高对美国佐治亚州集约经营的火炬松林立木生物量的估计精度，在建立立木生物量方程时采用了混合模型方法；Fehrmann 等（2008）采用非参数 k-最近邻域法和线性混合效应模型及其附属的线性模型方法估计了芬兰挪威云杉和欧洲赤松的单木生物量，并对混合模型方法与 k-最近邻域方法进行了对比分析；Pearce 等（2010）采用线性混合效应模型，选择位点（Site）作为随机效应，估测了新西兰灌丛薪炭林的生物量，他们都得出相同的结论，即混合模型方法比传统的方法精度要高；曾伟生等（2011）采用线性混合效应模型和哑变量模型构建贵州省人工杉木和马尾松地上部分生物量的通用性生物量方程，发现带随机参数的线性混合模型和带特定参数的哑变量模型比总体平均模型的精度高，线性混合模型和哑变量模型方法均同等有效，可推广应用于其他通用性模型；此外，Fu 等（2012）采用线性混合效应模型和哑变量模型技术构建了中国南方马尾松林单木相容性的单木生物量方程，混合效应模型较一般模型具有较好的拟合和预估表现；Fu 等（2014）采用一般线性混合效应模型构建中国南方马尾松单木生物量模型，认为混合效应模型不仅具有更高的拟合精度，也具有较平均模型更好的适用性。可见，混合效应模型在拟合生物量模型时具有较高的拟合和预估精度，也具有更好的适用性；但是目前在生物量混合效应模型中考虑环境因子固定效应的模型鲜有报道。

因此，引入混合效应模型技术，考虑环境因子固定效应，并分析模型中随机效应的变化及影响，对构建生物量混合效应模型具有重要意义。

1.2 主 要 内 容

1.2.1 环境灵敏的生物量模型研建

以基本测树因子为基础，分析生物量随地形、气候、竞争等环境因子的变化规律，以幂函数方程为基础，采用非线性混合效应模型，考虑模型的方差结构和空间自相关协方差结构，构建生物量模型的区域效应混合模型。

（1）在单木水平上，构建思茅松单木树干、树皮、树枝、树叶、地上、根系及整株的生物量模型混合效应模型；考虑地形、气候、竞争等环境因子的影响，构建环境灵敏的单木各生物量维量的混合效应模型。

（2）在林分水平上，构建思茅松林林分乔木层地上、根系和总生物量，以及林分地上、根系和总生物量的混合效应模型；考虑林分、气候和地形等环境因子的影响，构建环境灵敏的林分生物量各维量的混合效应模型。

1.2.2 生物量扩展因子及根茎比模型研建

分别计算思茅松林分生物量扩展因子（BEF）与根茎比（R）两类生物量扩展因子，考虑其随测树因子、地形因子、气候因子等的变化规律，以幂函数方程为基础，考虑模型的方差结构和空间自相关协方差结构，分别构建思茅松林分各维量生物量因子模型，并考虑林分、气候和地形等环境因子，构建环境灵敏的思茅松林分生物量因子模型。

1.2.3 单木生物量生长模型研建

分析单木各生物维量的生长变化，考虑其随测树因子、地形因子、气候因子等的影响，以 Richards 方程为基础，采用非线性混合效应模型，考虑模型的方差结构和时间自相关协方差结构，构建思茅松单木地上部分生物量各维量生长的混合效应模型。

1.3　技术路线

研究的技术路线见图 1.3.1。

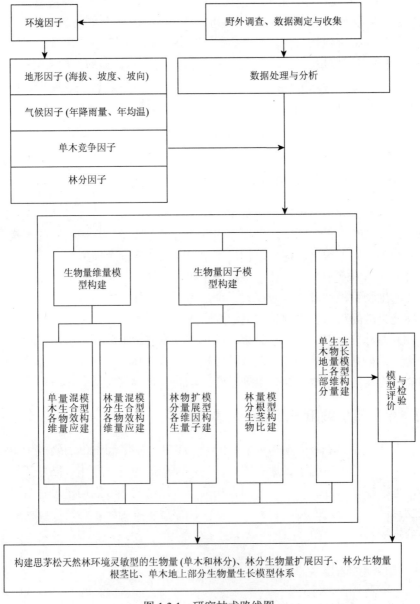

图 1.3.1　研究技术路线图

Fig.1.3.1　The chart of research procedure

第2章 研 究 方 法

2.1 研究区概况

研究区位于云南省普洱市,该市位于云南省西南部,普洱市境内群山起伏,全区山地面积占 98.3%,地处北纬 22°02′—24°50′、东经 99°09′—102°19′,北回归线横穿中部。东临红河哈尼族彝族自治州(红河)、玉溪市,南接西双版纳傣族自治州(西双版纳),西北连临沧市,北靠大理白族自治州(大理)、楚雄彝族自治州(楚雄)。总面积 45 385km²,是云南省的市(州)中面积最大的,全市海拔为 317—3370m。普洱市曾是"茶马古道"上的重要驿站。由于受亚热带季风气候的影响,这里大部分地区常年无霜,是著名的普洱茶的重要产地之一,也是中国最大的产茶区之一。

全市年均气温为 15—20.3℃,年无霜期在 315d 以上,年降雨量为 1100—2780mm。全市森林覆盖率高达 67%,有 2 个国家级、4 个省级自然保护区,是云南"动植物王国"的缩影,是全国生物多样性最丰富的地区之一;是北回归线上最大的绿洲,是最适宜人类居住的地方之一。

全市林业用地面积约 310.4 万 hm²,是云南省重点林区、重要的商品用材林基地和林产工业基地。

本研究涉及普洱市思茅区、墨江哈尼族自治县(墨江县)、澜沧拉祜族自治县(澜沧县)3 县(区)(图 2.1.1)。结合当地伐木实际开展调查工作,并选择墨江县通关镇(Site I)、思茅区云仙乡(Site II)及澜沧县糯福乡(SiteIII)的伐区作为研究位点(表 2.1.1)。

2.1.1 Site I——墨江县通关镇

Site I 位于墨江县通关镇。通关镇位于墨江县境西部,地处东经 101°14′—101°33′,北纬 23°05′—23°23′。

研究位点所处的墨江县,全称为墨江哈尼族自治县,位于云南省南部,普洱市东部,地处北纬 22°51′—23°59′,东经 101°08′—102°04′,北与镇沅彝族哈尼族拉祜族自治县、新平彝族傣族自治县两县相连,东与元江哈尼族彝族傣族自治县、红河县、绿春县 3 县接壤,南临江城哈尼族彝族自治县,西与宁洱哈尼族彝族自治县隔把边江相望。

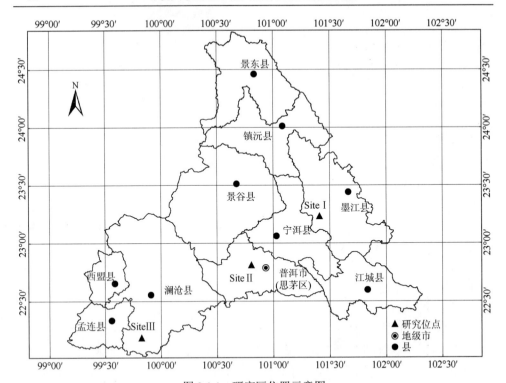

图 2.1.1　研究区位置示意图

Fig.2.1.1　The map of study sites

表 2.1.1　研究位点基本情况表

Table 2.1.1　The basic characters of the study sites

研究位点 Sites		经纬度 Longitude and Latitude of the sites	海拔 Altitude	样地数 No. of plots	样木数 No. of sampling trees
Site I	墨江县 通关镇	23°19′20.4″N—23°19′26.5″N 101°24′0.9″E—101°24′15.6″E	1300—1620m	15	28
Site II	思茅区 云仙乡	22°49′28.8″N—22°50′30.1″N 100°47′25.0″E—100°47′46.7″E	1080—1460m	15	64
Site III	澜沧县 糯福乡	22°11′29.1″N—22°11′42.3″N 99°42′33.8″E—99°42′48.8″E	1260—1560m	15	36

墨江县地处云贵高原西南边缘，横断山系纵谷区东南段，即哀牢山脉中段。全县地形北部狭窄，南部较宽，似纺锤状，地势自西北向东南倾斜。境内山高谷深，河流纵横，最高点在东北部碧溪乡的大尖山，海拔 2278m，最低点在南部泗南江乡的榄皮河与龙马江汇流处，海拔 478.5m。

墨江县处于低纬度高海拔地区，全县 2/3 的地域在北回归线以南，1/3 的地域在北回归线以北，气候属南亚热带季风气候。气候特点是春早冬晚，季温差小，光照充足，雨量丰裕，雨热同季。但由于境内山峦起伏，江河深切，沟幽谷深，形成了多种山地气候。全年日照时数 2161.2h；年平均气温为 17.8℃，最冷月 1 月月均温为 11.5℃，最热月 6 月月均温为 22.1℃，≥10℃年积温 6302.6℃；全年无霜期长达 306d，霜期短，年均 59d；雨量充沛，干湿季分明，降雨年际变化大，地域之间降雨量差异较大，年降雨量平均 1338mm，年蒸发量为 1696.7mm，雨季（5—10 月）降雨量占全年降雨量的 83.5%，但雨季绵长，年降雨日数多而强度小。

森林植被分布呈现较明显的垂直差异，在把边江、泗南江河谷的低海拔地区为北热带气候，植被类型为季节雨林和季雨林；海拔 900—1900m 的山地，主要是季风常绿阔叶林、思茅松林和针阔混交林；在海拔较高的山地，则出现中山湿性常绿阔叶林和灌丛。

2.1.2　Site II——思茅区云仙乡

Site II 位于思茅区云仙乡。云仙乡位于思茅区西北部山区，年均气温 17℃左右，终年凉爽；年降雨量 1700mm 左右，多分布在 5—10 月，尤其以 7—8 月的雨量最多，约占年降雨量的 43%。

研究位点所处的思茅区位于云南省南部，普洱市中南部，澜沧江中下游，是普洱市市委、市政府所在地。思茅区处于 22°27′N—23°06′N，100°19′E—101°27′E，总面积 3928hm²。思茅区地处世界茶叶原产地中心，是驰名中外的普洱茶原产地和集散地，普洱茶文化源远流长，在国内外享有较高的知名度和美誉度。

思茅区呈不规则的三角形，东西横距长，南北纵距短。地势西北高，东南低，中部隆起。境内诸山均属横断山脉的无量山南延部分，山峦重叠，河流纵横，山脉和峡谷相间分布，构成中山深谷地貌。最高的西北部大芦山，海拔 2154.8m，最低的澜沧江边小橄榄坝海拔 578m。主要河流有澜沧江干流及其支流小黑江、曼老江、大中河、大开河、五里河、倚象河、软桥河、踏青河，澜沧江干流在思茅区境内长 64km。

思茅区属低纬度高原南亚热带季风气候区，具有纬度低、高温、多雨、静风的特点，年均气温 17.9℃，年降雨量 1517.8mm，无霜期 315d。由于海拔不同，境内立体气候明显，有北热带、南亚热带、中亚热带和北亚热带 4 个不同的气候类型。

思茅区有林地约 30.4 万 hm²，森林覆盖率 76.9%，是云南省重点林区之一。

2.1.3　Site III——澜沧县糯福乡

Site III 位于澜沧县糯福乡。该乡位于澜沧县南部，毗邻缅甸。气候为南亚热带气候，境内雨量充沛，四季如春，很少霜冻，年平均气温 16.5℃，年降雨量 1690mm。糯福林区是澜沧县内最大的思茅松林区，森林面积约 6.15 万 hm²，森林覆盖率约 75%，年可采伐木材 8000m³，可采松脂 2000t。

研究位点所处的澜沧县，全称为澜沧拉祜族自治县，位于云南省西南部，因东临澜沧江而得名。澜沧县地处 99°29′E—100°35′E，22°01′N—23°16′N。全县总面积 8807hm²，为云南省面积第二大县。县境与景谷傣族彝族自治县、思茅区、勐海县、孟连傣族拉祜族佤族自治县、西盟佤族自治县、沧源佤族自治县、双江拉祜族佤族布朗族傣族自治县 7 县（区）相邻，西部和西南部有两段与缅甸接壤，接壤的国境线长 80.563km。

澜沧县地处横断山脉怒山山系南段，地势西北高，东南低，五山六水纵横交错。

澜沧县地处北回归线以南，气候属南亚热带山地季风气候，雨量充沛，日照充足，冬无严寒，夏无酷暑，干雨季分明。年均温 19.2℃，年降雨量 1624.0mm，年日照 2098.0h。由于地形地貌复杂，海拔高低悬殊，立体气候明显。其中海拔 700m 以下的澜沧江、小黑江、黑河等河谷地区为北热带，700—1400m 的大部分坝子河谷低丘地带为南亚热带，这两个气候带的面积约占全县总面积的 44%，气温高，热量足。

该县林业用地面积约 52 万 hm²，森林覆盖率 53.9%，活立木总蓄积量 2784.4 万 m³。林木种类主要有思茅松、木荷和各种栎类、竹类，尤以思茅松和栎类为多。

2.2　思茅松简介

思茅松（*Pinus kesiya* var. *langbianensis*）是松科（Pinaceae）松属（*Pinus*）植物，属卡西亚松（*P. kesiya*）的地理变种，自然分布于云南热带北缘和亚热带南部半湿润地区（云南森林编写委员会，1988），包括云南南部文山苗族壮族自治州麻栗坡县、普洱市及西部德宏傣族景颇族自治州芒市等地，在国外主要分布在越南中部、北部及老挝等地（中国植物志编辑委员会，1978）。该树种是我国亚热带西南部山地的代表种，也是云南重要的人工造林树种。该树种作为重要的速生针叶树种，具有用途广泛、生长迅速的特点，其主干及一年生枝条每年生长两轮至多轮（西南林学院和云南省林业厅，1988）。

思茅松林作为云南特有的森林类型，主要分布于云南哀牢山西坡以西的亚热带南部，其分布面积和蓄积量均占云南林地面积的 11%（云南森林编写委员会，1988），具有重要的经济价值、森林生态服务功能和碳汇效益（吴兆录和党承林，1992；温庆忠等，2010；李江，2011；岳锋和杨斌，2011）。

2.3　数据调查与测定

2.3.1　样地调查

在 3 个位点分别调查 15 个思茅松样地，样地面积为 600m²，共计 45 个样地（表 2.3.1）。记录样地经纬度信息、地形因子（坡度、坡向、海拔、坡位等），并取样进行室内测定；进行乔木每木检尺（起测径阶 6cm），记录物种名称、树高和胸径，并计算林分优势高、林分平均高、林分平均胸径等数据。同时，分层进行生物量测定。

乔木层生物量调查，在每木检尺的基础上，选取思茅松标准木进行测定（具体测定方法见 2.3.2 样木生物量调查），其他树种则查阅相关文献模型进行计算；灌木层生物量在样地内设置 3 个 5m×5m 的小样地调查，地上部分采用全称重法调查，根系则选取标准木测定生物量根茎比进行套算；草本层生物量在样地内设置 3 个 1m×1m 的小样地进行测定，采用全称重法分别称取地上和根系部分鲜重，并取样；枯落物层测定则是在样地内设置 3 个 1m×1m 的小样地，采用全称重法称取其鲜重并取样。

表 2.3.1　样地基本特征表

Table 2.3.1　The basic characters of the plots

变量 Variables	样本数 N	最小值 Min.	最大值 Max.	平均值 Mean	标准差 Std. error
林分平均高 H_m/m	45	9.85	26.03	16.09	0.58
林分优势高 H_t/m	45	13.50	31.10	20.52	0.61
林分平均胸径 D_m/cm	45	9.91	22.19	14.82	0.39
林木株数 N/株	45	38.00	205.00	94.60	4.38
林分总胸高断面积 G_t/m²	45	0.8868	2.4163	1.5455	0.0488
林分平均胸高断面积 G_m/m²	45	0.0077	0.0387	0.0178	0.0009
林分蓄积 M/（m³/hm²）	45	85.29	360.60	204.48	9.87

2.3.2　样木生物量调查

样木生物量调查结合样地调查开展，并考虑径阶分布，共计调查 128 株样木（表 2.3.2），其中根系调查 50 株。记录各样木基本信息，包括经纬度、海拔、坡度和坡向等因子，并记录对象木 5m 范围内的邻近木基本情况（距离、树种及基本信息），计算其竞争指数。

生物量测定采取分器官分别测定。主干部分采用材积密度法测定生物量，将伐倒木分段测定长度、直径等因子，套算材积，分段称取鲜重，并取样；枝、叶采用分级标准枝法进行测定；枯枝、嫩枝、果实采用全称重法；根系采用全称重法测定，记录主根根长及基径，主根生物量分段称重并取样，侧根全称重并取样。

表 2.3.2　样木基本特征表

Table 2.3.2　The basic characters of the sample trees

变量 Variables	样本数 N	最小值 Min.	最大值 Max.	平均值 Mean	标准差 Std. error
树龄 A/a	128	8.00	82.00	39.46	1.35
胸径 DBH/cm	128	4.40	58.30	27.20	1.11
树高 H/m	128	6.10	37.00	19.00	0.59
冠长 CL/m	128	2.30	20.50	9.09	0.37
冠幅 CW/m	128	2.00	19.72	8.34	0.32
竞争指数 CI	128	0.34	341.74	37.51	4.73
带皮材积 V_i/m³	128	0.0086	3.1402	0.7864	0.0666
去皮材积 V_o/m³	128	0.0060	2.9059	0.6930	0.0600
树皮材积 V_b/m³	128	0.0026	0.3423	0.0933	0.0072

2.3.3　数据测定

1. 含水率测定

在野外取样样品鲜重稳定的基础上，将取样样品在 105℃烘箱内烘至恒重，并称重，测算出含水率。

2. 树干和树皮密度测定

参考胥辉和张会儒（2002）《林木生物量模型研究》中树干和树皮密度测定方法。

2.4　数据收集与整理

2.4.1　地位指数计算

地位指数（site index，SI）引用王海亮（2003）思茅松天然林次生林地位指数计算公式。其计算公式如下：

$$SI = H_t \cdot \exp\left(\frac{15.46}{A} - \frac{15.46}{20}\right) \qquad (2.4.1)$$

式中，SI——地位指数；

H_t——林分优势木平均高；

A——林分年龄，基准年龄取值为 20 年。

2.4.2　环境因子数据的整理计算

2.4.2.1　地形因子数据

通过实地调查，将样地及样木所处位置的地形因子（海拔、坡度和坡向）进行记录整理，并分级（表 2.4.1—表 2.4.3）。

表 2.4.1　海拔因子分级及代码表
Table 2.4.1　The altitude classes and its code

赋值 Value	划分标准 Standard	赋值 Value	划分标准 Standard
1	1200m 及以下	4	1400—1500m
2	1200—1300m	5	1500m 以上
3	1300—1400m		

表 2.4.2　坡向因子分级及代码表
Table 2.4.2　The classes and its code of the aspect of slope

赋值 Value	坡向 Aspect of slope	划分标准 Standard	赋值 Value	坡向 Aspect of slope	划分标准 Standard
1	北坡	方位角 337.5°—22.5°	5	南坡	方位角 157.5°—202.5°
2	东北坡	方位角 22.5°—67.5°	6	西南坡	方位角 202.5°—247.5°
3	东坡	方位角 67.5°—112.5°	7	西坡	方位角 247.5°—292.5°
4	东南坡	方位角 112.5°—157.5°	8	西北坡	方位角 292.5°—337.5°

表 2.4.3　坡度因子分级及代码表
Table 2.4.3　The classes and its code of the degree of slope

赋值 Value	坡度级 The degree of slope	划分标准 Standard	赋值 Value	坡度级 The degree of slope	划分标准 Standard
1	平坡	坡度小于 5°	4	陡坡	坡度 25°—35°
2	缓坡	坡度 5°—15°	5	急坡及险坡	坡度 35°以上
3	斜坡	坡度 15°—25°			

2.4.2.2　气候因子数据收集

研究所用的气候数据从环境气候网站 WORLDCLIM（http：//www.worldclim.org）获得。所有的气候指标数据图层在 ArcGIS 10.1 软件平台下，利用 Spatial Analyst Tools 中的 Extraction 工具，根据样点的经纬度坐标提取信息，将所有数据提取后整理保存。本研究选取年降雨量和年均温作为气候因子代入模型（表 2.4.4）。

表 2.4.4　气候数据指标表
Table2.4.4　The indices table of climate factors

代码 Code	气候因子 Climate factors	范围 Range	WorldClim 图层 WorldClim coverage
TEM/℃	年均温 Annual mean temperature	17.5—21.0	Bio1
PRE/mm	年降雨量 Annual precipitation	1377—1516	Bio12

2.4.2.3　竞争指数计算

竞争因子分别选取单木和林分竞争指数。

1. 单木竞争指数

单木竞争指数选取 Hegyi（1974）的简单竞争指数（competition index，CI）来表示。其计算公式如下：

$$CI_i = \sum_{j=1}^{n}\left(\frac{D_j / D_i}{DIST_{ij}}\right) \tag{2.4.2}$$

式中，CI_i——竞争指数；

　　　　D_i——对象木 i 的直径；

　　　　D_j——对象木周围第 j 株竞争木的直径；

　　　　$DIST_{ij}$——对象木 i 与竞争木 j 之间的距离。

2. 林分密度指数

林分密度指标选取 Reineke（1933）提出的林分密度指数（stand density index，SDI），其计算公式中相关指数参考王海亮（2003）提出的思茅松林分密度指数计算参数值，其计算公式及参数如下：

$$SDI = N \cdot \left(\frac{D_0}{D}\right)^{b} = N \cdot \left(\frac{12}{D}\right)^{-1.936} \tag{2.4.3}$$

式中，SDI——林分密度指数；

　　　　N——现实林分中每公顷株数；

　　　　D_0——标准平均直径［参考王海亮（2003）的研究成果，其值为 12cm］；

　　　　D——现实林分平均直径；

　　　　b——完满立木度林分的株数与平均直径之间的关系斜率值［参考王海亮（2003）的研究成果，其值为−1.936］。

2.4.3　单木生物量数据计算

　　木材和树皮生物量通过材积密度法计算得出，其他器官组件生物量通过鲜重数据乘以对应样品的干物质率得出。单木生物量各维量数据见表 2.4.5。

表 2.4.5　单木生物量基本数据特征表　　　　　　　（单位：kg）

Table 2.4.5　The basic characters of the biomass of individual tree　　（Unit：kg）

维量 Components	样本数 N	最小值 Min.	最大值 Max.	平均值 Mean	标准差 Std. error
木材生物量 Wood biomass	128	2.25	1362.97	314.80	28.09
树皮生物量 Bark biomass	128	0.85	140.86	40.83	3.12
树枝生物量 Branch biomass	128	0.15	613.43	66.42	8.23
树叶生物量 Leaf biomass	128	0.07	50.60	6.13	0.62
地上生物量 Aboveground biomass	128	3.33	2108.00	434.35	38.18
根系生物量 Root biomass	50	2.22	538.79	56.33	10.93
整株生物量 Total biomass	50	31.37	2646.79	351.01	57.95

2.4.4　林分生物量数据计算

2.4.4.1　乔木层生物量计算

1. 乔木层思茅松生物量各维量计算

　　选取乔木层不同径阶的标准木进行思茅松生物量和碳储量计算。各径阶株数与对应径阶的思茅松各器官组件生物量和碳储量值乘积之和即为各器官组件生物量和碳储量值。计算公式如下：

$$W_{sta} = \sum_{i=1}^{n} W_{ij} \times n_i \tag{2.4.4}$$

式中，W_{sta}——某样地思茅松林分生物量；

W_{ij}——第 j 径阶 i 器官组件的生物量；

n_i——j 径阶的思茅松林木株数。

2. 乔木层其他树种各维量生物量计算

由于调查样地是以思茅松为优势树种的林分，甚至是思茅松纯林，因此，本研究仅构建思茅松单木生物量各维量模型用于计算林分内思茅松单木生物量；其他树种生物量通过收集研究区及相似区域的树种（组）的生物量模型公式来计算（表 2.4.6）。

表 2.4.6　主要树种生物量计算公式列表

Table 2.4.6　The list of biomass equations for the main tree species

树种或树种组 Tree species	生物量公式 Biomass functions	参考文献 References	备注 Memo
刺栲 *Castanopsis hystrix*	$W_s=0.6417\cdot(D^2H)^{0.9129}$；$W_b=0.1068\cdot(D^2H)^{0.9742}$； $W_f=0.3952\cdot(D^2H)^{0.7515}$；$W_r=0.3170\cdot(D^2H)^{0.8608}$	李东，2006	
红木荷 *Schima wallichii*	$W_s=0.2697\cdot(D^2H)^{1.0183}$；$W_b=0.0567\cdot(D^2H)^{1.0135}$； $W_f=0.0495\cdot(D^2H)^{0.8107}$；$W_r=0.6326\cdot(D^2H)^{0.8641}$	李东，2006	
西南桦 *Betula alnoides*	$W_s=0.563\cdot D^{2.631}$；$W_b=0.0003\cdot D^{3.6499}$； $W_f=0.0022\cdot D^{2.6063}$；$W_r=0.0113\cdot D^{2.5878}$	刘云彩等，2008	
其他常绿阔叶树 Other evergreen broadleaved trees	$W_s=0.1597\cdot(-0.3699+D)^2$；$W_b=6.0763\times10^{-6}\cdot(5.3554+D)^5$； $W_f=0.1135+1.7756\times10^{-3}\cdot D^3$； $W_r=0.8718\cdot\exp(0.2166\cdot D)^{-0.796}$	党承林和吴兆录，1992	
其他硬阔树 Other hardwood trees	$W_s=0.044\cdot(D^2H)^{0.9169}$；$W_p=0.023\cdot(D^2H)^{0.7115}$； $W_b=0.0104\cdot(D^2H)^{0.9994}$；$W_f=0.0188\cdot(D^2H)^{0.8024}$； $W_r=0.0197\cdot(D^2H)^{0.8963}$	李海奎和雷渊才，2010	
旱冬瓜 *Alnus nepalensis*	$W_s=0.027\,388\cdot(D^2H)^{0.898\,869}$；$W_p=0.012\,101\cdot(D^2H)^{0.854\,295}$； $W_b=0.014\,972\cdot(D^2H)^{0.875\,639}$；$W_f=0.010\,593\cdot(D^2H)^{0.813\,953}$； $W_r=0.036\,227\cdot(D^2H)^{0.728\,875}$	李贵祥等，2006	选用桤木公式
其他落叶阔叶树 Other deciduous broadleaved trees	$W_s=0.2062\cdot D^{2.0025}-0.498$；$W_b=7.6778\times10^{-3}\cdot(0.3822+D)^3$； $W_f=-1.1257\times10^{-2}+0.0316\cdot D^2$；$W_r=-2.3455+1.2299\cdot D$	党承林和吴兆录，1992	

注：表中 W_s 为树干生物量，W_p 为树皮生物量，W_b 为树枝生物量，W_f 为树叶生物量，W_r 为根系生物量，D 为树木胸径，H 为树高

3. 乔木层生物量汇总数据

乔木层生物量计算公式如下：

$$\text{Wtree}_i = \text{Wtreea}_i + \text{Wtreeb}_i \tag{2.4.5}$$

$$\text{Wtreea}_i = \sum \text{Wtreea}_{ij} \div 600\times10\,000/1000 \tag{2.4.6}$$

$$\text{Wtreeb}_i = \sum \text{Wtreeb}_{ij} \div 600\times10\,000/1000 \tag{2.4.7}$$

式中，Wtree_i——第 i 个样地乔木层单位面积生物量，单位 t/hm^2；

Wtreea$_i$——第 i 个样地乔木层单位面积地上部分生物量，单位 t/hm^2；

Wtreeb$_i$——第 i 个样地乔木层单位面积根系生物量，单位 t/hm^2；

Wtreea$_{ij}$——第 i 个样地 j 号树木地上部分生物量（样地面积 600m^2），单位 kg；

Wtreeb$_{ij}$——第 i 个样地 j 号树木根系生物量，无量纲。

2.4.4.2　灌木层生物量计算

灌木层生物量计算公式如下：

$$Wshrub_i = Wshruba_i + Wshrubb_i \qquad (2.4.8)$$

$$Wshruba_i = \frac{\sum Wshruba_{ij}}{3} \div 25 \times 10\,000 / 1000 \qquad (2.4.9)$$

$$Wshrubb_i = \frac{\sum (Wshruba_{ij} \times Rshruba_{ij})}{3} \div 25 \times 10\,000 / 1000 \qquad (2.4.10)$$

式中，Wshrub$_i$——第 i 个样地灌木层单位面积生物量，单位 t/hm^2；

Wshruba$_i$——第 i 个样地灌木层单位面积地上部分生物量，单位 t/hm^2；

Wshrubb$_i$——第 i 个样地灌木层单位面积根系生物量，单位 t/hm^2；

Wshruba$_{ij}$——第 i 个样地 j 号小样地灌木层地上部分生物量（小样地面积 25m^2），单位 kg；

Rshruba$_{ij}$——第 i 个样地 j 号小样地灌木层生物量根茎比，无量纲。

2.4.4.3　草本层生物量计算

草本层生物量计算公式如下：

$$Wherb_i = Wherba_i + Wherbb_i \qquad (2.4.11)$$

$$Wherba_i = \frac{\sum Wherba_{ij}}{3} \times 10\,000 / 1000 \qquad (2.4.12)$$

$$Wherbb_i = \frac{\sum Wherbb_{ij}}{3} \times 10\,000 / 1000 \qquad (2.4.13)$$

式中，Wherb$_i$——第 i 个样地草本层单位面积生物量，单位 t/hm^2；

Wherba$_i$——第 i 个样地草本层单位面积地上部分生物量，单位 t/hm^2；

Wherbb$_i$——第 i 个样地草本层单位面积根系生物量，单位 t/hm^2；

Wherba$_{ij}$——第 i 个样地 j 号小样地草本层地上部分生物量（小样地面积 1m^2），单位 kg；

Wherbb$_{ij}$——第 i 个样地 j 号小样地草本层根系生物量，单位 kg。

2.4.4.4　枯落物层生物量计算

枯落物层生物量计算公式如下：

$$\text{Wfall}_i = \frac{\sum \text{Wfall}_{ij}}{3} \times 10\,000\,/\,1000 \qquad (2.4.14)$$

式中，Wfall_i——第 i 个样地枯落物层生物量，单位 t/hm^2；

Wfall_{ij}——第 i 个样地 j 号小样地枯落物层生物量（小样地面积 1m^2），单位 kg。

2.4.4.5　林分生物量数据汇总

林分生物量数据见表 2.4.7。

表 2.4.7　样地生物量基本数据特征表　　　　　（单位：t/hm^2）

Table 2.4.7　The basic characters of the plots biomass　　（Unit：t/hm^2）

	维量 Components	样本数 N	最小值 Min.	最大值 Max.	平均值 Mean	标准差 Std. error
乔木层 Tree layer	地上部分生物量 Aboveground biomass	45	49.06	204.45	116.43	5.72
	根系生物量 Root biomass	45	12.16	38.73	22.77	1.04
	总生物量 Total biomass	45	62.68	243.18	139.20	6.64
林分 Stand	地上部分生物量 Aboveground biomass	45	53.52	206.74	122.77	5.69
	根系生物量 Root biomass	45	13.67	39.75	24.49	1.07
	总生物量 Total biomass of stand	45	67.58	246.49	147.26	6.63

2.4.5　生物量因子计算

2.4.5.1　生物量扩展因子

林分生物量扩展因子数据见表 2.4.8，其计算公式如下：

$$\text{BEF}_i = \frac{W_i}{W_s} \qquad (2.4.15)$$

式中，BEF_i——生物量扩展因子，可为林分水平林分树干生物量扩展为林分乔木层各维量和林分的地上部分、根系生物量和总生物量的扩展因子；

W_s——林分树干总生物量；

W_i——生物量，根据转换对象不同，可为乔木层及林分各维量的生物量。

表 2.4.8 林分生物量扩展因子基本数据特征
Table 2.4.8 The basic characters of stand biomass expansion factors

维量 Components	样本数 N	最小值 Min.	最大值 Max.	平均值 Mean	标准差 Std. error
木材生物量 BEF BEF of wood biomass	45	0.7622	0.9009	0.8506	0.0422
树皮生物量 BEF BEF of bark biomass	45	0.0991	0.2378	0.1494	0.0422
树枝生物量 BEF BEF of branch biomass	45	0.0971	0.2670	0.1754	0.0432
树叶生物量 BEF BEF of leaf biomass	45	0.0227	0.1230	0.0554	0.0248
乔木层地上部分生物量 BEF BEF of trees aboveground biomass	45	1.1231	1.3464	1.2308	0.0577
乔木层根系生物量 BEF BEF of trees root biomass	45	0.1552	0.3663	0.2481	0.0544
乔木层总生物量 BEF BEF of total trees biomass	45	1.2838	1.6862	1.4789	0.1075
林分地上部分生物量 BEF BEF of stand aboveground biomass	45	1.1717	1.4822	1.3052	0.0806
林分根系生物量 BEF BEF of stand root biomass	45	0.1645	0.3782	0.2674	0.0567
林分总生物量 BEF BEF of total stand biomass	45	1.3438	1.8179	1.5726	0.1302

2.4.5.2 根茎比

根茎比计算公式如下：

$$R = \frac{W_{be}}{W_{ab}} \tag{2.4.16}$$

式中，R——林分生物量根茎比；

W_{be}——林分地下部分生物量；

W_{ab}——林分地上部分生物量。

通过计算汇总分别得出林分生物量根茎比数据（表 2.4.9）。

表 2.4.9　林分生物量根茎比数据特征表

Table 2.4.9　The basic characters of the biomass ratio of root to shoot

维量 Components	样本数 N	最小值 Min.	最大值 Max.	平均值 Mean	标准差 Std. error
林分生物量根茎比 R	45	0.2035	0.1391	0.2703	0.0345

2.5　模型构建

将数据分为两组，即建模数据和检验数据。其中单木地上数据建模样本数 96 株，检验数据 32 株；单木根系及总生物量数据建模样本数 36 株，检验数据 14 株；林分生物量及生物量因子数据建模样本 33 株，检验数据 12 株。

本研究模型构建在 SAS 和 S-Plus 两个统计软件下进行。基础模型选型采用 SAS 下的 NLIN 过程计算，生物量模型和单木生物量生长的非线性混合效应模型构建采用 S-Plus 软件的 NLME 过程计算，生物量扩展因子及根茎比模型分析采用 S-Plus 下的 GNLS 过程实现；模型独立性检验采用 SAS 软件进行计算。

2.5.1　基础模型选型

2.5.1.1　思茅松生物量模型及转换因子模型构建

以幂函数模型为基础，选取相应的自变量构建各生物量维量的模型；对于生物量扩展因子、生物量转换因子等模型形式，Konopka 等（2011）采用幂函数的对数化形式来构建根系 BEF 取得较好拟合效果，因此，本研究以幂函数为基本形式来构建其模型。模型评价以决定系数与参数个数为评价标准，即决定系数越高模型越好，当决定系数相同时，则模型参数越少越好。

1. 单木生物量及生物量因子基本模型

根据 DBH、H、CW、CL 4 个变量及其复合变量 DBH^2H 与 CW^2CL，构建单木生物量各维量基础模型公式。

$$W_i = a \cdot DBH^b \tag{2.5.1}$$

$$W_i = a \cdot DBH^b \cdot H^c \tag{2.5.2}$$

$$W_i = a \cdot (DBH^2H)^b \tag{2.5.3}$$

$$W_i = a \cdot (DBH^2H)^b CW^c \tag{2.5.4}$$

$$W_i = a \cdot (DBH^2H)^b CL^c \tag{2.5.5}$$

$$W_i = a \cdot DBH^b \cdot H^c \cdot CW^d \tag{2.5.6}$$

$$W_i = a \cdot DBH^b \cdot H^c \cdot CL^d \tag{2.5.7}$$

$$W_i = a \cdot \mathrm{DBH}^b \cdot H^c \cdot \mathrm{CW}^d \cdot \mathrm{CL}^e \qquad (2.5.8)$$

$$W_i = a \cdot (\mathrm{DBH}^2 H)^b \mathrm{CW}^c \cdot \mathrm{CL}^d \qquad (2.5.9)$$

$$W_i = a \cdot \mathrm{DBH}^b H^c (\mathrm{CW}^2 \mathrm{CL})^d \qquad (2.5.10)$$

$$W_i = a \cdot (\mathrm{DBH}^2 H)^b (\mathrm{CW}^2 \mathrm{CL})^c \qquad (2.5.11)$$

式中，W_i——单木各维量的生物量或生物量转换因子，单位 kg；

DBH——胸径，单位 cm；

H——树高，单位 m；

CW——树冠冠幅，单位 m；

CL——冠长，单位 m；

a、b、c、d、e——模型参数。

2. 林分生物量及生物量因子基本模型

根据林分总胸高断面积（G_t）、林分优势高（H_t）、林分平均高（H_m）3 个变量，构建林分生物量各维量（Ws_i）基础模型公式。

$$\mathrm{Ws}_i = a \cdot G_t^b \qquad (2.5.12)$$

$$\mathrm{Ws}_i = a \cdot H_t^b \qquad (2.5.13)$$

$$\mathrm{Ws}_i = a \cdot H_m^b \qquad (2.5.14)$$

$$\mathrm{Ws}_i = a \cdot G_t^b \cdot H_t^c \qquad (2.5.15)$$

$$\mathrm{Ws}_i = a \cdot G_t^b \cdot H_m^c \qquad (2.5.16)$$

$$\mathrm{Ws}_i = a \cdot (G_t^2 H_t)^b \qquad (2.5.17)$$

$$\mathrm{Ws}_i = a \cdot (G_t^2 H_m)^b \qquad (2.5.18)$$

式中，Ws_i——林分各维量生物量或生物量扩展因子，当为生物量时单位为 kg，为 BEF 时无量纲；

G_t——林分总胸高断面积，单位 m^2；

H_t——林分优势高，单位 m；

H_m——林分平均高，单位 m；

a、b、c——模型拟合参数。

2.5.1.2 思茅松单木生物量生长模型构建

以理论生长方程为基础构建单木生物量各维量的生长模型。目前林业常用的理论生长方程有 Logistic 方程、单分子式、Gompertz 方程、Korf 方程、Richards 方程等。由于 Richards 方程对树木生长具有广泛的适应性（孟宪宇，2006），因此，本研究采用 Richards 方程拟合思茅松单木生物量生长模型。其方程基本形式如下：

$$y = a \cdot [1 - \exp(-b \cdot t)^c]　　　　　　　　　(2.5.19)$$

但由于该方程中 a 参数是最不稳定的参数（Fang et al.，2001b），因此很多描述生长的理论生长方程是采用其变式。本研究中也采用其变式作为基本模型来拟合思茅松单木生物量各维量的生长。其方程形式如下：

$$y = a \cdot \left[\frac{1 - \exp(-b \cdot t)}{1 - \exp(-b \cdot t_0)} \right]^c　　　　　　　(2.5.20)$$

式中，y——单木各生物量维量，单位 kg；

a——在基本形式［公式（2.5.19）］中表示为树木各生物量维量生长的渐进参数，而在变式［公式（2.5.20）］中则表示为林分标准年龄时各生物量维量的值；

b——尺度参数；

c——形状参数；

t——树龄；

t_0——基准年龄（本书取 20 年）。

2.5.1.3　环境灵敏的林分生物量因子模型构建

在基本选型的基础上，考虑方差结构和空间自相关的协方差结构，构建基于测树因子的基本模型，分析生物量因子随林分因子、地形因子、气候因子的变化规律，并构建相应的环境灵敏型模型。其中地形因子引入海拔（GALT）、坡度（GSLO）和坡向（GASP）的分级变量，以哑变量形式引入模型；气候因子以年降雨量（PRE）、年均温（TEM）引入模型，并考虑两变量间的交互作用；单木竞争指标除考虑单木竞争指数（CI）变量外，还考虑 CI 的二次方效应（CI^2）；林分因子则引入林分密度指数（SDI）和地位指数（SI）。

2.5.2　基于混合效应的生物量及单木生物量生长模型构建

2.5.2.1　模型基本形式

一般来说，单水平非线性混合效应模型的形式如下：

$$\begin{cases} y_{ij} = f\left(\phi_{ij}, v_{ij}\right) + \varepsilon_{ij}\,(i = 1, \cdots, M; j = 1, \cdots, n_i) \\ \phi_{ij} = A_{ij}\beta + B_{ij}b_i \\ \varepsilon \sim N\left(0, \sigma^2\right) \\ b_i \sim N(0, D) \\ b_i = \hat{D}\hat{Z}_i^{\mathrm{T}}\left(\hat{R}_i + \hat{Z}_i\hat{D}\hat{Z}_i^{\mathrm{T}}\right)^{-1}\hat{\varepsilon}_i \end{cases}　　　(2.5.21)$$

式中，y_{ij}——第 i 个区组中第 j 次观测的因变量值，本书可为单木及林分各维量生长量；

    M——区组数；

    n_i——第 i 个区组内观测的样木数或样地数；

    f——具有参数向量 ϕ_{ij} 和变值向量 v_{ij} 的可微函数；

    ε_{ij}——服从正态分布的误差项；

    β——p 维的固定效应向量；

    b_i——q 维的，与 i 区组对应的带有方差协方差矩阵 D 的随机效应向量；

    A_{ij}、B_{ij}——对应的设计矩阵；

    $\hat{D}$——区组间（$q{\times}q$）方差协方差矩阵（q 为随机效应参数个数）；

    $\hat{R}_i$——区组 i 的（$k{\times}k$）方差协方差矩阵；

    $\hat{\varepsilon}_i$——（$k{\times}1$）残差向量；

    $\hat{Z}_i$——参数 $\hat{\beta}$ 的（$k{\times}q$）矩阵。

2.5.2.2　基本混合效应模型构建

1. 混合参数选择

在确定组内及组间方差协方差结构之前，需要确定哪个参数为固定效应，哪个为混合效应，这一般依赖于所研究的数据。Pinheiro 和 Bates（2000）建议模型中所有的参数首先应全部看成是混合的，然后再分别进行参数拟合，最后选择模型收敛并且模拟精度较高的形式来进行效果评价。本书按照此方法进行随机效应参数选择和模拟，对最佳基础模型的参数进行选择，确定混合的随机效应参数。并以 AIC、BIC 参数为判定依据，确定混合参数的效应。

2. 组内方差协方差结构（R 矩阵）

组内方差协方差结构也称为误差效应方差协方差结构。为了确定组内的方差协方差结构，必须解决方差结构和自相关性两方面的问题。其公式如下：

$$R_i = \sigma_i^2 \times \Psi_i^{0.5} \times \Gamma_i \times \Psi_i^{0.5} \tag{2.5.22}$$

式中，σ_i^2——未知的区组 i 的残差方差；

    Ψ_i——描述区组内误差方差的异质性的对角矩阵；

    Γ_i——描述误差效应自相关结构矩阵。

首先，方差结构的设计。本研究选用幂函数（Power）和指数函数（Exponential）两种形式，分析不同方差结构对于模型精度提高的表现。具体方差结构公式参见 Pinheiro 和 Bates（2000）对相关结构的描述。方差结构的一般形式如下：

$$\mathrm{Var}(\varepsilon_{ij}) = \sigma^2 g^2(u_{ij}, v_{ij}, \delta) \tag{2.5.23}$$

式中，$\mathrm{Var}(\varepsilon_{ij})$——方差函数；

　　　σ^2——残差方差；

　　　$g^2(u_{ij}, v_{ij}, \delta)$——方差结构形式。

其次，考虑自相关的协方差结构设计。本研究生物量静态模型选取空间相关性函数 Gaussian、Spherical 和指数函数（Exponential）来描述组内的协方差结构；单木生物量生长模型则选取常用的时间相关性函数 AR（1）、CAR（1）、ARMA（1）作为随机效应参数方差协方差矩阵描述组间协方差结构。具体协方差结构公式参见 Pinheiro 和 Bates（2000）对相关结构的描述。描述自相关的方程的一般形式如下：

$$\mathrm{cor}(\varepsilon_{ij}, \varepsilon_{ij'}) = h\left[d(p_{ij}, p_{ij'}), \rho\right] \qquad (2.5.24)$$

式中，$\mathrm{cor}(\varepsilon_{ij}, \varepsilon_{ij'})$——自相关函数；

　　　ρ——自相关向量参数；

　　　h——取值在[−1，1]的自相关方程；

　　　$d(p_{ij}, p_{ij'})$——协方差结构式。

3. 组间方差协方差结构（D 矩阵）

组间方差协方差结构也称为随机效应方差协方差结构。反映了区组间的变化性，也是模型模拟中误差的主要来源（李春明，2010）。其协方差结构根据混合参数个数差异分别形成对应的矩阵。以两个随机参数为例，其结构形式如下：

$$D = \begin{bmatrix} \sigma_a^2 & \sigma_{ab} \\ \sigma_{ba} & \sigma_b^2 \end{bmatrix} \qquad (2.5.25)$$

式中，σ_a^2——随机参数 a 的方差；

　　　σ_b^2——随机参数 b 的方差；

　　　$\sigma_{ba} = \sigma_{ab}$——随机参数 a 和 b 的协方差值。

2.5.2.3　考虑环境因子固定效应的混合效应模型构建

1. 固定效应参数选择

考虑环境因子固定效应的混合效应模型的混合参数与基本混合效应模型一致，并引入环境因子变量作为固定效应参数，从而构建环境灵敏的生物量及单木生物量生长混合效应模型。该计算可以通过 S-Plus 软件中 NLME 过程进行固定效应设定，从而拟合模型。若混合效应模型的不同混合参数组合均不及不考虑混合参数的模型，则直接拟合非线性模型，其计算程序在 S-Plus 软件中 GNLS 过程下进行。

在单木水平上分析固定效应参数分别随地形因子、气候因子、竞争因子变化。

其中地形因子引入海拔（GALT）、坡度（GSLO）和坡向（GASP）的分级变量，以哑变量形式引入模型；气候因子以年降雨量（PRE）、年均温（TEM）引入模型，并考虑两变量间的交互作用；单木竞争因子除引入 CI 外，并考虑 CI 的二次方效应（CI^2）。

在林分水平上分析固定效应参数随林分因子、地形因子、气候因子的变化规律，并构建相应的混合效应模型。林分因子则引入林分密度指数（SDI）和地位指数（SI），林分因子和气候因子则与单木水平一致。

在充分考虑参数显著性和拟合指标表现的情况下，进行考虑环境因子固定效应的混合效应模型的选择，由于考虑方差结构和协方差结构后，一些参数的显著性检验会发生变化，为避免一些变量在最终模型中得不到反映，因此，在环境因子固定效应参数选择中，只要模型中参数估计值的 t 检验值在 0.15 左右及其以下均纳入模型，以期找出最佳模型形式。

2. 方差和协方差结构分析

在模型固定效应和混合参数均确定的基础上,考虑其方差结构和协方差结构,其结构选择与分析同 2.5.2.2。

3. 最终模型选定

在综合考虑方差协方差结构后，进一步考虑参数的显著性，剔除不显著参数拟合新模型，并得到最终的考虑环境因子固定效应的区域效应混合效应模型。

2.6 模 型 评 价

2.6.1 统计变量

本研究采用决定系数（determination coefficient，R^2）作为基本模型选型的主要参考指标，模型拟合指标则以 logLik 值、Akaike 信息指数（Akaike information criterion，AIC）和贝叶斯信息指数（Bayesian information criterion，BIC）作为主要评价指标，并采用似然比检验（likelihood ratio test，LRT）对模型进行拟合差异显著性检验。

1. 决定系数（R^2）

$$R^2 = 1 - \frac{\sum_{i=1}^{n}(y_i - \hat{y}_i)^2}{\sum_{i=1}^{n}(y_i - \overline{y}_i)^2} \tag{2.6.1}$$

式中，y_i——实测值；

$\hat{y}_i$——估计值；

$\bar{y}_i$——样本平均值。

2. logLik 值

$$\log \text{Lik} = \ln L(\hat{\theta}_L, x) \tag{2.6.2}$$

式中，$\hat{\theta}_L$——模型的似然函数 $L(\hat{\theta}_L, x)$ 中 θ 的极大似然估计。

3. Akaike 信息指数（AIC）

$$\text{AIC} = -2\ln L(\hat{\theta}_L, x) + 2q \tag{2.6.3}$$

式中，$\hat{\theta}_L$——模型的似然函数 $L(\hat{\theta}_L, x)$ 中 θ 的极大似然估计；

　　　x——随机样本；

　　　q——未知参数个数。

4. 贝叶斯信息指数（BIC）

$$\text{BIC} = -2\ln L(\hat{\theta}_L, x) + q \times \lg n \tag{2.6.4}$$

式中，$\hat{\theta}_L$——模型的似然函数 $L(\theta, x)$ 中 θ 的极大似然估计；

　　　x——随机样本；

　　　q——未知参数个数；

　　　n——观测个数。

5. 似然化检验（LRT）

$$\text{LRT} = 2\log\left(\frac{L_2}{L_1}\right) = 2(\log L_2 - \log L_1) \tag{2.6.5}$$

式中，L_2——模型 2 的极大似然估计；

　　　L_1——模型 1 的极大似然估计。

2.6.2　独立样本检验

选取总相对误差（sum relative error，RS）、平均相对误差（mean relative error，EE）、绝对平均相对误差（absolute mean relative error，RMA）和预估精度（predict precision，P）4 个指标进行模型的独立样本检验。

1. 总相对误差（RS）

$$\text{RS} = \frac{\sum(y_i - \hat{y}_i)}{\sum \hat{y}_i} \times 100\% \tag{2.6.6}$$

2. 平均相对误差（EE）

$$EE = \frac{1}{N}\sum(\frac{y_i - \hat{y}_i}{\hat{y}_i}) \times 100\%$$

(2.6.7)

3. 绝对平均相对误差（RMA）

$$RMA = \frac{1}{N}\sum\left|\frac{y_i - \hat{y}_i}{\hat{y}_i}\right| \times 100\%$$

(2.6.8)

4. 预估精度（P）

$$P = \left(1 - \frac{t_a\sqrt{\sum(y_i - \hat{y}_i)^2}}{\hat{y}_i\sqrt{N(N-T)}}\right) \times 100\%$$

(2.6.9)

式（2.6.6）至式（2.6.9）中，y_i——实测值；

$\hat{y}_i$——估计值；

N——样本容量；

t_a——置信水平为 $a=0.05$ 时 t 的分布值；

T——回归曲线方程中参数个数；

$\hat{y}_i$——估计值的平均值。

第 3 章　环境灵敏的思茅松单木生物量
混合效应模型构建

3.1　基本模型选型

将单木各生物量维量模型表现最佳的公式列入表 3.1.1（由于模型较多仅列出最佳模型，后同），并以这些模型为基础构建区域效应随机效应的混合效应模型，以及环境因子固定效应的混合效应模型。

表 3.1.1　思茅松单木各生物量维量最佳基本模型表

Table 3.1.1　The best basic models of the individual tree biomass components

维量 Components	模型 Models	a	b	c	R^2
木材生物量 Wood biomass	$W_i = a \cdot \mathrm{DBH}^b \cdot H^c$	0.0401	2.1495	0.5292	0.9831
树皮生物量 Bark biomass	$W_i = a \cdot \mathrm{DBH}^b \cdot H^c$	0.0603	1.5196	0.4555	0.9419
树枝生物量 Branch biomass	$W_i = a \cdot (D^2H)^b \cdot (\mathrm{CW}^2\mathrm{CL})^c$	0.0059	0.6763	0.3987	0.8142
树叶生物量 Leaf biomass	$W_i = a \cdot (D^2H)^b \cdot (\mathrm{CW}^2\mathrm{CL})^c$	0.4510	0.0999	0.2451	0.7780
地上部分生物量 Aboveground biomass	$W_i = a \cdot (D^2H)^b \cdot (\mathrm{CW}^2\mathrm{CL})^c$	0.1168	0.7423	0.1307	0.9782
根系生物量 Root biomass	$W_i = a \cdot (D^2H)^b \cdot (\mathrm{CW}^2\mathrm{CL})^c$	0.0001	1.3179	0.1371	0.9025
总生物量 Total biomass	$W_i = a \cdot (D^2H)^b \cdot (\mathrm{CW}^2\mathrm{CL})^c$	0.0151	0.9110	0.1958	0.9605

3.2　木材生物量混合效应模型构建

3.2.1　基本混合效应模型

1. 混合参数选择

考虑所有参数组合，分析不同混合参数组合的模型拟合指标值，通过比较可以看出仅选取 c 参数作为混合参数的模型效果最好（表 3.2.1）。

表 3.2.1　木材生物量模型混合参数比较情况

Table 3.2.1　The comparison of mixed parameters for wood biomass models

混合参数 Mixed parameters	logLik	AIC	BIC	LRT	p 值 p-value
无	−514.113	1036.227	1046.484		
a	−507.436	1024.873	1037.695	13.354	0.0003
b	−507.403	1024.805	1037.627	13.422	0.0002
c	−506.816	1023.633	1036.455	14.594	0.0001
a、b	−507.437	1026.873	1042.259	13.354	0.0013
a、c	−506.817	1025.633	1041.019	14.594	0.0007
b、c	−506.817	1025.633	1041.019	14.594	0.0007
a、b、c	−506.817	1027.633	1045.583	14.594	0.0022

2. 考虑方差协方差结构

考虑方差结构后，幂函数和指数函数形式的方差方程均能极显著提高模型精度，其中幂函数形式的 logLik 值最大，AIC 和 BIC 值均最小，因此，采用幂函数形式作为其方差方程。Gaussian、Spherical 和指数函数 3 种空间自相关方程形式均能极显著提高模型精度，其中 Spherical 形式的 logLik 值最大，AIC 和 BIC 值均最小，因此，采用 Spherical 形式作为其协方差结构。

综合考虑区域效应+幂函数+Spherical 的模型拟合最好，而区域效应+幂函数要优于区域效应+Spherical 模型，仅考虑区域效应的混合效应模型在混合效应模型中表现最差（表 3.2.2），具体拟合结果见表 3.2.3。

表 3.2.2　不同木材生物量混合效应模型比较

Table3.2.2　The comparison of the mixed-effect models of wood biomass

序号 No.	方差结构 Variance structure	协方差结构 Covariance structure	logLik	AIC	BIC	LRT	p 值 p-value
1	无	无	−506.816	1023.633	1036.455		
2	Power	无	−451.835	915.671	931.057	107.417	<0.0001
3	Exponential	无	−482.017	976.034	991.420	47.053	<0.0001
4	无	Gaussian	−502.437	1016.874	1032.260	6.214	0.0127
5	无	Spherical	−502.382	1016.765	1032.151	6.323	0.0119
6	无	Exponential	−503.258	1018.517	1033.903	4.571	0.0325
7	Power	Spherical	−449.136	912.272	930.225	111.660	<0.0001

表 3.2.3　木材生物量基本混合效应模型拟合结果

Table3.2.3　The estimation results of the mixed-effects models for wood biomass

参数 Parameters	估计值 Value	标准差 Std. error	自由度 DF	t 值 t-value	p 值 p-value
a	0.018 8	0.003 0	89	6.186 8	<0.000 1
b	1.980 3	0.074 9	89	26.446 1	<0.000 1
c	0.968 2	0.107 2	89	9.031 3	<0.000 1
logLik			−449.714		
AIC			913.480		
BIC			931.378		
区组间方差协方差矩阵 D			D=0.000 12		
异方差函数值 Heteroscedasticity value			Power=0.913 9		
空间相关性 Spatial correlation			Range of Spherical=1.673 7		
残差 Residual error			0.286 6		

3.2.2　考虑地形因子固定效应的混合效应模型

1. 基本模型

引入海拔（GALT）、坡度（GSLO）、坡向（GASP）等级数据参与固定效应分析进行模型拟合，以基础混合效应模型（随机效应考虑 c 参数）为基础，分析不同组合的参数显著性及模型拟合指标后，选择的最佳模型形式见公式（3.2.1），与基础混合效应模型的拟合指标比较见表 3.2.4，模型拟合结果见表 3.2.5

$$y = a \cdot \mathrm{DBH}^{b+b1 \cdot \mathrm{GSLO}+b2 \cdot \mathrm{GASP}} \cdot H^{c+uc+c1 \cdot \mathrm{GSLO}+c2 \cdot \mathrm{GASP}} \tag{3.2.1}$$

式中，y——木材生物量；

uc——随机效应参数；

a、b、$b1$、$b2$、c、$c1$、$c2$——固定效应拟合参数。

表 3.2.4　木材生物量地形因子固定效应混合模型比较

Table 3.2.4　The comparation of mixed parameters considering topographic factors for wood biomass model

模型形式 Model forms	logLik	AIC	BIC	LRT	p 值 p-value
地形因子固定效应+区域效应 Topographic factors+regional effect	−485.194	988.389	1011.468		
区域效应 Regional effect	−506.816	1023.633	1036.455	43.244	<0.0001

表 3.2.5 木材生物量地形因子固定效应混合效应模型参数拟合结果

Table3.2.5 The estimation parameters of the mixed models with fixed effect of topographic factors for wood biomass

参数 Parameters	估计值 Value	标准差 Std. error	自由度 DF	t 值 t-value	p 值 p-value
a	0.0225	0.0047	87	4.7406	<0.0001
b	0.6693	0.1962	87	3.4112	0.0010
$b1$	0.2452	0.0513	87	4.7796	<0.0001
$b2$	0.1281	0.0298	87	4.2954	<0.0001
c	2.3785	0.2406	87	9.8853	<0.0001
$c1$	−0.2798	0.0587	87	−4.7675	<0.0001
$c2$	−0.1427	0.0334	87	−2.2733	<0.0001

2. 考虑方差协方差结构

考虑方差结构后,幂函数和指数函数形式的方差方程均能显著提高模型精度,其中幂函数形式的 logLik 值最大,AIC 和 BIC 值均最小,因此,采用幂函数形式作为其方差方程。Gaussian、Spherical 均能显著提高模型精度,且 Spherical 表现最佳,因此,采用 Spherical 方程作为协方差结构。

从表 3.2.6 中可以看出,考虑地形因子固定效应的混合模型要优于仅考虑区域效应的模型;考虑地形因子固定效应+区域效应+幂函数模型 logLik 值较大,AIC 值较小;地形因子固定效应+区域效应+幂函数+Spherical 的模型则具有较小的 BIC 值。

表 3.2.6 木材生物量的地形因子固定效应混合模型综合拟合比较

Table3.2.6 The comparation of the mixed models including fixed effect of topographic factors for wood biomass

序号 No.	方差结构 Variance structure	协方差结构 Covariance structure	logLik	AIC	BIC	LRT	p 值 p-value
1	无	无	−485.194	988.389	1011.468		
2	Power	无	−439.873	899.746	925.389	90.643	<0.0001
3	Exponential	无	−469.934	959.868	985.511	30.521	<0.0001
4	无	Gaussian	−483.006	986.013	1011.656	4.376	0.0365
5	无	Spherical	−482.978	985.956	1011.600	4.432	0.0353
6	无	Exponential	−483.701	987.401	1013.044	2.988	0.0839
7	Power	Spherical	−439.546	901.092	922.299	91.297	<0.0001
8*	Power	Spherical	−440.417	898.833	921.912	92.296	<0.0001

*表示该模型为剔除不显著参数 $b2$ 和 $c2$ 后的模型

*is the model removing no significant parameters $b2$,$c2$

　　以地形因子固定效应+区域效应+幂函数+Spherical 构建地形因子固定效应的木材生物量混合效应模型，但参数 $b2$ 和 $c2$ 的 t 检验不显著，其 p 值分别为 0.1904 和 0.1873，因此固定效应中去除这两个参数对应变量进行拟合，得到新模型，其 AIC 值为 898.833，BIC 值为 921.912，logLik 值为−440.417，且该模型与地形因子固定效应+区域效应+幂函数+Spherical 模型进行差异检验 p 值为 0.4186，说明两个模型间差异不显著。但新模型的 AIC 和 BIC 值均小于含有参数 $b2$ 和 $c2$ 的模型，因此以新模型为最终模型。其模型形式见公式（3.2.2），模型拟合结果见表 3.2.7。

$$y = a \cdot \mathrm{DBH}^{b+b1 \cdot \mathrm{GSLO}} \cdot H^{c+uc+c1 \cdot \mathrm{GSLO}} \qquad (3.2.2)$$

表 3.2.7　木材生物量地形因子固定效应混合效应模型拟合结果

Table3.2.7　The estimation results of the mixed model including fixed effect of topographic factors for wood biomass

参数 Parameters	估计值 Value	标准差 Std. error	自由度 DF	t 值 t-value	p 值 p-value
a	0.0161	0.0027	89	5.935	<0.0001
b	1.4163	0.2139	89	6.621	<0.0001
$b1$	0.2215	0.0784	89	2.827	0.0058
c	1.6582	0.2612	89	6.348	<0.0001
$c1$	−0.2534	0.0896	89	−2.828	0.0058
logLik			−440.417		
AIC			898.833		
BIC			921.912		
区组间方差协方差矩阵 D			D=0.0234		
异方差函数值 Heteroscedasticity value			Power=0.8498		
空间相关性 Spatial correlation			Range of Spherical=1.3199		
残差 Residual error			0.3293		

3.2.3　考虑气候因子固定效应的混合效应模型

1. 基本模型

　　引入年降雨量和年均温作为固定效应参与模型拟合，以基础混合效应模型（随机效应仅考虑 c 参数）为基础，分析不同组合的参数显著性及模型拟合指标后，选择的最佳模型形式见公式（3.2.3）。该模型与基础混合效应模型的拟合指标比较见表 3.2.8，拟合结果见表 3.2.9。

$$y = \left(a + a1 \cdot \text{TEM} + a2 \cdot \text{PRE} + a3 \cdot \text{TEM} \cdot \text{PRE}\right)$$
$$\cdot \text{DBH}^{b+b1 \cdot \text{TEM}+b2 \cdot \text{PRE}+b3 \cdot \text{TEM} \cdot \text{PRE}} \cdot H^{c+uc+c1 \cdot \text{TEM}+c2 \cdot \text{PRE}+c3 \cdot \text{TEM} \cdot \text{PRE}} \quad (3.2.3)$$

式中，$a1$、$a2$、$a3$、$b3$、$c3$——固定效应拟合参数。

表 3.2.8　木材生物量气候因子固定效应混合模型比较

Table 3.2.8　The comparison of mixed models including climate factors for wood biomass

模型形式 Model forms	logLik	AIC	BIC	LRT	p 值 p-value
气候因子固定效应+区域效应 Climate factors+regional effect	−483.931	995.862	1031.763		
区域效应 Regional effect	−506.816	1023.633	1036.455	45.771	<0.0001

表 3.2.9　木材生物量气候因子固定效应参数拟合结果

Table3.2.9　The estimation parameters of the mixed models including fixed effects of climate factors for wood biomass

参数 Parameters	值 Value	标准差 Std. error	自由度 DF	t 值 t-value	p 值 p-value
a	−20.504	5.502	82	−3.726	0.0004
$a1$	1.070	0.285	82	3.757	0.0003
$a2$	0.015	0.004	82	3.747	0.0003
$a3$	−0.001	0.000	82	−3.775	0.0003
b	2638.805	1167.684	82	2.260	0.0265
$b1$	−146.732	64.680	82	−2.269	0.0259
$b2$	−1.812	0.806	82	−2.249	0.0272
$b3$	0.101	0.045	82	2.259	0.0265
c	−3291.747	1417.369	82	−2.322	0.0227
$c1$	184.202	78.562	82	2.345	0.0215
$c2$	2.256	0.978	82	2.308	0.0235
$c3$	−0.126	0.054	82	−2.330	0.0223

2. 考虑方差协方差结构

从表 3.2.10 中可以看出，考虑方差结构后，幂函数和指数函数形式的方差方程均能极显著提高模型精度，其中幂函数形式的 logLik 值较大，AIC 和 BIC 值均较小，因此，采用幂函数形式作为方差方程。3 种形式的协方差结构方程均优于一般回归模型，Gaussian 和 Spherical 形式均能显著提高模型精度，而指数函数形式精度提高不显著，其中 Spherical 方程表现最好，因此采用 Spherical 方程描述其协方差结构。

表 3.2.10　木材生物量气候因子固定效应混合效应模型比较

Table3.2.10　The comparison of the mixed models including fixed effect of topographic factors for wood biomass

序号 No.	方差结构 Variance structure	协方差结构 Covariance structure	logLik	AIC	BIC	LRT	p 值 p-value
1	无	无	−483.931	995.862	1031.763		
2	Power	无	−441.231	912.461	950.926	85.401	<0.0001
3	Exponential	无	−466.854	963.707	1002.172	34.155	<0.0001
4	无	Gaussian	−481.234	992.469	1030.934	5.392	0.0202
5	无	Spherical	−481.174	992.348	1030.813	5.513	0.0189
6	无	Exponential	−483.930	994.668	1033.133	3.193	0.0739
7	Power	Spherical	−441.103	914.207	955.236	85.654	<0.0001
8*	Power	Spherical	−442.452	904.904	930.548	82.957	<0.0001

*表示该模型为剔除不显著参数 $a1$，$a2$，$a3$，$b1$，$b2$ 和 $b3$ 后的模型

* is the model removing no significant parameters $a1$，$a2$，$a3$，$b1$，$b2$ and $b3$

综合考虑方差协方差结构，考虑气候因子固定效应+区域效应+幂函数+Spherical 模型表现最好，气候因子固定效应+区域效应+幂函数的模型要优于气候因子固定效应+区域效应+ Spherical。

以气候因子固定效应+区域效应+幂函数+Spherical 构建气候因子影响的木材生物量混合效应模型，但其所有参数的 t 检验不显著，其 p 值大于 0.500，因此重新考虑其气候因子固定效应结构。通过尝试不同气候因子固定效应参数组合，当仅考虑 $c1$、$c2$ 和 $c3$ 时得到的新模型，所有参数的 t 检验均显著，其 AIC 值为 904.904，BIC 值为 930.548，logLik 值为−442.452，模型与原气候因子固定效应+区域效应+幂函数+Spherical 模型差异检验 p 值为 0.8458，说明两个模型间差异不显著。但新模型的 AIC 和 BIC 值均小于原气候因子固定效应+区域效应+幂函数+Spherical 模型，且各参数检验均显著，因此以该模型为最终模型。其模型形式见公式（3.2.4），模型拟合结果见表 3.2.11。

$$y = a \cdot \mathrm{DBH}^{b} \cdot H^{c+uc+c1 \cdot \mathrm{TEM}+c2 \cdot \mathrm{PRE}+c3 \cdot \mathrm{TEM} \cdot \mathrm{PRE}} \tag{3.2.4}$$

表 3.2.11 木材生物量的气候因子固定效应混合效应模型拟合结果

Table 3.2.11 The estimation results of the mixed model including fixed effect of climate factors for wood biomass

参数 Parameters	估计值 Value	标准差 Std. error	自由度 DF	t 值 t-value	p 值 p-value
a	0.0201	0.0035	88	6.078	<0.0001
b	2.0236	0.0763	88	26.520	<0.0001
c	43.3700	18.4648	88	2.349	0.0211
$c1$	−2.2829	1.0039	88	−2.274	0.0254
$c2$	−0.0301	0.0129	88	−2.330	0.0221
$c3$	0.0016	0.0007	88	2.306	0.0235
logLik			−442.452		
AIC			904.904		
BIC			930.548		
区组间方差协方差矩阵 D			$D=8.1259 \times 10^{-7}$		
异方差函数值 Heteroscedasticity value			Power=0.8759		
空间相关性 Spatial correlation			Range of Spherical=1.5565		
残差 Residual error			0.3161		

3.2.4 考虑竞争因子固定效应的混合效应模型

1. 基本模型

引入单木简单竞争指数（CI）数据参与固定效应分析进行模型拟合，并考虑二次方效应，代入基本混合效应模型作为固定效应分析，考虑参数的显著性及模型拟合指标后，得到最终模型见公式（3.2.5），模型与基础混合效应模型的拟合指标比较见表 3.2.12，模型拟合结果见表 3.2.13。

$$y = a \cdot \mathrm{DBH}^{b+b1 \cdot \mathrm{CI}} \cdot H^{c+uc+c1 \cdot \mathrm{CI}} \qquad (3.2.5)$$

表 3.2.12 木材生物量竞争因子固定效应混合效应模型比较

Table 3.2.12 The comparison of mixed models including competition factors for wood biomass model

模型形式 Model forms	logLik	AIC	BIC	LRT	p 值 p-value
竞争因子+区域效应 Competition factors+regional effect	−503.986	1021.972	1039.923		
区域效应 Regional effect	−506.816	1023.633	1036.455	45.771	0.0590

表 3.2.13　木材生物量竞争因子固定效应混合效应参数拟合结果

Table 3.2.13　The estimation parameters of the mixed models including fixed effects of competition factors for wood biomass

参数 Parameters	值 Valùe	标准差 Std. error	自由度 DF	t 值 t-value	p 值 p-value
a	0.0323	0.0084	89	3.819	0.0002
b	1.9662	0.0844	89	23.296	<0.0001
b1	0.0099	0.0043	89	2.270	0.0256
c	0.8070	0.1013	89	7.963	<0.0001
c1	−0.0109	0.0049	89	−2.214	0.0294

2. 考虑方差协方差结构

从表 3.2.14 可以看出，考虑方差结构后，幂函数和指数函数形式的方差方程均能极显著提高模型精度，其中幂函数形式的 logLik 值较大，AIC 和 BIC 值均较小，因此，采用幂函数形式作为其方差方程。Gaussian、Spherical 和指数函数 3 种空间自相关方程形式的 logLik 值均小于不采用协方差结构，AIC 和 BIC 值均较大，其中表现最好的为 Gaussian 方程，因此采用 Gaussian 方程描述其协方差结构。

表 3.2.14　木材生物量竞争因子固定效应混合效应模型比较

Table 3.2.14　The comparation of the mixed models including fixed effect of competition factors for wood biomass

序号 No.	方差结构 Variance structure	协方差结构 Covariance structure	logLik	AIC	BIC	LRT	p 值 p-value
1	无	无	−503.986	1021.972	1039.923		
2	Power	无	−445.087	906.173	926.688	117.799	<0.0001
3	Exponential	无	−478.260	972.520	993.035	51.452	<0.0001
4	无	Gaussian	−499.287	1014.574	1035.089	9.399	0.0022
5	无	Spherical	−499.306	1014.613	1035.127	9.360	0.0022
6	无	Exponential	−500.693	1017.385	1037.900	6.586	0.0103
7	Power	Gaussian	−443.853	905.706	928.785	120.267	<0.0001

综合考虑方差协方差结构后，考虑竞争因子固定效应+区域效应+幂函数+Gaussian 模型表现最好，竞争因子固定效应+区域效应+幂函数的模型要优于竞争因子固定效应+区域效应+ Gaussian。

以竞争因子固定效应+区域效应+幂函数+Gaussian 构建竞争因子影响的木材生物量混合效应模型,但其所有竞争因子固定效应参数的 t 检验不显著,尝试不同竞争因子固定效应参数组合后,该模型表现仍最好。并且引入竞争因子固定效应后模型在 AIC、BIC 和 logLik 3 个指标上仍优于不考虑竞争因子固定效应的模型。因此,仍建立竞争因子固定效应+区域效应+幂函数+Gaussian 为最终模型,其模型形式见公式(3.2.6),模型拟合结果见表 3.2.15。

$$y = a \cdot \mathrm{DBH}^{b+b1 \cdot \mathrm{CI}} \cdot H^{c+uc+c1 \cdot \mathrm{CI}} \tag{3.2.6}$$

表 3.2.15　木材生物量竞争因子固定效应混合效应模型拟合结果

Table3.2.15　The estimation results of the mixed models with fixed effect of competition factors for wood biomass

参数 Parameters	估计值 Value	标准差 Std. error	自由度 DF	t 值 t-value	p 值 p-value
a	0.0151	0.0028	89	5.423	<0.0001
b	2.0121	0.0870	89	23.122	<0.0001
$b1$	−0.0001	0.0013	89	−0.041	0.9673
c	0.9934	0.1158	89	8.578	<0.0001
$c1$	0.0003	0.0012	89	0.217	0.8283
logLik			−443.853		
AIC			905.706		
BIC			928.785		
区组间方差协方差矩阵 D			D=0.0245		
异方差函数值 Heteroscedasticity value			Power=0.9087		
空间相关性 Spatial correlation			Range of Gaussian=0.6823		
残差 Residual error			0.2675		

3.2.5　木材生物量模型评价与检验

从各类模型的拟合情况看(表 3.2.16),混合效应模型的拟合精度均极显著高于一般回归模型,而混合效应模型中,增加环境因子固定效应后的模型均优于普通混合效应模型,以地形因子固定效应+区域效应的混合效应模型最好,气候因子固定效应+区域效应混合模型次之,竞争因子固定效应+区域效应混合模型最差。

表 3.2.16　木材生物量模型拟合指标比较

Table 3.2.16　The comparison of fitting indices among the models of wood biomass

模型形式 Model forms	logLik	AIC	BIC	LRT	p 值 p-value
一般回归模型 The ordinary model	−514.113	1036.227	1046.484		
区域效应混合模型 Mixed model including regional effect	−449.714	913.428	931.378	111.660	<0.0001
地形因子+区域效应混合模型 Mixed model including topographic factors and regional effect	−440.417	898.833	921.912	147.394	<0.0001
气候因子+区域效应混合模型 Mixed model including climate factors and regional effect	−442.452	904.904	930.548	143.323	<0.0001
竞争因子+区域效应混合模型 Mixed model including competition factors and regional effect	−443.853	905.706	928.785	138.917	<0.0001

从模型独立性检验看（表 3.2.17），地形因子+区域效应混合效应模型在预估精度、总相对误差上均为最佳，平均相对误差则以气候因子+区域效应混合效应模型为优，竞争因子+区域效应混合模型则在绝对平均相对误差上表现最好。因此，从整体表现上看，混合效应模型除总相对误差外，其余指标均优于一般回归模型，而混合效应模型中则以地形因子+区域效应混合效应模型表现最佳。

表 3.2.17　木材生物量模型检验比较

Table 3.2.17　The comparison of validation indices among the models of wood biomass

模型形式 Model forms	总相对误差 RS	平均相对误差 EE	绝对平均相对误差 RMA	预估精度 P
一般回归模型 The ordinary model	−0.32	−3.46	15.79	96.51
区域效应混合模型 Mixed model including regional effect	−0.76	−0.08	12.77	96.56
地形因子+区域效应混合模型 Mixed model including topographic factors and regional effect	−0.30	−0.08	12.82	97.03
气候因子+区域效应混合模型 Mixed model including climate factors and regional effect	−1.41	−0.06	13.36	96.44
竞争因子+区域效应混合模型 Mixed model including competition factors and regional effect	−0.92	−0.07	12.59	96.53

3.3　树皮生物量模型构建

3.3.1　基本模型

1. 混合参数选择

考虑所有参数组合,分析不同混合参数组合模型拟合的 3 个指标值(表 3.3.1),所有考虑区域效应的混合参数组合的 AIC 值和 BIC 值均高于无混合效应参数的模型,而考虑混合参数效应时,仅考虑 1 参数混合要优于 2 参数混合的模型,3 参数混合的模型表现最差。因此树皮生物量模型不考虑混合效应模型,仅作非线性模型拟合。

表 3.3.1　树皮生物量模型混合参数比较
Table 3.3.1　The comparation of mixed parameters for bark biomass model

混合参数 Mixed parameters	logLik	AIC	BIC
无	−383.919	775.839	786.096
a	−383.919	777.839	790.660
b	−383.919	777.839	790.660
c	−383.919	777.839	790.660
a、*b*	−383.919	779.839	795.225
a、*c*	−383.919	779.839	795.225
b、*c*	−383.919	779.839	795.225
a、*b*、*c*	−383.919	781.839	799.789

2. 考虑方差协方差结构

从表 3.3.2 中可以看出,考虑方差结构后,幂函数和指数函数形式的方差方程均能极显著提高模型精度,其中幂函数形式的 logLik 值最大,AIC 和 BIC 值均最小,因此,采用幂函数形式作为方差方程。Gaussian、Spherical 和指数函数 3 种空间自相关方程形式中仅 Spherical 形式能收敛,且不及不考虑空间自相关性模型,因此,不考虑空间自相关形式的协方差结构。

表 3.3.2　树皮生物量模型比较

Table3.3.2　The comparison of the bark biomass models

序号 No.	方差结构 Variance structure	协方差结构 Covariance structure	logLik	AIC	BIC	LRT	p 值 p-value
1	无	无	−383.919	775.839	786.096		
2	Power	无	−330.832	671.664	684.485	106.175	<0.0001
3	Exponential	无	−346.384	702.768	715.590	75.070	<0.0001
4	无	Gaussian	−383.919	777.839	790.660	0.0001	0.9920
5	无	Spherical	不能收敛 No convergence				
6	无	Exponential	不能收敛 No convergence				

　　由于考虑协方差结构的模型不能提高模型精度，因此仅考虑幂函数的方差结构，其模型拟合结果见表 3.3.3。

表 3.3.3　树皮生物量模型拟合结果

Table3.3.3　The estimation results of the bark biomass model

参数 Parameters	估计值 Value	标准差 Std. error	自由度 DF	t 值 t-value	p 值 p-value
a	0.0290	0.0074	93	3.933	0.0002
b	1.7798	0.1318	93	13.502	<0.0001
c	0.4000	0.1762	93	2.270	0.0255
logLik			−330.832		
AIC			671.664		
BIC			684.485		
异方差函数值 Heteroscedasticity value			Power=0.9293		
残差 Residual error			0.3981		

3.3.2　地形因子影响的树皮生物量模型

1. 基本模型

　　引入海拔、坡度、坡向等级数据构建含地形因子的回归模型，分析不同参数组合的参数显著性及模型拟合指标，选择的最佳模型形式见公式（3.3.1），该模型与一般回归模型的拟合指标比较见表 3.3.4，模型拟合结果见表 3.3.5。

$$y = a \cdot \mathrm{DBH}^{b+b1 \cdot \mathrm{GALT}} \cdot H^{c+c1 \cdot \mathrm{GALT}} \qquad (3.3.1)$$

表 3.3.4　含地形因子的树皮生物量模型比较

Table 3.3.4　The comparison of bark biomass models including topographic factors

模型形式 Model forms	logLik	AIC	BIC	LRT	p 值 p-value
一般回归模型 The ordinary model	−383.919	775.839	786.096		
含地形因子回归模型 The model including topographic factors	−382.206	776.412	791.799	3.426	0.1803

表 3.3.5　含地形因子的树皮生物量模型参数拟合结果

Table 3.3.5　The estimation parameters of bark biomass models including topographic factors

参数 Parameters	估计值 Value	标准差 Std. error	自由度 DF	t 值 t-value	p 值 p-value
a	0.0577	0.0279	91	2.072	0.0411
b	1.0081	0.3076	91	3.277	0.0015
$b1$	0.2006	0.1075	91	1.867	0.0652
c	1.0581	0.3589	91	2.948	0.0041
$c1$	−0.2314	0.1265	91	−1.830	0.0706

2. 考虑方差协方差结构

从表 3.3.6 中可以看出，考虑方差结构后，幂函数和指数函数形式的方差方程均能极显著提高模型精度，其中幂函数形式的 logLik 值最大，AIC 和 BIC 值均最小，因此，采用幂函数形式作为其方差方程。考虑 3 类协方差结构方程均不能收敛。

表 3.3.6　考虑地形因子的树皮生物量模型比较

Table 3.3.6　The comparation of bark biomass models including topographic factors

序号 No.	方差结构 Variance structure	协方差结构 Covariance structure	logLik	AIC	BIC	LRT	p 值 p-value
1	无	无	−382.206	776.412	791.799		
2	Power	无	−325.948	665.895	683.846	112.517	<0.0001
3	Exponential	无	−340.304	694.607	712.558	83.805	<0.0001
4	无	Gaussian	不能收敛 No convergence				
5	无	Spherical	不能收敛 No convergence				
6	无	Exponential	不能收敛 No convergence				

由于地形因子的回归模型不考虑协方差结构，因此以考虑幂函数形式的方差结构方程为最终模型，其模型拟合结果见表 3.3.7。

表 3.3.7　考虑地形因子的树皮生物量模型拟合结果

Table 3.3.7　The estimation results of bark biomass model including topographic factors

参数 Parameters	估计值 Value	标准差 Std. error	自由度 DF	t 值 t-value	p 值 p-value
a	0.0288	0.0071	91	4.072	0.0001
b	1.1555	0.2959	91	3.905	0.0002
b1	0.2097	0.0877	91	2.391	0.0189
c	1.1147	0.3430	91	3.249	0.0016
c1	−0.2408	0.0987	91	−2.440	0.0166
logLik			−325.948		
AIC			665.895		
BIC			683.846		
异方差函数值 Heteroscedasticity value			Power=0.9278		
残差 Residual error			0.3855		

3.3.3　气候因子影响的树皮生物量模型

1. 基本模型

引入年降雨量和年均温数据参与模型拟合，分析不同组合的参数显著性及模型拟合指标，选择的最佳模型形式见公式（3.3.2），模型与一般回归模型的拟合指标比较见表 3.3.8，模型拟合结果见表 3.3.9。

$$y = a \cdot \mathrm{DBH}^{b+b1 \cdot \mathrm{TEM}} \cdot H^{c+c1 \cdot \mathrm{TEM}} \qquad (3.3.2)$$

表 3.3.8　含气候因子影响的树皮生物量模型比较

Table 3.3.8　The comparation of bark biomass model including climate factors

模型形式 Model forms	logLik	AIC	BIC	LRT	p 值 p-value
一般回归模型 The ordinary model	−383.919	775.839	786.096		
含气候因子回归模型 The model including climate factors	−382.542	777.083	792.469	2.965	0.2385

表 3.3.9　含气候因子的树皮生物量拟合参数表

Table 3.3.9　The estimation parameters of bark biomass model including climate factors

参数 Parameters	估计值 Value	标准差 Std. error	自由度 DF	t 值 t-value	p 值 p-value
a	0.0568	0.0281	91	2.020	0.0524
b	7.3477	3.8244	91	1.921	0.0732
b1	−0.3071	0.0218	91	−1.522	0.0911
c	−6.2338	4.5622	91	−1.366	0.1426
c1	0.3535	0.2408	91	1.468	0.1103

2. 考虑方差协方差结构

从表 3.3.10 中可以看出，考虑方差结构后，指数函数形式模型不能收敛，幂函数形式模型能极显著提高模型精度。Gaussian、Spherical 和指数 3 种空间自相关方程形式的模型均不能收敛。因此以考虑幂函数形式的回归模型为含气候因子的树皮生物量模型。模型拟合结果见表 3.3.11。

表 3.3.10　含气候因子的树皮生物量模型比较
Table 3.3.10　The comparation of bark biomass models including climate factors

序号 No.	方差结构 Variance structure	协方差结构 Covariance structure	logLik	AIC	BIC	LRT	p 值 p-value
1	无	无	−382.542	777.083	792.469		
2	Power	无	−327.297	668.594	686.544	110.490	<0.0001
3	Exponential	无	不能收敛 No convergence				
4	无	Gaussian	不能收敛 No convergence				
5	无	Spherical	不能收敛 No convergence				
6	无	Exponential	不能收敛 No convergence				

表 3.3.11　含气候因子的树皮生物量模型拟合结果
Table 3.3.11　The estimation results of bark biomass model including climate factors

参数 Parameters	估计值 Value	标准差 Std. error	自由度 DF	t 值 t-value	p 值 p-value
a	0.0283	0.0070	91	4.015	0.0001
b	8.0175	2.8878	91	2.776	0.0067
$b1$	−0.3345	0.1545	91	−2.165	0.0330
c	−6.5987	3.2879	91	−2.007	0.0477
$c1$	0.3756	0.1758	91	2.136	0.0353
logLik			−327.297		
AIC			668.594		
BIC			686.544		
异方差函数值 Heteroscedasticity value			Power=0.9280		
残差 Residual error			0.3904		

3.3.4　竞争因子影响的树皮生物量模型

1. 基本模型

引入单木简单竞争指数（CI）数据进行模型拟合，分析不同组合的参数显著性及模型拟合指标，选择的最佳模型形式见公式（3.3.3），模型与一般回归模型的拟合指标比较见表 3.3.12，模型拟合结果见表 3.3.13。

$$y = (a + a1 \cdot \text{CI}) \cdot \text{DBH}^b \cdot H^{c+c1 \cdot \text{CI}} \qquad (3.3.3)$$

表 3.3.12　含竞争因子的树皮生物量模型比较

Table 3.3.12　The comparison of bark biomass models including competition factors

模型形式 Model forms	logLik	AIC	BIC	LRT	p 值 p-value
一般回归模型 The ordinary model	−383.919	775.839	786.096		
含竞争因子回归模型 The model including competition factors	−382.408	776.815	792.201	3.024	0.2205

表 3.3.13　含竞争因子的树皮生物量模型拟合结果

Table 3.3.13　The estimation results of bark biomass models including competition factors

参数 Parameters	估计值 Value	标准差 Std. error	自由度 DF	t 值 t-value	p 值 p-value
a	0.0326	0.0191	91	1.710	0.0906
$a1$	0.0009	0.0006	91	1.464	0.1467
b	1.6303	0.1754	91	9.283	<0.0001
c	0.4929	0.1565	91	3.150	0.0022
$c1$	−0.0046	0.0020	91	−2.250	0.0268

2. 考虑方差协方差结构

从表 3.3.14 中可以看出，考虑方差结构后，幂函数和指数函数形式的方差方程均能极显著提高模型精度，其中幂函数形式的 logLik 值最大，AIC 和 BIC 值均最小，因此，采用幂函数形式作为其方差方程。Gaussian、Spherical 和指数函数 3 种空间自相关方程形式中，仅 Spherical 形式能够收敛，但该模型仍不及不考虑空间自相关协方差结构的模型。

表 3.3.14　含竞争因子的树皮生物量模型比较

Table 3.3.14　The comparison of bark biomass models including competition factors

序号 No.	方差结构 Variance structure	协方差结构 Covariance structure	logLik	AIC	BIC	LRT	p 值 p-value
1	无	无	−382.408	776.815	792.201		
2	Power	无	−329.662	673.324	691.275	105.491	<0.0001
3	Exponential	无	−343.322	700.643	718.593	78.172	<0.0001
4	无	Gaussian	不能收敛 No convergence				
5	无	Spherical	−382.408	776.815	796.201	0.000	0.9920
6	无	Exponential	不能收敛 No convergence				

　　由于空间自相关的协方差结构不能收敛或不能提高模型精度，因此仅考虑幂函数形式的方差结构方程的回归模型，并以该模型为含竞争因子的树皮生物量模型，其模型拟合结果见表 3.3.15。

表 3.3.15　考虑竞争因子影响的树皮生物量模型拟合结果
Table 3.3.15　The estimation results of bark biomass model including competition factors

参数 Parameters	估计值 Value	标准差 Std. error	自由度 DF	t 值 t-value	p 值 p-value
a	0.0231	0.0080	91	2.868	0.0051
$a1$	0.0003	0.0001	91	2.207	0.0299
b	1.7659	0.1558	91	11.332	<0.0001
c	0.4794	0.1818	91	2.637	0.0098
$c1$	−0.0025	0.0007	91	−3.453	0.0008
logLik		−329.662			
AIC		673.324			
BIC		691.275			
异方差函数值 Heteroscedasticity value		Power=0.9377			
残差 Residual error		0.3873			

3.3.5　树皮生物量模型评价与检验

　　从模型拟合情况看（表 3.3.16），含环境因子的模型和幂函数加权后的回归模型的拟合精度均极显著高于一般回归模型。而环境因子灵敏的模型中，增加环境因子后的模型均较普通加权回归模型具有较高 logLik 值，但仅地形因子灵敏的模型最好，各指标均优于普通加权回归模型；含气候因子的回归模型则较普通加权回归模型具有较低的 AIC 值，但其 BIC 值较高；含竞争因子的回归模型不仅 logLik 值较高于普通加权回归模型，而且 AIC 和 BIC 指标均较高。可见，含地形因子的回归模型具有最佳的拟合指标表现。

　　从模型独立性检验看（表 3.3.17），含气候因子的回归模型总相对误差最小，平均相对误差则以幂函数加权的回归模型为优，竞争因子+区域效应模型则在预估精度上表现最好。可见，环境灵敏的模型整体上优于回归模型，且气候因子的回归模型和含竞争因子的回归模型在预估精度上均优于幂函数加权的回归模型，但环境灵敏的模型在平均相对误差和绝对平均相对误差上均不及幂函数加权的回归模型。

表 3.3.16　树皮生物量模型拟合指标比较
Table 3.3.16　The comparison of fitting indices among the models of bark biomass

模型形式 Model forms	logLik	AIC	BIC	LRT	p 值 p-value
一般回归模型 The ordinary model	−383.919	775.839	786.096		
考虑方差结构的回归模型 The model considering the variance structure	−330.832	671.664	684.485	106.175	<0.0001
含地形因子的回归模型 The model including topographic factors	−325.948	665.895	683.846	115.944	<0.0001
含气候因子的回归模型 The model including climate factors	−327.297	668.594	686.544	113.245	<0.0001
含竞争因子的回归模型 The model including competition factors	−329.662	673.324	691.275	108.514	<0.0001

表 3.3.17　不同环境因子树皮生物量模型检验结果
Table 3.3.17　The comparation of validation indices among the models of bark biomass

模型形式 Model forms	总相对误差 RS	平均相对误差 EE	绝对平均相对误差 RMA	预估精度 P
一般回归模型 The ordinary model	3.95	−5.87	22.57	90.29
考虑方差结构的回归模型 The model considering the variance structure	−0.96	−2.89	18.96	91.28
含地形因子的回归模型 The model including topographic factors	−0.86	−4.85	20.37	91.18
含气候因子的回归模型 The model including climate factors	−0.77	−4.97	20.24	91.62
含竞争因子的回归模型 The model including competition factors	−3.12	−7.38	19.59	91.64

3.4　树枝生物量混合效应模型构建

3.4.1　基本混合效应模型

1. 混合参数选择

在考虑所有参数不同组合下，分析不同混合参数组合模型拟合的 3 个指标值，通过比较可以看出仅选取 c 参数作为混合参数的模型效果最好。该模型与无混合参数的比较情况见表 3.4.1。

表 3.4.1　树枝生物量模型混合参数比较

Table 3.4.1　The comparison of mixed parameters for branch biomass models

混合参数 Mixed parameters	logLik	AIC	BIC	LRT	p 值 p-value
无	−522.824	1053.648	1063.906		
a	−522.824	1055.648	1068.470	0.000	0.9990
b	−510.483	1030.966	1043.788	24.682	<0.0001
c	−509.952	1029.903	1042.725	25.745	<0.0001
a、b			不能收敛 No convergence		
a、c	−509.952	1031.903	1047.289	25.745	<0.0001
b、c	−509.952	1031.903	1047.289	25.745	<0.0001
a、b、c	−509.952	1033.903	1051.854	25.745	<0.0001

2. 考虑方差协方差结构

从表 3.4.2 中可以看出，考虑方差结构后，幂函数和指数函数形式的方差方程均能极显著提高模型精度，且幂函数形式的 logLik 值最大，AIC 和 BIC 值均最小，因此，采用幂函数形式作为其方差结构方程。Gaussian、Spherical 和指数函数 3 种空间自相关方程形式均不及不考虑空间自相关性模型。

表 3.4.2　树枝生物量混合效应模型比较

Table 3.4.2　The comparison of the mixed models of branch biomass

序号 No.	方差结构 Variance structure	协方差结构 Covariance structure	logLik	AIC	BIC	LRT	p 值 p-value
1	无	无	−509.952	1029.903	1042.725		
2	Power	无	−412.960	837.920	853.306	193.984	<0.0001
3	Exponential	无	−433.775	879.551	894.937	152.353	<0.0001
4	无	Gaussian	−509.848	1031.696	1047.083	0.207	0.6492
5	无	Spherical	−509.848	1031.695	1047.082	0.208	0.6484
6	无	Exponential	−509.899	1031.797	1047.183	0.106	0.7445

由于考虑协方差结构不能提高模型精度，因此模型仅考虑幂函数方差结构方程，其模型拟合结果见表 3.4.3。

表 3.4.3　树枝生物量混合模型拟合结果

Table3.4.3　The estimation results of the mixed models for branch biomass

参数 Parameters	估计值 Value	标准差 Std. error	自由度 DF	t 值 t-value	p 值 p-value
a	0.0213	0.0082	91	2.603	0.0108
b	0.4492	0.0749	91	5.996	<0.0001
c	0.5481	0.0793	91	6.910	<0.0001
logLik			−412.960		
AIC			837.920		
BIC			853.306		
区组间方差协方差矩阵 D			D=0.0223		
异方差函数值 Heteroscedasticity value			Power=0.9087		
残差 Residual error			0.6866		

3.4.2　考虑地形因子固定效应的混合效应模型

1. 基本模型

引入海拔、坡度、坡向等级数据作为固定效应参与模型拟合，以基础混合效应模型（随机效应仅考虑 c 参数）为基础，分析不同组合的参数显著性及模型拟合指标后，选择的最佳模型形式见公式（3.4.1），该模型与基础混合效应模型的拟合指标比较见表 3.4.4，模型拟合结果见表 3.4.5。

$$y = a \cdot (D^2 H)^{b+b1 \cdot \text{GSLO}} \cdot (\text{CW}^2\text{CL})^{c+uc+c1 \cdot \text{GSLO}} \qquad (3.4.1)$$

表 3.4.4　树枝生物量地形因子固定效应混合模型比较

Table 3.4.4　The comparison of mixed models considering fixed effect of topographic factors for branch biomass models

模型形式 Model forms	logLik	AIC	BIC	LRT	p 值 p-value
地形因子+区域效应 Topographic factors+regional effect	−492.231	998.462	1016.412		
区域效应 Regional effect	−522.824	1053.648	1063.906	61.186	<0.0001

2. 考虑方差协方差结构

考虑方差结构后，幂函数和指数函数形式的方差方程均能极显著提高模型精度，其中幂函数形式的 logLik 值最大，AIC 和 BIC 值均最小，因此，采用幂函数形式作为其方差方程。Gaussian、Spherical 和指数函数形式的协方差结构均不能显著提高模型精度。

表 3.4.5　树枝生物量地形因子固定效应混合效应模型参数拟合结果

Table 3.4.5　The estimation parameters of the mixed models with fixed effect of topographic factors for branch biomass

参数 Parameters	估计值 Value	标准差 Std. error	自由度 DF	t 值 t-value	p 值 p-value
a	0.0001	0.0001	89	0.9829	0.3283
b	2.1701	0.3284	89	6.6080	<0.0001
$b1$	−0.4323	0.1074	89	−4.0246	0.0001
c	−1.2512	0.3912	89	−3.1986	0.0019
$c1$	0.6272	0.1480	89	4.2366	0.0001

由于协方差结构形式不能提高模型精度（表 3.4.6），因此仅考虑误差结构的模型，其模型拟合结果见表 3.4.7。

表 3.4.6　考虑地形因子固定效应的树枝生物量混合效应模型比较

Table 3.4.6　The comparison of the mixed models with fixed effect of topographic factors for branch biomass

序号 No.	方差结构 Variance structure	协方差结构 Covariance structure	logLik	AIC	BIC	LRT	p 值 p-value
1	无	无	−492.231	998.462	1016.412		
2	Power	无	−409.367	834.733	855.248	165.729	<0.0001
3	Exponential	无	−428.008	872.017	892.532	128.445	<0.0001
4	无	Gaussian	−492.231	1000.462	1020.977	0.000	0.9830
5	无	Spherical	−492.231	1000.463	1020.977	0.001	0.9805
6	无	Exponential	−492.231	1000.462	1020.977	0.000	0.9867

表 3.4.7　树枝生物量地形因子固定效应混合效应模型拟合结果

Table 3.4.7　The estimation results of the mixed model with fixed effect of topographic factors for branch biomass

参数 Parameters	估计值 Value	标准差 Std. error	自由度 DF	t 值 t-value	p 值 p-value
a	0.0200	0.0078	89	2.546	0.0126
b	0.7163	0.1723	89	4.156	0.0001
$b1$	−0.0968	0.0562	89	−1.721	0.0887
c	0.1370	0.2336	89	0.587	0.5590

续表

参数 Parameters	估计值 Value	标准差 Std. error	自由度 DF	t 值 t-value	p 值 p-value
$c1$	0.1524	0.0823	89	1.851	0.0675
logLik			−409.367		
AIC			872.017		
BIC			855.248		
区组间方差协方差矩阵 D			D=0.0227		
异方差函数值 Heteroscedasticity value			Power=0.8813		
残差 Residual error			0.7312		

3.4.3　考虑气候因子固定效应的混合效应模型

1. 基本模型

引入年降雨量和年均温数据作为固定效应参与模型拟合，以基础混合效应模型（随机效应仅考虑 c 参数）为基础，分析不同组合的参数显著性及模型拟合指标后，选择最佳模型形式见公式（3.4.2），该模型与基础混合效应模型的拟合指标比较见表 3.4.8，模型拟合结果见表 3.4.9。

$$y = a \cdot (D^2H)^{b+b1\cdot \text{TEM}} \cdot (\text{CW}^2\text{CL})^{c+uc+c1\cdot \text{TEM}} \tag{3.4.2}$$

表 3.4.8　树枝生物量气候因子固定效应混合效应模型比较
Table 3.4.8　The comparison of mixed models considering fixed effect of climate factors for branch biomass models

模型形式 Model forms	logLik	AIC	BIC	LRT	p 值 p-value
气候因子固定效应+区域效应 Climate factors+regional effect	−502.346	1018.693	1036.643		
区域效应 Regional effect	−509.952	1029.903	1042.725	15.211	0.0005

表 3.4.9　树枝生物量气候因子固定效应混合效应模型拟合结果
Table 3.4.9　The estimation results of mixed models considering fixed effect of climate factors for branch biomass models

参数 Parameters	估计值 Value	标准差 Std. error	自由度 DF	t 值 t-value	p 值 p-value
a	0.0011	0.0013	89	0.891	0.3751
b	−2.4932	1.7437	89	−1.430	0.1563

续表

参数 Parameters	估计值 Value	标准差 Std. error	自由度 DF	t 值 t-value	p 值 p-value
b1	0.1793	0.0951	89	1.885	0.0627
c	3.9743	2.4224	89	1.641	0.1044
c1	−0.1924	0.1308	89	−1.471	0.1449

2. 考虑方差协方差结构

从表 3.4.10 中可以看出，考虑方差结构后，幂函数和指数函数形式的方差方程均能极显著提高模型精度，其中幂函数形式的 logLik 值最大，AIC 和 BIC 值均最小，因此，采用幂函数形式作为其方差方程；考虑空间自相关方程的协方差结构模型表现均不及不考虑协方差结构模型。

表 3.4.10　考虑气候因子固定效应的树枝生物量混合效应模型比较

Table 3.4.10　The comparison of the mixed models with fixed effect of climate factors for branch biomass

序号 No.	方差结构 Variance structure	协方差结构 Covariance structure	logLik	AIC	BIC	LRT	p 值 p-value
1	无	无	−502.346	1018.693	1036.643		
2	Power	无	−413.058	842.116	862.631	85.401	<0.0001
3	Exponential	无	−433.324	882.648	903.163	138.045	<0.0001
4	无	Gaussian	−501.862	1019.724	1040.239	0.969	0.3250
5	无	Spherical	−501.852	1019.703	1040.218	0.989	0.3199
6	无	Exponential	−502.110	1020.220	1040.735	0.472	0.4919

由于协方差结构不能提高模型精度，仅考虑方差结构对模型的影响，但考虑误差结构后，参数 t 检验的 p 值较高，b1 和 c1 均高于 0.70，因此以原模型为基本模型（模型拟合结果见表 3.4.11）。

表 3.4.11　树枝生物量气候因子固定效应混合效应模型参数拟合结果

Table 3.4.11　The estimation results of the mixed model with fixed effect of climate factors for branch biomass

参数 Parameters	估计值 Value	标准差 Std. error	自由度 DF	t 值 t-value	p 值 p-value
a	0.0011	0.0013	89	0.891	0.3751
b	−2.4932	1.7437	89	−1.430	0.1563
b1	0.1793	0.0951	89	1.885	0.0627
c	3.9743	2.4224	89	1.641	0.1044
c1	−0.1924	0.1308	89	−1.471	0.1449

续表

参数 Parameters	估计值 Value	标准差 Std. error	自由度 DF	t 值 t-value	p 值 p-value
logLik			−502.346		
AIC			1018.693		
BIC			1036.643		
区组间方差协方差矩阵 D			D=0.0775		
残差 Residual error			2.2121		

3.4.4 考虑竞争因子固定效应的混合效应模型

1. 基本模型

引入单木简单竞争指数（CI）数据参与固定效应分析进行模型拟合，并考虑二次方效应，代入基本混合效应模型作为固定效应分析，考虑参数的显著性及拟合指标，得到最终模型见公式（3.4.3）。该模型与基础混合效应模型的拟合指标比较见表 3.4.12，模型拟合结果见表 3.4.13。

$$y = a \cdot (D^2H)^b \cdot (\text{CW}^2\text{CL})^{c+uc+c1\cdot\text{CI}+c2\cdot\text{CI}^2} \tag{3.4.3}$$

表 3.4.12 树枝生物量竞争因子固定效应混合效应模型比较

Table 3.4.12 The comparation of mixed parameters considering competition factors for branch biomass models

模型形式 Model forms	logLik	AIC	BIC	LRT	p 值 p-value
竞争因子+区域效应 Competition factors+regional effect	−502.693	1019.386	1037.336		
区域效应 Regional effect	−509.952	1029.903	1042.725	15.518	0.0007

表 3.4.13 树枝生物量竞争因子固定效应混合效应模型参数拟合结果

Table 3.4.13 The estimation parameters of the mixed models with fixed effect of competition factors for branch biomass

参数 Parameters	估计值 Value	标准差 Std. error	自由度 DF	t 值 t-value	p 值 p-value
a	0.003 3	0.004 0	89	0.826	0.410 8
b	0.742 5	0.142 2	89	5.221	<0.000 1
c	0.418 4	0.098 3	89	4.258	0.000 1
$c1$	−0.002 8	0.000 8	89	−3.635	0.000 5
$c2$	0.000 01	0.000 0	89	1.995	0.049 1

2. 考虑方差协方差结构

从表 3.4.14 中可以看出，考虑方差结构后，幂函数和指数函数形式的方差方程均能极显著提高模型精度，其中幂函数形式的 logLik 值最大，AIC 和 BIC 值均最小，因此，采用幂函数形式作为其方差方程。考虑空间自相关方程的协方差结构模型表现均不及不考虑协方差结构模型。

表 3.4.14　考虑竞争因子固定效应的树枝生物量混合效应模型比较

Table 3.4.14　The comparison of the mixed models with fixed effect of climate factors for branch biomass

序号 No.	方差结构 Variance structure	协方差结构 Covariance structure	logLik	AIC	BIC	LRT	p 值 p-value
1	无	无	−502.693	1019.386	1037.336		
2	Power	无	−405.326	826.652	847.167	194.734	<0.0001
3	Exponential	无	−431.671	879.343	899.857	142.043	<0.0001
4	无	Gaussian	−502.332	1020.664	1041.179	0.722	0.3955
5	无	Spherical	−502.330	1020.660	1041.175	0.726	0.3943
6	无	Exponential	−502.449	1020.897	1041.412	0.489	0.4846

由于协方差结构不能提高模型精度，以考虑幂函数形式的方差结构的模型作为考虑竞争因子的最终模型（模型拟合结果见表 3.4.15）。

表 3.4.15　树枝生物量竞争因子固定效应混合效应模型拟合结果

Table 3.4.15　The estimation results of the mixed model with fixed effect of competition factors for branch biomass

参数 Parameters	估计值 Value	标准差 Std. error	自由度 DF	t 值 t-value	p 值 p-value
a	0.030 3	0.013 2	89	2.291	0.024 3
b	0.433 0	0.071 7	89	6.041	<0.000 1
c	0.542 3	0.075 2	89	7.215	<0.000 1
$c1$	−0.001 4	0.000 5	89	−2.735	0.007 5
$c2$	0.000 005	0.000 002	89	2.784	0.006 6
logLik			−405.326		
AIC			826.652		
BIC			847.167		
区组间方差协方差矩阵 D			D=0.026 8		
异方差函数值 Heteroscedasticity value			Power=0.929 3		
残差 Residual error			0.590 7		

3.4.5　树枝生物量模型评价与检验

从模型拟合情况看（表 3.4.16），混合效应模型的拟合精度均极显著高于一般回归模型，而混合效应模型中，增加环境因子固定效应后的模型除气候因子模型外均优于普通混合效应模型，以竞争因子固定效应+区域效应的混合效应模型最好，地形因子固定效应+区域效应混合模型次之，气候因子固定效应+区域效应混合模型最差。

表 3.4.16　树枝生物量模型拟合指标比较

Table 3.4.16　The comparison of fitting indices among the models of branch biomass

模型形式 Model forms	logLik	AIC	BIC	LRT	p 值 p-value
一般回归模型 The ordinary model	−522.824	1053.648	1063.906		
区域效应混合模型 Mixed model including regional effect	−412.960	837.920	853.306	219.728	<0.0001
地形因子+区域效应混合模型 Mixed model including topographic factors and regional effect	−409.367	834.733	855.248	226.915	<0.0001
气候因子+区域效应混合模型 Mixed model including climate factors and regional effect	−502.346	1018.693	1036.643	40.956	<0.0001
竞争因子+区域效应混合模型 Mixed model including competition factors and regional effect	−405.326	826.652	847.167	234.997	<0.0001

从模型独立性检验看（表 3.4.17），区域效应混合效应模型在平均相对误差和绝对平均相对误差上优于一般回归模型，但其总相对误差和预估精度均不及一般回归模型。在混合效应模型中，考虑环境因子的混合效应模型除地形因子模型的预估精度略低于区域效应混合效应模型，气候因子模型的平均相对误差较高外，其余指标均优于区域效应混合效应模型。就 3 类混合效应模型而言，地形因子+区域效应混合效应模型具有最低的总相对误差，但其预估精度最低；竞争因子模型则具有最低的平均相对误差和绝对平均相对误差值；而气候因子模型则具有最高的预估精度。

表 3.4.17　不同树枝生物量混合效应模型检验结果

Table 3.4.17　The comparison of validation indices among the models of branch biomass

模型形式 Model forms	总相对误差 RS	平均相对误差 EE	绝对平均相对误差 RMA	预估精度 P
一般回归模型 The ordinary model	3.90	16.60	49.53	70.12
区域效应混合模型 Mixed model including regional effect	10.72	4.69	42.28	69.43

续表

模型形式 Model forms	总相对误差 RS	平均相对误差 EE	绝对平均相对误差 RMA	预估精度 P
地形因子+区域效应混合模型 Mixed model including topographic factors and regional effect	2.91	4.19	42.25	69.35
气候因子+区域效应混合模型 Mixed model including climate factors and regional effect	6.10	13.27	40.17	77.99
竞争因子+区域效应混合模型 Mixed model including competition factors and regional effect	8.29	4.14	39.86	71.66

3.5　树叶生物量混合效应模型构建

3.5.1　基本混合效应模型

1. 混合参数选择

在考虑所有参数不同组合下（表 3.5.1），分析不同混合参数组合模型拟合的3 个指标值，通过比较可以看出仅选取 b 参数作为混合参数的模型效果最好。且仅该模型与无混合参数模型的差异检验为极显著。因此，选择该模型作为基本混合效应模型。

表 3.5.1　树叶生物量模型混合参数比较
Table 3.5.1　The comparison of mixed parameters for leaf biomass models

混合参数 Mixed parameters	logLik	AIC	BIC	LRT	p 值 p-value
无	−268.566	545.133	555.390		
a	−268.566	547.133	559.954	0.000	0.9986
b	−257.460	524.920	537.742	22.212	<0.0001
c	−258.312	526.625	539.446	20.508	<0.0001
a、b	−257.460	526.920	542.306	22.212	<0.0001
a、c	−258.312	528.624	544.011	20.508	<0.0001
b、c	−257.460	526.920	542.306	22.212	<0.0001
a、b、c	−257.460	528.920	546.871	22.212	0.0001

2. 考虑方差协方差结构

从表 3.5.2 中可以看出，考虑方差结构后，幂函数和指数函数形式的方差方程均能极显著提高模型精度，其中幂函数形式的 logLik 值最大，AIC 和 BIC 值均最小。因此，采用幂函数形式作为其方差方程。Gaussian、Spherical 和指数函数 3 种空间自相关方程形式均不及不考虑空间相关性结构的模型。

表 3.5.2　　树叶生物量混合效应模型比较
Table 3.5.2　　The comparation of the mixed models for leaf biomass

序号 No.	方差结构 Variance structure	协方差结构 Covariance structure	logLik	AIC	BIC	LRT	p 值 p-value
1	无	无	−257.460	524.920	537.742		
2	Power	无	−224.854	461.707	477.093	65.213	<0.0001
3	Exponential	无	−230.474	472.947	488.333	53.973	<0.0001
4	无	Gaussian	−257.460	526.921	542.307	0.001	0.9793
5	无	Spherical	−257.461	526.921	542.307	0.001	0.9757
6	无	Exponential	−257.460	526.921	542.307	0.001	0.9793

　　由于考虑协方差结构不能提高模型精度，因此仅考虑幂函数形式的方差结构，以区域效应+幂函数的模型为树叶生物量的基本混合效应模型，其模型拟合结果见表 3.5.3。

表 3.5.3　　树叶生物量区域效应混合模型拟合结果
Table 3.5.3　　The estimation results of the mixed models with random effect of region for leaf biomass

参数 Parameters	估计值 Value	标准差 Std. error	自由度 DF	t 值 t-value	p 值 p-value
a	0.0537	0.0219	91	2.450	0.0165
b	0.2077	0.0795	91	2.613	0.0105
c	0.4085	0.0853	91	4.792	<0.0001
logLik			−224.854		
AIC			461.707		
BIC			477.093		
区组间方差协方差矩阵 D			D=0.0361		
异方差函数值 Heteroscedasticity value			Power=1.0069		
残差 Residual error			0.5588		

3.5.2　考虑地形因子固定效应的混合效应模型

1. 基本模型

引入海拔、坡度、坡向等级数据作为哑变量参与固定效应分析进行模型拟合，以基础混合效应模型（随机效应仅考虑 b 参数）为基础，分析不同组合下的各参数显著性及模型拟合指标后，选择的最佳模型形式见公式（3.5.1），该模型与基础混合效应模型的拟合指标比较见表 3.5.4，模型拟合结果见表 3.5.5。

$$y = a \cdot (D^2 H)^{b+ub+b1 \cdot \text{GSLO}} \cdot (CW^2 CL)^{c+c1 \cdot \text{GSLO}} \tag{3.5.1}$$

式中，ub——随机效应参数。

表 3.5.4　树叶生物量地形因子固定效应混合效应模型比较

Table 3.5.4　The comparison of mixed parameters considering topographic factors for leaf biomass models

模型形式 Model forms	logLik	AIC	BIC	LRT	p 值 p-value
地形因子+区域效应 Topographic factors+regional effect	−255.092	524.184	542.134		
区域效应 Regional effect	−257.460	524.920	537.742	4.736	0.0937

表 3.5.5　树叶生物量地形因子固定效应混合效应模型参数拟合结果

Table3.5.5　The estimation parameters of the mixed model with fixed effect of topographic factors for leaf biomass

参数 Parameters	估计值 Value	标准差 Std. error	自由度 DF	t 值 t-value	p 值 p-value
a	0.0636	0.0495	89	1.287	0.2016
b	0.6874	0.2089	89	3.290	0.0014
$b1$	−0.0983	0.0546	89	−1.802	0.0749
c	−0.2694	0.2737	89	−0.984	0.3276
$c1$	0.1267	0.0785	89	1.614	0.1100

2. 考虑方差协方差结构

从表 3.5.6 中可以看出，考虑方差结构后，幂函数和指数函数形式的方差方程均能极显著提高模型精度，其中幂函数形式的 logLik 值最大，AIC 和 BIC 值均最小，因此，采用幂函数形式作为其方差方程。Gaussian、Spherical 和指数函数形式的协方差结构均不及不考虑协方差结构的模型。

表 3.5.6　树叶生物量地形因子固定效应混合效应模型比较

Table 3.5.6　The comparation of the mixed models with fixed effect of topographic factors for leaf biomass

序号 No.	方差结构 Variance structure	协方差结构 Covariance structure	logLik	AIC	BIC	LRT	p 值 p-value
1	无	无	−255.092	524.184	542.134		
2	Power	无	−221.902	459.805	480.320	66.379	<0.0001
3	Exponential	无	−226.802	469.605	490.119	56.579	<0.0001
4	无	Gaussian	−255.092	526.184	546.699	0.000	0.9875
5	无	Spherical	−255.092	526.185	546.699	0.001	0.9817
6	无	Exponential	−255.092	526.185	546.699	0.001	0.9816
7*	Power	无	−223.305	460.610	478.560		

*表示该模型为剔除不显著参数 *b1* 后的模型

*is the model removing no significant parameter *b1*

　　由于协方差结构形式不能提高模型精度，仅考虑误差结构的模型后，该模型参数 *b* 和 *b1* 的 *t* 检验的 *p* 值较高，分别为 0.8444 和 0.2914，因此剔除 *b1* 拟合新模型。新模型较剔除不显著参数前 BIC 值较大，logLik 值较小，但 AIC 较大。新模型形式见公式（3.5.2），模型拟合结果见表 3.5.7。

$$y = a \cdot (D^2 H)^{b+ub} \cdot (CW^2 CL)^{c+c1 \cdot \text{GSLO}} \qquad (3.5.2)$$

表 3.5.7　树叶生物量地形因子固定效应混合效应模型拟合结果

Table 3.5.7　The estimation results of the mixed model with fixed effect of topographic factors for leaf biomass

参数 Parameters	估计值 Value	标准差 Std. error	自由度 DF	t 值 t-value	p 值 p-value
a	0.0553	0.0225	90	2.454	0.0160
b	0.2070	0.0793	90	2.611	0.0106
c	0.4443	0.0912	90	4.872	<0.0001
$c1$	−0.0131	0.0112	90	−1.172	0.2443
logLik			−223.305		
AIC			460.610		
BIC			478.560		
区组间方差协方差矩阵 D			D=0.0376		
异方差函数值 Heteroscedasticity value			Power=0.9993		
残差 Residual error			0.5566		

3.5.3　考虑气候因子固定效应的混合效应模型

1. 基本模型

引入年降雨量和年均温数据参与固定效应分析进行模型拟合，以基础混合效应模型（随机效应仅考虑 b 参数）为基础，分析不同组合下的参数显著性及模型拟合指标后，选择的最佳模型形式见公式（3.5.3），该模型与基础混合效应模型的拟合指标比较见表 3.5.8，模型拟合结果见表 3.5.9。

$$y = a \cdot (D^2H)^{b+ub+b1\cdot\text{TEM}+b2\cdot\text{PRE}} \cdot (CW^2CL)^c \qquad (3.5.3)$$

表 3.5.8　树叶生物量气候因子固定效应混合效应模型比较

Table 3.5.8　The comparison of mixed parameters considering climate factors for leaf biomass models

模型形式 Model forms	logLik	AIC	BIC	LRT	p 值 p-value
气候因子固定效应+区域效应 Climate factors+regional effect	−247.978	509.956	527.906		
区域效应 Regional effect	−257.460	524.920	537.742	18.965	0.0001

表 3.5.9　树叶生物量气候因子固定效应混合效应模型参数拟合结果

Table 3.5.9　The estimation parameters of the mixed model with fixed effect of climate factors for leaf biomass

参数 Parameters	估计值 Value	标准差 Std. error	自由度 DF	t 值 t-value	p 值 p-value
a	0.1393	0.0963	89	1.446	0.1517
b	1.8550	0.2506	89	7.404	<0.0001
$b1$	0.0182	0.0075	89	2.444	0.0165
$b2$	−0.0013	0.0002	89	−6.972	<0.0001
c	0.1843	0.0859	89	2.261	0.0262

2. 考虑方差协方差结构

从表 3.5.10 中可以看出，考虑方差结构后，幂函数和指数函数形式的方差方程均能极显著提高模型精度，其中幂函数形式的 logLik 值最大，AIC 和 BIC 值均最小，因此，采用幂函数形式作为其方差方程。考虑空间自相关方程的协方差结构模型表现均不及不考虑协方差结构模型。

表 3.5.10　树叶生物量气候因子固定效应混合效应模型比较

Table 3.5.10　The comparation of the mixed models with fixed effect of climate factors for leaf biomass

序号 No.	方差结构 Variance structure	协方差结构 Covariance structure	logLik	AIC	BIC	LRT	p 值 p-value
1	无	无	−247.978	509.956	527.906		
2	Power	无	−226.356	468.711	489.226	43.245	<0.0001
3	Exponential	无	−226.976	469.952	490.467	42.003	<0.0001
4	无	Gaussian	−247.978	511.956	532.471	0.001	0.9819
5	无	Spherical	−247.978	511.956	532.471	0.001	0.9807
6	无	Exponential	−247.978	511.956	532.471	0.000	0.9857
7[*]	Power	无	−225.093	464.186	482.136		

*表示该模型为剔除不显著参数 $b1$ 后的模型

* is the model removing no signficant parameter $b1$

　　由于协方差结构不能提高模型精度，仅考虑方差结构对模型的影响，但考虑误差结构后，参数 $b1$ 的 t 检验的 p 值较高，因此剔除不显著变量构建新模型。新模型较剔除不显著参数前 logLik 值较大，但其 AIC 和 BIC 值较小。新模型形式见公式（3.5.4），模型拟合结果见表 3.5.11。

$$y = a \cdot (D^2 H)^{b+ub+b1 \cdot \text{PRE}} \cdot (CW^2 CL)^c \qquad (3.5.4)$$

表 3.5.11　树叶生物量气候因子固定效应混合效应模型拟合结果

Table 3.5.11　The estimation results of the mixed model with fixed effect of climate factors for leaf biomass

参数 Parameters	估计值 Value	标准差 Std. error	自由度 DF	t 值 t-value	p 值 p-value
a	0.1035	0.0444	90	2.330	0.0220
b	1.3972	0.2793	90	5.003	<0.0001
$b1$	−0.0008	0.0002	90	−4.629	<0.0001
c	0.3395	0.0878	90	3.867	0.0002
logLik			−225.093		
AIC			464.186		
BIC			482.136		
区组间方差协方差矩阵 D			$D=3.1671\times10^{-11}$		
异方差函数值 Heteroscedasticity value			Power=0.8852		
残差 Residual error			0.6845		

3.5.4　考虑竞争因子固定效应的混合效应模型

1. 基本模型

引入单木简单竞争指数（CI）数据参与固定效应分析进行模型拟合，并考虑二次方效应，代入基本混合效应模型作为固定效应分析，考虑参数显著性及拟合指标，得到最终模型见公式（3.5.5）。该模型与基础混合效应模型的拟合指标比较见表 3.5.12，模型拟合结果见表 3.5.13。

$$y = a \cdot (D^2 H)^{b+b1 \cdot CI} \cdot (CW^2 CL)^{c+uc+c1 \cdot CI} \tag{3.5.5}$$

表 3.5.12　树叶生物量竞争因子固定效应混合效应模型比较

Table 3.5.12　The comparison of mixed parameters considering competition factors for leaf biomass models

模型形式 Model forms	logLik	AIC	BIC	LRT	p 值 p-value
竞争因子固定效应+区域效应 Competition factors+regional effect	−253.499	520.998	538.949		
区域效应 Regional effect	−257.460	524.920	537.742	7.922	0.0190

表 3.5.13　树叶生物量竞争因子固定效应混合效应模型参数拟合结果

Table 3.5.13　The estimation parameters of the mixed model with fixed effect of competition factors for leaf biomass

参数 Parameters	估计值 Value	标准差 Std. error	自由度 DF	t 值 t-value	p 值 p-value
a	0.1613	0.1402	89	1.151	0.2529
b	0.4527	0.1179	89	3.839	0.0002
$b1$	−0.0094	0.0041	89	−2.284	0.0248
c	−0.0911	0.1146	89	−0.795	0.4288
$c1$	0.0127	0.0058	89	2.183	0.0317

2. 考虑方差协方差结构

从表 3.5.14 中可以看出，考虑方差结构后，幂函数和指数函数形式的方差方程均能极显著提高模型精度，其中幂函数形式的 logLik 值较大，AIC 和 BIC 值均较小，因此，采用幂函数形式作为其方差方程。考虑空间自相关方程的协方差结构模型表现均不及不考虑协方差结构模型。

表 3.5.14　树叶生物量竞争因子固定效应混合效应模型比较

Table 3.5.14　The comparation of the mixed models with fixed effect of competition factors for leaf biomass

序号 No.	方差结构 Variance structure	协方差结构 Covariance structure	logLik	AIC	BIC	LRT	p 值 p-value
1	无	无	−253.499	520.998	538.949		
2	Power	无	−220.682	457.364	477.879	65.637	＜0.0001
3	Exponential	无	−224.290	464.580	485.095	58.418	＜0.0001
4	无	Gaussian	−253.499	522.999	543.513	0.001	0.9824
5	无	Spherical	−253.500	522.999	543.514	0.000	0.9756
6	无	Exponential	−253.499	522.999	543.514	0.001	0.9796
7*	Power	无	−220.263	454.526	472.477		

*表示该模型为剔除不显著参数 $c1$ 后的模型

* is the model removing no significant parameter $c1$

　　由于协方差结构不能提高模型精度，仅考虑方差结构对模型的影响。以考虑幂函数形式的方差结构的模型作为竞争因子的最终模型。但该模型中参数 $c1$ 的 t 检验不显著（p 值为 0.5102），因此剔除该变量拟合新模型。新模型 3 个指标均优于剔除不显著参数前模型。新模型形式见公式（3.5.6），模型拟合结果见表 3.5.15。

$$y = a \cdot (D^2H)^{b+b1 \cdot Cl} \cdot (CW^2CL)^{c+uc} \qquad (3.5.6)$$

表 3.5.15　树叶生物量竞争因子固定效应混合效应模型拟合结果

Table 3.5.15　The estimation results of the mixed model with fixed effect of competition factors for leaf biomass

参数 Parameters	估计值 Value	标准差 Std. error	自由度 DF	t 值 t-value	p 值 p-value
a	0.0988	0.0485	90	2.035	0.0448
b	0.1836	0.0789	90	2.326	0.0224
$b1$	−0.0005	0.0002	90	−2.180	0.0319
c	0.3662	0.0839	90	4.367	＜0.0001
LogLik			−220.263		
AIC			454.526		
BIC			472.477		
区组间方差协方差矩阵 D			D=0.0385		
异方差函数值 Heteroscedasticity value			Power=0.9894		
残差 Residual error			0.5495		

3.5.5　树叶生物量模型评价与检验

从模型拟合情况看（表 3.5.16），混合效应模型的拟合精度均极显著高于一般回归模型，而混合效应模型中，增加环境因子固定效应后的模型除气候因子模型外均优于普通混合效应模型，以竞争因子固定效应+区域效应的混合效应模型最好，地形因子固定效应+区域效应混合模型次之，气候因子固定效应+区域效应混合模型最差。

表 3.5.16　树叶生物量模型拟合指标比较

Table 3.5.16　The comparison of fitting indices among the models of leaf biomass

模型形式 Model forms	logLik	AIC	BIC	LRT	p 值 p-value
一般回归模型 The ordinary model	−268.566	545.133	555.390		
区域效应混合模型 Mixed model including regional effect	−224.854	461.707	477.093	87.425	<0.0001
地形因子+区域效应混合模型 Mixed model including topographic factors and regional effect	−223.305	460.610	478.560	90.523	<0.0001
气候因子+区域效应混合模型 Mixed model including climate factors and regional effect	−225.093	464.186	482.136	86.947	<0.0001
竞争因子+区域效应混合模型 Mixed model including competition factors and regional effect	−220.263	454.526	472.477	96.607	<0.0001

从模型独立性检验看（表 3.5.17），混合效应模型在各项指标上均优于一般回归模型。3 类环境因子模型中总相对误差、平均相对误差、绝对平均相对误差均优于一般区域效应混合效应模型，但仅气候因子模型的预估精度高于区域效应混合模型。3 类环境因子混合效应模型中，气候因子+区域效应混合效应模型在各项指标上表现最佳。

表 3.5.17　树叶生物量模型检验结果

Table 3.5.17　The comparison of validation indices among the models of leaf biomass

模型形式 Model forms	总相对误差 RS	平均相对误差 EE	绝对平均相对误差 RMA	预估精度 P
一般回归模型 The ordinary model	49.92	30.41	73.82	64.84
区域效应混合模型 Mixed model including regional effect	42.89	28.96	54.91	75.90
地形因子+区域效应混合模型 Mixed model including topographic factors and regional effect	41.43	27.96	54.58	73.39

续表

模型形式 Model forms	总相对误差 RS	平均相对误差 EE	绝对平均相对误差 RMA	预估精度 P
气候因子+区域效应混合模型 Mixed model including climate factors and regional effect	−8.23	−15.57	45.47	77.32
竞争因子+区域效应混合模型 Mixed model including competition factors and regional effect	41.22	28.21	53.60	74.84

3.6　地上部分生物量混合效应模型构建

3.6.1　基本混合效应模型

1. 混合参数选择

在考虑所有参数不同组合（表 3.6.1）下，分析不同混合参数组合模型拟合的 3 个指标值，通过比较可以看出仅选取 b 参数作为混合参数的模型效果最好。且仅该模型与无混合参数模型的差异检验为显著，因此选择该模型作为基本混合效应模型。

表 3.6.1　地上部分生物量模型混合参数比较
Table 3.6.1　The comparison of mixed parameters for aboveground biomass models

混合参数 Mixed parameters	logLik	AIC	BIC	LRT	p 值 p-value
无	−552.585	1113.170	1123.427		
a	−549.668	1109.336	1122.157	5.834	0.0157
b	−548.872	1107.744	1120.566	7.426	0.0064
c	−549.503	1109.005	1121.827	6.164	0.0130
a、b	−548.872	1109.744	1125.130	7.425	0.0244
a、c	−549.668	1111.336	1126.722	5.834	0.0541
b、c	−548.872	1109.744	1125.130	7.425	0.0244
a、b、c	−548.872	1111.744	1129.694	7.426	0.0595

2. 考虑方差协方差结构

从表 3.6.2 可以看出，考虑方差结构后，幂函数和指数函数形式的方差方程均能极显著提高模型精度，其中幂函数形式的 logLik 值最大，AIC 和 BIC 值均最小。因此，采用幂函数形式作为其方差方程。Gaussian、Spherical 和指数函数 3 种空间自相关方程形式均不及不考虑协方差结构的模型。

表 3.6.2　地上部分生物量混合效应模型比较

Table 3.6.2　The comparation of the mixed models for aboveground biomass

序号 No.	方差结构 Variance structure	协方差结构 Covariance structure	logLik	AIC	BIC	LRT	p 值 p-value
1	无	无	−548.872	1107.744	1120.566		
2	Power	无	−476.409	964.818	980.204	144.926	<0.0001
3	Exponential	无	−499.251	1010.502	1025.889	99.241	<0.0001
4	无	Gaussian	−548.845	1109.690	1125.077	0.053	0.8172
5	无	Spherical	−548.845	1109.690	1125.077	0.053	0.8172
6	无	Exponential	−548.851	1109.702	1125.088	0.042	0.8375

由于协方差结构不能提高模型精度，以考虑幂函数形式的方差结构模型作为最终模型，其模型拟合结果见表 3.6.3。

表 3.6.3　地上部分生物量区域效应混合效应模型拟合结果

Table 3.6.3　The estimation results of the mixed effects models with random effect of region for aboveground biomass

参数 Parameters	估计值 Value	标准差 Std. error	自由度 DF	t 值 t-value	p 值 p-value
a	0.062 7	0.007 1	91	8.822	<0.000 1
b	0.829 5	0.021 8	91	38.094	<0.000 1
c	0.092 1	0.024 3	91	3.796	0.000 3
logLik			−476.409		
AIC			964.818		
BIC			980.204		
区组间方差协方差矩阵 D			D=0.000 02		
异方差函数值 Heteroscedasticity value			Power=0.977 5		
残差 Residual error			0.182 0		

3.6.2　考虑地形因子固定效应的混合效应模型

1. 基本模型

引入海拔、坡度、坡向等级数据作为固定效应参与模型拟合，以基础混合效应模型（随机效应仅考虑 b 参数）为基础，分析不同组合的参数显著性及模型拟合指标，选择的最佳模型形式见公式（3.6.1），该模型与基本混合效应模型的拟合指标比较见表 3.6.4，模型拟合结果见表 3.6.5。

$$y = (a + a1 \cdot \text{GALT} + a2 \cdot \text{GSLO} + a3 \cdot \text{GASP}) \cdot (D^2 H)^{b+ub+b1 \cdot \text{GALT}+b2 \cdot \text{GSLO}+b3 \cdot \text{GASP}}$$
$$\cdot (\text{CW}^2 \text{CL})^{c+c1 \cdot \text{GALT}+c2 \cdot \text{GSLO}+c3 \cdot \text{GASP}} \tag{3.6.1}$$

表 3.6.4　地上部分生物量地形因子固定效应混合效应模型比较

Table 3.6.4　The comparison of mixed parameters considering topographic factors for aboveground biomass models

模型形式 Model forms	logLik	AIC	BIC	LRT	p 值 p-value
地形因子+区域效应 Topographic factors+regional effect	−525.726	1079.452	1115.352		
区域效应 Regional effect	−548.872	1107.744	1120.566	46.292	<0.0001

表 3.6.5　地上部分生物量地形因子固定效应混合效应模型参数拟合结果

Table 3.6.5　The estimation parameters of the mixed model with fixed effect of topographic factors for aboveground biomass

参数 Parameters	估计值 Value	标准差 Std. error	自由度 DF	t 值 t-value	p 值 p-value
a	0.1076	0.0381	82	2.826	0.0059
$a1$	−0.0120	0.0046	82	−2.635	0.0101
$a2$	0.0100	0.0044	82	2.276	0.0254
$a3$	−0.0053	0.0028	82	−1.915	0.0590
b	1.1214	0.0659	82	17.017	<0.0001
$b1$	0.0558	0.0165	82	3.375	0.0011
$b2$	−0.0978	0.0186	82	−5.272	<0.0001
$b3$	−0.0326	0.0079	82	−4.145	0.0001
c	−0.4170	0.0917	82	−4.546	<0.0001
$c1$	−0.0600	0.0226	82	−2.657	0.0095
$c2$	0.1265	0.0265	82	4.779	<0.0001
$c3$	0.0576	0.0115	82	4.993	<0.0001

2. 考虑方差协方差结构

考虑方差结构后，幂函数和指数函数形式的方差方程均能极显著提高模型精度，其中幂函数形式的 logLik 值较大，AIC 和 BIC 值均较小，因此，采用幂函数形式作为其方差方程。3 个协方差结构模型均不及不考虑协方差结构的模型，仅

Spherical 形式模型在 logLik 上略高于原模型，其余指标均不及原模型。

由于协方差结构形式不能提高模型精度（表 3.6.6），因此仅考虑误差结构的模型。由于固定效应的参数均不显著，因此逐步剔除不显著参数，得出最终模型为仅在 a 中考虑 GALT 固定效应。新模型较剔除不显著参数前 logLik 值较小，但 AIC 和 BIC 值较小。新模型形式见公式（3.6.2），模型拟合结果见表 3.6.7。

表 3.6.6　地上部分生物量地形因子固定效应混合效应模型比较

Table 3.6.6　The comparison of the mixed models with fixed effect of topographic factors for aboveground biomass

序号 No.	方差结构 Variance structure	协方差结构 Covariance structure	logLik	AIC	BIC	LRT	p 值 p-value
1	无	无	−525.726	1079.452	1115.352		
2	Power	无	−472.952	975.904	1014.369	105.548	<0.0001
3	Exponential	无	−494.238	1018.476	1056.941	62.976	<0.0001
4	无	Gaussian	−526.066	1082.132	1120.598	0.681	0.4093
5	无	Spherical	−525.612	1081.223	1119.688	0.228	0.6328
6	无	Exponential	−526.020	1082.041	1120.506	0.589	0.4427
7[*]	Power	无	475.814	965.627	983.577	146.117	<0.0001

*表示该模型为剔除不显著参数 $a2$，$a3$，$b1$，$b2$，$b3$，$c1$，$c2$ 和 $c3$ 后的模型

* is the model removing no significant parameters $a1$, $a3$, $b1$, $b2$, $b3$, $c1$, $c2$ and $c3$

表 3.6.7　地上部分生物量地形因子固定效应混合效应模型拟合结果

Table 3.6.7　The estimation results of the mixed model with fixed effect of topographic factors for aboveground biomass

参数 Parameters	估计值 Value	标准差 Std. error	自由度 DF	t 值 t-value	p 值 p-value
a	0.0644	0.0074	90	8.742	<0.0001
$a1$	−0.0010	0.0006	90	−2.280	0.0204
b	0.8316	0.0217	90	38.247	<0.0001
c	0.0921	0.0243	90	3.790	0.0003
logLik			−475.814		
AIC			965.627		
BIC			983.577		
区组间方差协方差矩阵 D			$D=5.3851×10^{-6}$		
异方差函数值 Heteroscedasticity value			Power=0.9875		
残差 Residual error			0.1715		

$$y = (a + a1 \cdot \text{GALT}) \cdot (D^2 H)^{b+ub} \cdot (\text{CW}^2 \text{CL})^c \qquad (3.6.2)$$

3.6.3　考虑气候因子固定效应的混合效应模型

1. 基本模型

引入年降雨量和年均温数据作为固定效应参与模型拟合，以基础混合效应模型（随机效应仅考虑 b 参数）为基础，分析不同组合的参数显著性及模型拟合指标后，选择的最佳模型形式见公式（3.6.3），该模型与基础混合效应模型的拟合指标比较见表 3.6.8，模型拟合结果见表 3.6.9。

$$y = (a + a1 \cdot \text{PRE}) \cdot (D^2 H)^{b+ub+b1 \cdot \text{PRE}} \cdot (\text{CW}^2 \text{CL})^c \qquad (3.6.3)$$

表 3.6.8　地上部分生物量气候因子固定效应混合效应模型比较

Table 3.6.8　The comparison of mixed models considering climate factors for aboveground biomass

模型形式 Model forms	logLik	AIC	BIC	LRT	p 值 p-value
气候因子固定效应+区域效应 Climate factors+regional effect	−539.415	1092.831	1110.781		
区域效应 Regional effect	−548.872	1107.744	1120.566	18.913	0.0001

表 3.6.9　地上部分生物量气候因子固定效应混合效应模型参数拟合结果

Table 3.6.9　The estimation parameters of the mixed model with fixed effect of climate factors for aboveground biomass

参数 Parameters	估计值 Value	标准差 Std. error	自由度 DF	t 值 t-value	p 值 p-value
a	−1.2722	0.4053	89	−3.139	0.0023
$a1$	0.0009	0.0003	89	3.178	0.0020
b	2.8127	0.2685	89	10.477	<0.0001
$b1$	−0.0014	0.0002	89	−7.564	<0.0001
c	0.1381	0.0200	89	6.919	<0.0001

2. 考虑方差协方差结构

从表 3.6.10 可以看出，考虑方差结构后，幂函数和指数函数形式的方差方程均能极显著提高模型精度，其中幂函数形式的 logLik 值最大，AIC 和 BIC 值均最小，因此，采用幂函数形式作为其方差方程。3 个协方差结构模型均不及不考虑协方差结构的模型，3 个模型除 logLik 值和原模型基本一致外，其余指标均不及原模型。

表 3.6.10　考虑气候因子固定效应的地上部分生物量混合效应模型比较

Table3.6.10　The comparison of the mixed models with fixed effect of climate factors for aboveground biomass

序号 No.	方差结构 Variance structure	协方差结构 Covariance structure	logLik	AIC	BIC	LRT	p 值 p-value
1	无	无	−539.415	1092.831	1110.781		
2	Power	无	−473.799	963.598	984.112	131.233	<0.0001
3	Exponential	无	−494.473	1004.946	1025.461	89.885	<0.0001
4	无	Gaussian	−539.416	1094.832	1115.346	0.001	0.9778
5	无	Spherical	−539.416	1094.832	1115.347	0.002	0.9667
6	无	Exponential	−539.416	1094.832	1115.346	0.001	0.9772

　　由于协方差结构不能提高模型精度，因此以幂函数形式方差结构模型为最终模型，其模型拟合结果见表 3.6.11。

表 3.6.11　地上生物量气候因子固定效应混合效应模型拟合结果

Table 3.6.11　The estimation results of the mixed model with fixed effect of climate factors for aboveground biomass

参数 Parameters	估计值 Value	标准差 Std. error	自由度 DF	t 值 t-value	p 值 p-value
a	−0.7168	0.1863	89	−3.848	0.0002
$a1$	0.0005	0.0001	89	4.103	0.0001
b	2.4081	0.4013	89	6.002	<0.0001
$b1$	−0.0011	0.0003	89	−3.960	0.0002
c	0.0941	0.0235	89	3.998	0.0001
logLik			−473.799		
AIC			963.598		
BIC			984.112		
区组间方差协方差矩阵 D			$D=1.2561\times10^{-8}$		
异方差函数值 Heteroscedasticity value			Power=0.9190		
残差 Residual error			0.2427		

3.6.4　考虑竞争因子固定效应的混合效应模型

1. 基本模型

　　引入单木简单竞争指数（CI）数据参与固定效应分析进行模型拟合，并考虑二次方效应，代入基本混合效应模型作为固定效应分析，考虑参数的显著性及拟合指标后，得到最终模型，其形式见公式（3.6.4）。该模型与基础混合效应模型的拟合指标比较见表 3.6.12，模型拟合结果见表 3.6.13。

$$y = a \cdot (D^2H)^{b+ub+b1 \cdot CI} \cdot (CW^2CL)^c \tag{3.6.4}$$

表 3.6.12　地上部分生物量竞争因子固定效应混合效应模型选择结果

Table 3.6.12　The comparison of mixed models considering fixed effect of competition factors for aboveground biomass

模型形式 Model forms	logLik	AIC	BIC	LRT	p 值 p-value
竞争因子固定效应+区域效应 Competition factors+regional effect	−543.656	1099.312	1114.698		
区域效应 Regional effect	−548.872	1107.744	1120.566	10.432	0.0012

表 3.6.13　地上部分生物量竞争因子固定效应混合效应模型参数拟合结果

Table 3.6.13　The estimation results of mixed model with fixed effect of competition factors for aboveground biomass

参数 Parameters	估计值 Value	标准差 Std. error	自由度 DF	t 值 t-value	p 值 p-value
a	0.1182	0.0402	90	2.937	0.0042
b	0.7592	0.0343	90	22.144	<0.0001
b1	−0.0004	0.0001	90	−3.177	0.0020
c	0.1163	0.0202	90	5.753	<0.0001

2. 考虑方差协方差结构

从表 3.6.14 中可以看出，考虑方差结构后，幂函数和指数函数形式的方差方程均能极显著提高模型精度，其中幂函数形式的 logLik 值最大，AIC 和 BIC 值均最小，因此，采用幂函数形式作为其方差方程。考虑空间自相关方程的协方差结构模型表现均不及不考虑协方差结构模型。

表 3.6.14　考虑竞争因子固定效应的地上部分生物量混合效应模型比较

Table 3.6.14　The comparison of the mixed models with fixed effect of competition factors for aboveground biomass

序号 No.	方差结构 Variance structure	协方差结构 Covariance structure	logLik	AIC	BIC	LRT	p 值 p-value
1	无	无	−543.656	1099.312	1114.698		
2	Power	无	−475.970	965.940	983.890	135.373	<0.0001
3	Exponential	无	−497.350	1008.700	1026.650	92.612	<0.0001
4	无	Gaussian	−543.657	1101.313	1119.263	0.001	0.9760
5	无	Spherical	−543.657	1101.314	1119.264	0.001	0.9704
6	无	Exponential	−543.657	1101.313	1119.264	0.001	0.9742

由于协方差结构不能提高模型精度，仅考虑方差结构对模型的影响，但考虑幂函数形式和指数函数形式方差结构后模型中 c_1 参数的 t 检验均不显著（分别为 0.3912 和 0.1037），综合考虑参数显著性和拟合精度，以指数函数形式的模型为最终模型，其模型拟合结果见表 3.6.15。

表 3.6.15　地上部分生物量竞争因子固定效应混合效应模型拟合结果

Table 3.6.15　The estimation results of the mixed model with fixed effect of competition factors for aboveground biomass

参数 Parameters	估计值 Value	标准差 Std. error	自由度 DF	t 值 t-value	p 值 p-value
a	0.0589	0.0143	90	4.127	0.0001
b	0.8524	0.0295	90	28.913	<0.0001
b_1	−0.0001	0.0001	90	−1.644	0.1037
c	0.0732	0.0223	90	3.283	0.0015
logLik			−497.350		
AIC			1008.700		
BIC			1026.650		
区组间方差协方差矩阵 D			$D=0.0045$		
异方差函数值 Heteroscedasticity value			Expon=0.0028		
残差 Residual error			0.4312		

3.6.5　地上部分生物量模型评价与检验

从模型拟合情况看（表 3.6.16），混合效应模型的拟合精度均极显著高于一般回归模型，而混合效应模型中，增加环境因子固定效应后的模型除竞争因子模型外均优于普通混合效应模型，以气候因子+区域效应的混合效应模型最好，地形因子固定效应+区域效应混合模型次之，竞争因子固定效应+区域效应混合模型最差。

表 3.6.16　地上部分生物量模型拟合指标比较

Table 3.6.16　The comparison of fitting indices among the models of aboveground biomass

模型形式 Model forms	logLik	AIC	BIC	LRT	p 值 p-value
一般回归模型 The ordinary model	−552.585	1113.170	1123.427		
区域效应混合模型 Mixed model including regional effect	−476.409	964.818	980.204	152.351	<0.0001
地形因子+区域效应混合模型 Mixed model including topographic factors and regional effect	−475.814	965.627	983.577	153.543	<0.0001

续表

模型形式 Model forms	logLik	AIC	BIC	LRT	p 值 p-value
气候因子+区域效应混合模型 Mixed model including climate factors and regional effect	−473.799	963.598	984.112	157.572	<0.0001
竞争因子+区域效应混合模型 Mixed model including competition factors and regional effect	−497.350	1008.700	1026.650	110.470	<0.0001

　　从模型独立性检验看（表 3.6.17），区域效应混合效应模型除平均相对误差的绝对值高于一般回归模型外，其余指标均较优；且所有模型中一般回归模型具有最低的平均相对误差的绝对值。混合效应模型中，地形因子模型具有最低的平均相对误差值和绝对平均相对误差值；而气候因子模型的总相对误差绝对值最低，且其预估精度最高。因此，从整体表现上看，混合效应模型以地形因子+区域效应混合效应模型和气候因子+区域效应混合效应模型表现较好，但二者平均相对误差均不及一般回归模型。

表 3.6.17　地上部分生物量模型检验结果

Table 3.6.17　The comparison of validation indices among the models of aboveground biomass

模型形式 Model forms	总相对误差 RS	平均相对误差 EE	绝对平均相对误差 RMA	预估精度 P
一般回归模型 The ordinary model	8.04	1.68	18.25	88.19
区域效应混合模型 Mixed model including regional effect	5.52	5.03	17.48	89.17
地形因子+区域效应混合模型 Mixed model including topographic factors and regional effect	4.22	4.16	17.25	89.38
气候因子+区域效应混合模型 Mixed model including climate factors and regional effect	3.33	5.05	18.59	91.36
竞争因子+区域效应混合模型 Mixed model including competition factors and regional effect	−15.49	−4.49	22.79	80.86

3.7　根系生物量混合效应模型构建

3.7.1　基本混合效应模型

1. 混合参数选择

　　在考虑所有参数不同组合下，分析不同混合参数组合模型拟合的 3 个指标值，通过比较可以看出仅选取 c 参数作为混合参数的模型效果最好。该模型与无混合参数的比较情况见表 3.7.1。

表 3.7.1　根系生物量模型混合参数比较

Table 3.7.1　The comparison of mixed parameters for root biomass models

混合参数 Mixed parameters	logLik	AIC	BIC	LRT	p 值 p-value
无	−238.180	484.360	492.008		
a			不能收敛 No convergence		
b	−232.230	474.460	484.020	11.900	0.0006
c	−231.324	472.647	482.207	13.713	0.0002
a、b	−232.230	476.460	487.933	11.900	0.0026
a、c	−231.324	474.647	486.119	13.713	0.0011
b、c	−231.324	474.647	486.119	13.713	0.0011
a、b、c	−231.324	476.647	490.031	13.713	0.0033

2. 考虑方差协方差结构

从表 3.7.2 中可以看出，考虑方差结构后，幂函数和指数函数形式的方差方程均能极显著提高模型精度，其中指数函数形式的 logLik 值最大，AIC 和 BIC 值均最小，因此，采用指数函数形式作为其方差方程。Gaussian、Spherical 和指数函数 3 种空间自相关方程形式中除 Spherical 形式和指数形式不能收敛外，Gaussian 形式能显著提高模型精度，因此，采用 Gaussian 形式作为其协方差结构。

表 3.7.2　根系生物量混合效应模型比较

Table 3.7.2　The comparison of the mixed models for root biomass

序号 No.	方差结构 Variance structure	协方差结构 Covariance structure	logLik	AIC	BIC	LRT	p 值 p-value
1	无	无	−231.324	472.647	482.207		
2	Power	无	−221.206	454.411	465.883	20.236	<0.0001
3	Exponential	无	−212.227	436.454	447.926	38.193	<0.0001
4	无	Gaussian	−229.227	470.454	481.927	4.193	0.0406
5	无	Spherical		不能收敛 No convergence			
6	无	Exponential		不能收敛 No convergence			
7	Exponential	Gaussian	−211.060	436.120	449.504	40.527	<0.0001

由于指数函数的方差结构和 Gaussian 协方差结构均能显著提高模型精度，因此综合考虑其方差和协方差结构构建新模型，该模型也能极显著提高模型精度，但其 BIC 值却高于区域效应+幂函数形式的模型，且该模型中参数 a 和 c 的 t 检验

的 p 值均在 0.25 左右，而仅考虑指数函数形式的方差结构的模型虽然参数 a 和 c 均不显著，但其 p 值在 0.15 左右，且综合考虑方差协方差结构的模型与仅考虑指数函数的模型之间差异检验不显著（p 值为 0.1266），因此以区域效应+指数函数形式的模型作为最终模型（模型拟合结果见表 3.7.3）。

表 3.7.3　根系生物量区域效应混合模型拟合结果

Table 3.7.3　The estimation results of the mixed models for root biomass

参数 Parameters	估计值 Value	标准差 Std. error	自由度 DF	t 值 t-value	p 值 p-value
a	0.0588	0.0400	32	1.4720	0.1478
b	0.6338	0.0961	32	6.5980	<0.0001
c	0.1255	0.0889	32	1.4115	0.1648
logLik			−212.227		
AIC			436.454		
BIC			447.926		
区组间方差协方差矩阵 D			D=0.0212		
异方差函数值 Heteroscedasticity value			Expon=0.0110		
残差 Residual error			9.2514		

3.7.2　考虑地形因子固定效应的混合效应模型

1. 基本模型

引入海拔、坡度、坡向等级数据作为固定效应参与模型拟合，以基础混合效应模型（随机效应仅考虑 c 参数）为基础，分析不同组合的参数显著性及模型拟合指标后，选择的最佳模型形式见公式（3.7.1），该模型与基础混合效应模型的拟合指标比较见表 3.7.4，模型拟合结果见表 3.7.5。

$$y = a \cdot (D^2 H)^{b+b1 \cdot \text{GALT} + b2 \cdot \text{GSLO}} \cdot (\text{CW}^2 \text{CL})^{c+uc+c1 \cdot \text{GALT} + b2 \cdot \text{GSLO}} \qquad (3.7.1)$$

表 3.7.4　根系生物量地形因子固定效应混合效应模型比较

Table 3.7.4　The comparation of mixed parameters considering fixed effect of topographic factors for root biomass models

模型形式 Model forms	logLik	AIC	BIC	LRT	p 值 p-value
地形因子+区域效应 Topographic factors+regional effect	−210.003	438.007	455.215		
区域效应 Regional effect	−231.324	472.647	482.207	42.640	<0.0001

表 3.7.5　根系生物量地形因子固定效应混合效应模型参数拟合结果
Table3.7.5　The estimation parameters of the mixed model with fixed effect of topographic factors for root biomass

参数 Parameters	估计值 Value	标准差 Std. error	自由度 DF	t 值 t-value	p 值 p-value
a	0.0682	0.0477	28	1.429	0.1603
b	0.8268	0.2244	28	3.684	0.0007
b1	0.1606	0.0391	28	4.098	0.0002
b2	−0.2211	0.0562	28	−3.931	0.0003
c	−0.1411	0.2746	28	−0.514	0.6101
c1	−0.2769	0.0570	28	−4.861	<0.0001
c2	0.3499	0.0844	28	4.145	0.0002

2. 考虑方差协方差结构

从表 3.7.6 中可以看出，考虑方差结构后，幂函数和指数函数形式的方差方程中仅指数函数形式能极显著提高模型精度，因此，采用指数函数形式作为其方差方程。Gaussian、Spherical 和指数函数形式的空间自相关协方差结构均能显著提高模型精度，指数函数形式表现最佳，但在参数显著性上该模型参数 a 和 b 的显著性检验 p 值较高，分别为 0.7777 和 0.1809，且参数 $b1$ 和 $c1$ 均不显著（p 值分别为 0.1086 和 0.0546）；而 Gaussian 形式虽然在拟合指标上不及指数函数形式，但其参数在显著性上表现较好，该模型除 a 和 b 外其余均为极显著，且 a 和 b 的参数检验的 p 值分别为 0.2477 和 0.1957。因此，综合考虑拟合指标和参数显著性，采用 Gaussian 形式作为协方差结构。

表 3.7.6　根系生物量地形因子固定效应混合效应模型比较
Table 3.7.6　The comparison of the mixed models with fixed effect of topographic factors for root biomass

序号 No.	方差结构 Variance structure	协方差结构 Covariance structure	logLik	AIC	BIC	LRT	p 值 p-value
1	无	无	−210.003	438.007	455.215		
2	Power	无	−208.565	437.130	456.250	2.877	0.0899
3	Exponential	无	−207.832	435.664	454.785	4.342	0.0372
4	无	Gaussian	−202.985	425.971	445.091	14.036	0.0002
5	无	Spherical	−198.917	417.833	436.953	22.174	<0.0001
6	无	Exponential	−198.785	417.569	436.690	22.437	<0.0001
7	Exponential	Gaussian	−207.832	437.665	458.697	4.342	0.1140
8	Exponential	Exponential	不能收敛 No convergence				

综合考虑误差结构和协方差结构后，方差结构考虑指数函数形式，协方差结构考虑 Gaussian 形式和指数函数形式，其中综合考虑指数函数形式方差结构和指数函数形式的协方差结构的模型不能收敛，考虑指数函数方差形式和 Gaussian 形式协方差结构的模型不及仅考虑 Gaussian 形式的协方差结构的模型，因此地形因子固定效应的根系生物量模型仅考虑 Gaussian 协方差结构模型，其模型拟合结果见表 3.7.7。

表 3.7.7　根系生物量地形因子固定效应混合效应模型拟合结果

Table 3.7.7　The estimation results of the mixed model with fixed effect of topographic factors for root biomass

参数 Parameters	估计值 Value	标准差 Std. error	自由度 DF	t 值 t-value	p 值 p-value
a	0.0465	0.0397	28	1.172	0.2477
b	0.9760	0.2156	28	4.527	<0.0001
$b1$	0.1157	0.0330	28	3.502	0.0011
$b2$	−0.2138	0.0468	28	−4.572	<0.0001
c	−0.3087	0.2348	28	−1.315	0.1957
$c1$	−0.2126	0.0492	28	−4.320	0.0001
$c2$	0.3417	0.0698	28	4.893	<0.0001
logLik		−202.985			
AIC		425.971			
BIC		445.091			
区组间方差协方差矩阵 D		D=0.00034			
空间相关性 Spatial correlation		Range of Gaussian=1.0910			
残差 Residual error		15.7914			

3.7.3　考虑气候因子固定效应的混合效应模型

1. 基本模型

引入年均温与年降雨量作为固定效应分析进行模型拟合，以基础混合效应模型（随机效应仅考虑 c 参数）为基础，分析不同组合的参数显著性及模型拟合指标后，选择的最佳模型形式见公式（3.7.2），该模型与基础混合效应模型的拟合指标比较见表 3.7.8，模型拟合结果见表 3.7.9。

$$y = a \cdot (D^2 H)^{b+b1 \cdot \mathrm{TEM}+b2 \cdot \mathrm{PRE}} \cdot (\mathrm{CW}^2 \mathrm{CL})^{c+uc+c1 \cdot \mathrm{TEM}+b2 \cdot \mathrm{PRE}} \tag{3.7.2}$$

表 3.7.8　根系生物量气候因子固定效应混合效应模型比较

Table 3.7.8　The comparation of mixed models considering fixed effect of climate factors for root biomass

模型形式 Model forms	logLik	AIC	BIC	LRT	p 值 p-value
气候因子固定效应+区域效应 Climate factors+regional effect	−212.840	443.680	460.888		
区域效应 Regional effect	−231.324	472.647	482.207	36.967	<0.0001

表 3.7.9　根系生物量气候因子固定效应混合效应模型参数拟合结果

Table 3.7.9　The estimation parameters of the mixed model with fixed effect of climate factors for root biomass

参数 Parameters	估计值 Value	标准差 Std. error	自由度 DF	t 值 t-value	p 值 p-value
a	0.0885	0.0747	28	1.185	0.2428
b	−3.3006	2.5476	28	−1.300	0.2022
$b1$	−0.1343	0.0912	28	−1.472	0.1485
$b2$	0.0044	0.0018	28	2.456	0.0183
c	6.6015	3.7720	28	1.750	0.0874
$c1$	0.2207	0.1344	28	1.642	0.1081
$c2$	−0.0073	0.0026	28	−2.833	0.0070

2. 考虑方差协方差结构

从表 3.7.10 中可以看出，考虑方差结构后，指数函数形式的模型不能收敛，幂函数形式的方差方程显著提高模型精度，因此，采用幂函数形式作为其方差方程。Gaussian、Spherical 和指数函数形式的协方差结构中仅 Gaussian 形式能收敛，且能显著提高模型精度，因此，采用 Gaussian 形式作为协方差结构。

综合考虑误差结构和协方差结构后模型精度极显著提高，且该模型各项指标均优于仅考虑方差或协方差结构的模型，因此以该模型为最终模型（模型拟合结果见表 3.7.11）。

表 3.7.10　根系生物量气候因子固定效应混合效应模型比较

Table 3.7.10　The comparation of the mixed models with fixed effect of climate factors for root biomass

序号 No.	方差结构 Variance structure	协方差结构 Covariance structure	logLik	AIC	BIC	LRT	p 值 p-value
1	无	无	−212.840	443.680	460.888		
2	Power	无	−210.830	441.659	460.779	4.021	0.0449

续表

序号 No.	方差结构 Variance structure	协方差结构 Covariance structure	logLik	AIC	BIC	LRT	p 值 p-value
3	Exponential	无	不能收敛 No convergence				
4	无	Gaussian	−210.281	440.562	459.682	5.118	0.0237
5	无	Spherical	不能收敛 No convergence				
6	无	Exponential	不能收敛 No convergence				
7	Power	Gaussian	−206.982	435.964	456.996	11.716	0.0029

表 3.7.11　根系生物量气候因子固定效应混合效应模型拟合结果

Table3.7.11　The estimation results of the mixed model with fixed effect of climate factors for root biomass

参数 Parameters	估计值 Value	标准差 Std. error	自由度 DF	t 值 t-value	p 值 p-value
a	0.1478	0.1429	28	1.034	0.3069
b	−4.6978	2.1918	28	−2.143	0.0379
$b1$	−0.1574	0.0777	28	−2.025	0.0493
$b2$	0.0056	0.0016	28	3.543	0.0010
c	8.5579	3.0454	28	2.810	0.0075
$c1$	0.2631	0.1136	28	2.317	0.0254
$c2$	−0.0092	0.0023	28	−4.054	0.0002
logLik		−206.982			
AIC		435.964			
BIC		456.996			
区组间方差协方差矩阵 D		D=0.0003			
异方差函数值 Heteroscedasticity value		Power=0.3798			
空间相关性 Spatial correlation		Range of Gaussian=1.0968			
残差 Residual error		4.2638			

3.7.4　考虑竞争因子固定效应的混合效应模型

1. 基本模型

引入竞争因子作为固定效应参与模型拟合，以基础混合效应模型（随机效应仅考虑 c 参数）为基础，分析不同组合的参数显著性及模型拟合指标后，选择的最佳模型形式见公式（3.7.3），该模型与基础混合效应模型的拟合指标比较见表 3.7.12，模型拟合结果见表 3.7.13。

$$y = a \cdot (D^2 H)^{b+b1 \cdot \text{CI} + b2 \cdot \text{CI}^2} \cdot (\text{CW}^2 \text{CL})^{c+uc+c1 \cdot \text{CI} + c2 \cdot \text{CI}^2} \qquad (3.7.3)$$

表 3.7.12　根系生物量竞争因子固定效应混合效应模型比较情况

Table 3.7.12　The comparation of mixed models considering competition factors for root biomass

模型形式 Model forms	logLik	AIC	BIC	LRT	p 值 p-value
竞争因子固定效应+区域效应 Competition factors+regional effect	−220.667	459.334	476.542		
区域效应 Regional effect	−231.324	472.647	482.207	21.313	0.0003

表 3.7.13　根系生物量竞争因子固定效应混合效应模型参数拟合结果

Table 3.7.13　The estimation parameters of the mixed model with fixed effect of competition factors for root biomass

参数 Parameters	估计值 Value	标准差 Std. error	自由度 DF	t 值 t-value	p 值 p-value
a	0.0766	0.0752	28	1.018	0.3144
b	0.3967	0.1778	28	2.231	0.0311
$b1$	0.0440	0.0172	28	2.560	0.0142
$b2$	−0.0014	0.0006	28	−2.428	0.0196
c	0.4754	0.1704	28	2.791	0.0079
$c1$	−0.0693	0.0254	28	−2.729	0.0092
$c2$	0.0021	0.0008	28	2.468	0.0177

2. 考虑方差协方差结构

从表 3.7.14 中可以看出，考虑方差结构后，幂函数和指数函数形式的方差方程均能显著提高模型精度，且指数函数形式能极显著提高模型精度，因此，采用指数函数形式作为其方差方程。Gaussian、Spherical 和指数函数 3 种空间自相关方程形式均不及不考虑空间相关性结构的模型，因此，不考虑空间相关性协方差结构。

表 3.7.14　根系生物量竞争因子固定效应混合效应模型比较

Table 3.7.14　The comparison of the mixed models with fixed effect of competition factors for root biomass

序号 No.	方差结构 Variance structure	协方差结构 Covariance structure	logLik	AIC	BIC	LRT	p 值 p-value
1	无	无	−220.667	459.334	476.542		
2	Power	无	−218.568	457.136	476.256	44.198	0.0405
3	Exponential	无	−208.525	437.050	456.171	24.284	<0.0001

续表

序号 No.	方差结构 Variance structure	协方差结构 Covariance structure	logLik	AIC	BIC	LRT	p 值 p-value
4	无	Gaussian	−220.667	461.335	480.455	0.001	0.9779
5	无	Spherical	−220.668	461.335	480.455	0.001	0.9725
6	无	Exponential	−220.667	461.335	480.455	0.001	0.9781
7*	Exponential	无	−208.786	433.572	448.869	23.762	<0.0001
8**	Exponential	无	−209.712	433.423	446.808	21.911	<0.0001

*表示该模型为剔除不显著参数 $b2$ 和 $c2$ 后的模型，**表示该模型为剔除不显著参数 $b1$、$b2$ 和 $c2$ 后的模型
* is the model removing no significant parameters $b2$ and $c2$, ** is the model removing no significant parameters $b1$, $b2$ and $c2$

　　由于 3 种空间自相关的协方差结构不能提高模型精度，因此仅考虑方差结构形式的模型。但模型中的参数 $b2$ 和 $c2$ 均不显著（p 值分别为 0.5726 和 0.6081），剔除该变量拟合新模型后该模型中 b 参数 t 检验 p 值达 0.6013，因此再次剔除 $b1$ 后拟合新模型，该模型中参数除 b 极显著外，其余均在 0.10 左右，且该模型较不剔除不显著参数的模型除 logLik 值较小外，AIC 和 BIC 值也较小，因此以最终剔除 $b1$、$b2$ 和 $c2$ 后的新模型作为最终模型。新模型形式见公式（3.7.4），模型拟合结果见表 3.7.15。

$$y = a \cdot (D^2H)^b \cdot (CW^2CL)^{c+uc+c1 \cdot CI} \tag{3.7.4}$$

表 3.7.15　根系生物量竞争因子固定效应混合效应模型拟合结果
Table3.7.15　The estimation results of the mixed model with fixed effect of competition factors for root biomass

参数 Parameters	估计值 Value	标准差 Std. Error	自由度 DF	t 值 t-value	p 值 p-value
a	0.1246	0.0922	31	1.353	0.1830
b	0.5630	0.0967	31	5.822	<0.0001
c	0.1354	0.0846	31	1.601	0.1163
$c1$	−0.0010	0.0006	31	−1.708	0.0946
logLik			−209.712		
AIC			433.423		
BIC			446.808		
区组间方差协方差矩阵 D			D=0.0264		
异方差函数值 Heteroscedasticity value			Expon=0.0104		
残差 Residual error			8.9566		

3.7.5　根系生物量模型检验与评价

从模型拟合情况看（表 3.7.16），混合效应模型的拟合精度均极显著高于一般回归模型，而混合效应模型中，增加环境因子固定效应后的模型均优于普通混合效应模型，以地形因子+区域效应的混合效应模型最好，气候因子固定效应+区域效应混合模型次之，竞争因子固定效应+区域效应混合模型最差（且该模型 BIC 值略高于区域效应混合模型）。

从模型独立性检验看（表 3.7.17），几类混合效应模型中，除区域效应混合效应模型预估精度较低外，其余指标均优于一般回归模型。混合效应模型中含地形因子模型具有最高的预估精度和最低的总相对误差值，而含竞争因子模型具有最低的平均相对误差值和绝对平均相对误差值。因此，从整体表现上看，地形因子固定效应+区域效应混合效应模型和竞争因子固定效应+区域效应混合效应模型表现较好。

表 3.7.16　根系生物量模型拟合指标比较

Table 3.7.16　The comparison of fitting indices among the models of root biomass

模型形式 Model forms	logLik	AIC	BIC	LRT	p 值 p-value
一般回归模型 The ordinary model	−238.180	484.360	492.008		
区域效应混合模型 Mixed model including regional effect	−212.227	436.454	447.926	51.906	<0.0001
地形因子+区域效应混合模型 Mixed model including topographic factors and regional effect	−202.985	425.971	445.091	70.389	<0.0001
气候因子+区域效应混合模型 Mixed model including climate factors and regional effect	−206.982	435.964	456.996	62.396	<0.0001
竞争因子+区域效应混合模型 Mixed model including competition factors and regional effect	−208.787	433.573	448.869	56.937	<0.0001

表 3.7.17　根系生物量模型检验结果

Table 3.7.17　The comparison of validation indices among the models of root biomass

模型形式 Model forms	总相对误差 RS	平均相对误差 EE	绝对平均相对误差 RMA	预估精度 P
一般回归模型 The ordinary model	23.12	33.44	54.27	81.73
区域效应混合模型 Mixed model including regional effect	6.48	2.82	43.43	76.72

模型形式 Model forms	总相对误差 RS	平均相对误差 EE	绝对平均相对误差 RMA	预估精度 P
地形因子+区域效应混合模型 Mixed model including topographic factors and regional effect	3.32	10.55	43.95	90.68
气候因子+区域效应混合模型 Mixed model including climate factors and regional effect	6.57	4.51	43.29	88.17
竞争因子+区域效应混合模型 Mixed model including competition factors and regional effect	5.34	1.30	40.40	90.36

3.8　单木总生物量混合效应模型构建

3.8.1　基本混合效应模型

1. 混合参数选择

在考虑所有参数不同组合下，分析不同混合参数组合模型拟合的 3 个指标值，通过比较可以看出仅选取 c 参数作为混合参数的模型效果最好。该模型与无混合参数的比较情况见表 3.8.1。

表 3.8.1　单木总生物量模型混合参数比较
Table 3.8.1　The comparison of mixed parameters for total biomass models

混合参数 Mixed parameters	logLik	AIC	BIC	LRT	p 值 p-value
无	−295.794	599.587	607.236		
a		不能收敛 No convergence			
b	−292.247	594.494	604.054	7.094	0.0077
c	−291.448	592.897	602.457	8.691	0.0032
a、b	−292.247	596.494	607.966	7.094	0.0288
a、c	−291.448	594.897	606.369	8.691	0.0130
b、c	−291.448	594.897	606.369	8.691	0.0130
a、b、c	−291.448	596.897	610.281	8.690	0.0337

2. 考虑方差协方差结构

从表 3.8.2 中可以看出，考虑方差结构后，幂函数和指数函数形式的方差方程均能极显著提高模型精度，其中幂函数形式的 logLik 值较大，AIC 和 BIC 值均较小，因此，采用幂函数形式作为其方差方程。Gaussian、Spherical 和指数函数 3 种空间自相关方程形式均显著提高模型精度，且其中 Gaussian 形式模型表现最好，具有最高的 logLik 值和最低的 AIC 和 BIC 值，因此，采用 Gaussian 形式的空间自相关结构的模型形式。

表 3.8.2　单木总生物量混合效应模型比较
Table 3.8.2　The comparation of the mixed models for total biomass

序号 No.	方差结构 Variance structure	协方差结构 Covariance structure	logLik	AIC	BIC	LRT	p 值 p-value
1	无	无	−291.448	592.897	602.457		
2	Power	无	−263.070	538.140	549.612	56.757	<0.0001
3	Exponential	无	−261.642	535.284	546.756	59.613	<0.0001
4	无	Gaussian	−287.313	586.627	598.099	8.270	0.0040
5	无	Spherical	−287.319	586.639	598.111	8.258	0.0041
6	无	Exponential	−287.801	587.602	599.074	7.295	0.0069
7	Power	Gaussian	−257.171	528.341	541.726	68.555	<0.0001

综合考虑指数函数形式的方差结构和 Gaussian 形式的空间自相关结构拟合模型，该模型极显著提高模型精度，且 3 个拟合指标均优于单独考虑方差结构或协方差结构的模型，因此以该模型为最终区域效应模型，其模型拟合结果见表 3.8.3。

3.8.3　单木总生物量区域效应混合模型模拟合结果

Table 3.8.3　The estimation results of the mixed effect models with random effect of region for total biomass

参数 Parameters	估计值 Value	标准差 Std. error	自由度 DF	t 值 t-value	p 值 p-value
a	0.1149	0.0440	32	2.612	0.0121
b	0.7713	0.0458	32	16.826	<0.0001
c	0.1073	0.0326	32	3.291	0.0019
logLik			−257.171		
AIC			528.342		
BIC			541.726		
区组间方差协方差矩阵 D			D=0.0080		
异方差函数值 Heteroscedasticity value			Expon=0.0023		
空间相关性 Spatial correlation			Range of Gaussian=1.0170		
残差 Residual error			20.2839		

3.8.2　考虑地形因子固定效应的混合效应模型

1. 基本模型

　　引入海拔、坡度、坡向等级数据作为固定效应参与模型拟合，以基础混合效应模型（随机效应仅考虑 c 参数）为基础，分析不同组合的参数显著性及模型拟合指标后，选择的最佳模型形式见公式（3.8.1），该模型与基础混合效应模型的拟合指标比较见表 3.8.4，模型拟合结果见表 3.8.5。

$$y = a \cdot (D^2 H)^{b+b1 \cdot \text{GSLO}} \cdot (\text{CW}^2 \text{CL})^{c+uc+c1 \cdot \text{GSLO}+c2 \cdot \text{GASP}} \qquad （3.8.1）$$

表 3.8.4　单木总生物量地形因子固定效应混合效应模型比较

Table 3.8.4　The comparison of mixed models considering fixed effect of topographic factors for total biomass

模型形式 Model forms	logLik	AIC	BIC	LRT	p 值 p-value
地形因子+区域效应 Topographic factors+regional effect	−287.377	590.755	606.051		
区域效应 Regional effect	−291.448	592.897	602.457	8.1423	0.0432

表 3.8.5　单木总生物量地形因子固定效应混合效应模型参数拟合结果

Table 3.8.5　The estimation parameters of the mixed model with fixed effect of topographic factors for total biomass

参数 Parameters	估计值 Value	标准差 Std. error	自由度 DF	t 值 t-value	p 值 p-value
a	0.0132	0.0057	29	2.335	0.0243
b	1.3950	0.1637	29	8.524	<0.0001
$b1$	−0.1544	0.0471	29	−3.282	0.0021
c	−0.5207	0.2161	29	−2.410	0.0203
$c1$	0.2265	0.0693	29	3.270	0.0021
$c2$	0.0058	0.0021	29	2.815	0.0073

2. 考虑方差协方差结构

　　从表 3.8.6 可以看出，考虑方差结构后，幂函数和指数函数形式的方差方程均能极显著提高模型精度，其中指数函数形式的 logLik 值最大，AIC 和 BIC 值均最小，因此，采用指数函数形式作为其方差方程。Gaussian、Spherical 和指数函数形式的协方差结构模型均能极显著提高模型精度，且以 Gaussian 表现最佳。

表 3.8.6　单木总生物量地形因子固定效应混合效应模型比较

Table 3.8.6　The comparation of the mixed models with fixed effect of topographic factors for total biomass

序号 No.	方差结构 Variance structure	协方差结构 Covariance structure	logLik	AIC	BIC	LRT	p 值 p-value
1	无	无	−287.377	590.755	606.051		
2	Power	无	−266.400	550.800	568.008	41.955	<0.0001
3	Exponential	无	−263.230	544.460	561.669	48.294	<0.0001
4	无	Gaussian	−276.987	571.974	589.182	20.781	<0.0001
5	无	Spherical	−278.590	575.180	592.388	17.575	<0.0001
6	无	Exponential	−280.423	578.846	596.054	13.909	0.0002
7	Exponential	Gaussian	−254.537	529.075	548.195	65.680	<0.0001
8*	Exponential	Gaussian	−254.591	527.182	544.390	65.573	<0.0001

*表示该模型为剔除不显著参数 $c2$ 后的模型

* is the model removing no significant parameters $c2$

综合考虑误差结构和协方差结构后，模型精度得到了显著的提高。因此，选择综合方差和协方差结构的混合模型作为考虑地形因子固定效应的混合模型。但以综合考虑指数函数方差结构和 Gaussian 协方差结构构建的地形因子固定效应的总生物量混合效应模型具有较优的拟合指标，但参数 $c2$ 的 t 检验不显著，其 p 值为 0.9293。因此固定效应中去除该参数对应的变量进行拟合，得到新模型，该模型与剔除不显著参数前的模型间差异检验 p 值为 0.7436，说明两个模型间差异不显著，但新模型具有较小的 AIC 和 BIC 值，因此以新模型为最终模型。其模型形式见公式（3.8.2），模型拟合结果见表 3.8.7。

$$y = a \cdot (D^2 H)^{b+b1 \cdot \text{GSLO}} \cdot (\text{CW}^2\text{CL})^{c+uc+c1 \cdot \text{GSLO}} \tag{3.8.2}$$

表 3.8.7　单木总生物量地形因子固定效应混合效应模型拟合结果

Table3.8.7 The estimation results of the mixed model with fixed effect of topographic factors for total biomass

参数 Parameters	估计值 Value	标准差 Std. error	自由度 DF	t 值 t-value	p 值 p-value
a	0.1022	0.0429	30	2.381	0.0217
b	0.9278	0.0892	30	10.406	<0.0001
$b1$	−0.0467	0.0204	30	−2.289	0.0269
c	−0.0996	0.1012	30	−0.985	0.3300
$c1$	0.0669	0.0312	30	2.148	0.0373
logLik			−254.591		

续表

参数 Parameters	估计值 Value	标准差 Std. error	自由度 DF	t 值 t-value	p 值 p-value
AIC			527.182		
BIC			544.390		
区组间方差协方差矩阵 D			$D=1.4465 \times 10^{-8}$		
异方差函数值 Heteroscedasticity value			Expon=0.0021		
空间相关性 Spatial correlation			Range of Gaussian=1.1496		
残差 Residual error			21.9119		

3.8.3　考虑气候因子固定效应的混合效应模型

1. 基本模型

引入年均温与年降雨量作为固定效应参与模型拟合,以基础混合效应模型(随机效应仅考虑 c 参数)为基础,分析不同组合的参数显著性及模型拟合指标后,选择的最佳模型形式见公式(3.8.3),该模型与基础混合效应模型的拟合指标比较见表 3.8.8,模型拟合结果见表 3.8.9。

$$y = (a + a1 \cdot \text{TEM} + a2 \cdot \text{PRE} + a3 \cdot \text{TEM} \cdot \text{PRE})$$
$$\cdot D^2 H^{b+a1 \cdot \text{TEM}+b2 \cdot \text{PRE}+a3 \cdot (\text{TEM} \cdot \text{PRE})} \cdot H^{c+uc+c1 \cdot \text{TEM}+c2 \cdot \text{PRE}+a3 \cdot (\text{TEM} \cdot \text{PRE})} \quad (3.8.3)$$

表 3.8.8　单木总生物量气候因子固定效应混合效应模型比较

Table 3.8.8　The comparison of mixed models considering climate factors for total biomass

模型形式 Model forms	logLik	AIC	BIC	LRT	p 值 p-value
气候因子固定效应+区域效应 Climate factors+regional effect	−259.466	546.932	573.701		
区域效应 Regional effect	−291.448	592.897	602.457	0.2094	0.9006

表 3.8.9　单木总生物量气候因子固定效应混合效应模型参数拟合结果

Table 3.8.9　The estimation parameters of the mixed model with fixed effect of climate factors for total biomass

参数 Parameters	估计值 Value	标准差 Std. error	自由度 DF	t 值 t-value	p 值 p-value
a	−159.9970	70.4403	23	−2.271	0.0290
$a1$	10.3621	4.7848	23	2.166	0.0369
$a2$	0.1153	0.0519	23	2.222	0.0325

续表

参数 Parameters	估计值 Value	标准差 Std. error	自由度 DF	t 值 t-value	p 值 p-value
$a3$	−0.0074	0.0035	23	−2.123	0.0405
b	686.7221	302.5689	23	2.270	0.0291
$b1$	−38.0851	16.7398	23	−2.275	0.0288
$b2$	−0.4755	0.2096	23	−2.269	0.0292
$b3$	0.0264	0.0116	23	2.276	0.0287
c	−984.3069	415.2942	23	−2.370	0.0231
$c1$	54.1484	22.8912	23	2.366	0.0234
$c2$	0.6825	0.2876	23	2.373	0.0229
$c3$	−0.0375	0.0158	23	−2.369	0.0232

2. 考虑方差协方差结构

从表 3.8.10 可以看出，考虑方差结构后，指数函数形式的方差方程不能收敛，幂函数形式的方差方程能极显著提高模型精度，且其 logLik 值最大，AIC 和 BIC 值最小，因此，采用幂函数形式作为其方差方程。Gaussian、Spherical 和指数函数 3 种空间协方差结构中除 Gaussian 形式不能收敛外，另两个形式均能极显著提高模型精度，且以 Spherical 表现最佳，因此，采用 Spherical 方程作为协方差结构。

表 3.8.10　单木总生物量气候因子固定效应混合效应模型比较

Table 3.8.10　The comparation of the mixed models with fixed effect of climate factors for total biomass

序号 No.	方差结构 Variance structure	协方差结构 Covariance structure	logLik	AIC	BIC	LRT	p 值 p-value
1	无	无	−259.466	546.932	573.701		
2	Power	无	−246.111	522.221	550.902	26.711	<0.0001
3	Exponential	无	不能收敛 No convergence				
4	无	Gaussian	不能收敛 No convergence				
5	无	Spherical	−251.162	532.324	561.004	16.609	<0.0001
6	无	Exponential	−253.809	537.618	566.298	11.314	0.0008
7	Power	Spherical	不能收敛 No convergence				

综合考虑误差结构和协方差结构后模型拟合不收敛。从 Loglik、AIC、BIC

评价指标来看，考虑幂函数方差结构的模型 Loglik 最大，AIC、BIC 值最小。因此，选择幂函数方差结构模型作为考虑气候因子固定效应的混合模型（模型拟合结果见表 3.8.11）。

表 3.8.11　单木总生物量气候因子固定效应混合效应模型拟合结果

Table 3.8.11　The estimation results of the mixed model with fixed effect of climate factors for total biomass

参数 Parameters	估计值 Value	标准差 Std. error	自由度 DF	t 值 t-value	p 值 p-value
a	−152.3425	54.8200	23	−2.779	0.0085
$a1$	8.5405	3.0619	23	2.789	0.0083
$a2$	0.1036	0.0375	23	2.763	0.0089
$a3$	−0.0058	0.0021	23	−2.773	0.0086
b	580.7313	261.3289	23	2.222	0.0325
$b1$	−31.6975	14.3687	23	−2.206	0.0337
$b2$	−0.3983	0.1809	23	−2.202	0.0340
$b3$	0.0218	0.0099	23	2.190	0.0349
c	−739.9599	346.8450	23	−2.133	0.0396
$c1$	40.9398	19.1145	23	2.142	0.0389
$c2$	0.5131	0.2404	23	2.134	0.0395
$c3$	−0.0283	0.0132	23	−2.142	0.0388
logLik		−246.111			
AIC		522.222			
BIC		550.902			
区组间方差协方差矩阵 D		$D=8.411 \times 10^{-8}$			
异方差函数值 Heteroscedasticity value		Power=0.5558			
残差 Residual error		1.6466			

3.8.4　考虑竞争因子固定效应的混合效应模型

1. 基本模型

引入竞争因子为固定效应，进行模型拟合，以基础混合效应模型（随机效应仅考虑 c 参数）为基础，分析不同组合的参数显著性及模型拟合指标后，选择的最佳模型形式见公式（3.8.4），该模型与基础混合效应模型的拟合指标比较见表 3.8.12，模型拟合结果见表 3.8.13。

$$y = a \cdot D^2 H^{b+b1 \cdot \mathrm{CI} + b2 \cdot \mathrm{CI}^2} \cdot (\mathrm{CW}^2 \mathrm{CL})^{c+uc+c1 \cdot \mathrm{CI} + c2 \cdot \mathrm{CI}^2} \qquad (3.8.4)$$

表 3.8.12 单木总生物量竞争因子固定效应混合效应模型比较

Table 3.8.12 The comparison of mixed models considering competition factors for total biomass

模型形式 Model forms	logLik	AIC	BIC	LRT	p 值 p-value
竞争因子固定效应+区域效应 Competition factors+regional effect	−280.365	578.729	595.938		
区域效应 Regional effect	−291.448	592.897	602.457	11.296	0.0035

表 3.8.13 单木总生物量竞争因子固定效应混合效应模型参数拟合结果

Table 3.8.13 The estimation parameters of the mixed model with fixed effect of competition factors for total biomass

参数 Parameters	估计值 Value	标准差 Std. error	自由度 DF	t 值 t-value	p 值 p-value
a	0.2365	0.1250	28	1.893	0.0653
b	0.5400	0.0854	28	6.326	<0.0001
b1	0.0247	0.0081	28	3.050	0.0040
b2	−0.0008	0.0003	28	−2.926	0.0055
c	0.3635	0.0787	28	4.616	<0.0001
c1	−0.0388	0.0120	28	−3.238	0.0024
c2	0.0012	0.0004	28	2.979	0.0048

2. 考虑方差协方差结构

从表 3.8.14 可以看出，考虑方差结构后，幂函数和指数函数形式的方差方程均能极显著提高模型精度，其中指数形式的 logLik 值最大，AIC 和 BIC 值最小，因此，采用指数函数形式作为其方差方程。Gaussian、Spherical 和指数函数 3 种空间自相关方程形式均不及原模型。

表 3.8.14 单木总生物量竞争因子固定效应混合效应模型比较

Table 3.8.14 The comparison of the mixed models with fixed effect of competition factors for total biomass

序号 No.	方差结构 Variance structure	协方差结构 Covariance structure	logLik	AIC	BIC	LRT	p 值 p-value
1	无	无	−280.365	578.729	595.938		
2	Power	无	−260.347	540.694	559.814	40.036	<0.0001
3	Exponential	无	−258.635	537.270	556.390	43.459	<0.0001
4	无	Gaussian	−280.015	580.029	599.149	0.700	0.4027

续表

序号 No.	方差结构 Variance structure	协方差结构 Covariance structure	logLik	AIC	BIC	LRT	p 值 p-value
5	无	Spherical	−280.016	580.033	599.153	0.697	0.4039
6	无	Exponential	−280.027	580.054	599.174	0.675	0.4113
7*	Exponential	无	−258.976	533.951	549.247	42.778	<0.0001
8**	Exponential	无	−260.404	534.807	548.191	39.922	<0.0001

*表示该模型为剔除不显著参数 $b2$ 和 $c2$ 后的模型，**表示该模型为剔除不显著参数 $b2$，$c1$ 和 $c2$ 后的模型

* is the model removing no significant parameters $b2$ and $c2$, ** is the model removing no significant parameters $b2$, $c1$ and $c2$

由于空间自相关的协方差结构不及原模型，因此模型仅考虑其方差结构，但仅考虑指数形式的模型中参数 $b2$ 和 $c2$ 不显著（p 值分别为 0.5452 和 0.5459）。剔除该模型的两个参数拟合得到新模型，该模型中参数 c 和 $c1$ 的 t 检验的 p 值均较高（分别为 0.7842 和 0.2251），因此再剔除参数 $c1$，仅考虑 b 参数上的竞争因子固定效应拟合新模型，该模型较未剔除参数的模型而言，具有较小的 AIC 和 BIC 值，但其 logLik 值也较小，即便如此，该模型也显著优于仅考虑气候因子的区域效应混合模型。最终模型形式见公式（3.8.5），模型拟合结果见表 3.8.15。

$$y = a \cdot D^2 H^{b+b1 \cdot \mathrm{CI}} \cdot (\mathrm{CW}^2 \mathrm{CL})^{c+uc} \tag{3.8.5}$$

表 3.8.15　单木总生物量竞争因子固定效应混合效应模型拟合结果

Table 3.8.15　The estimation results of the mixed model with fixed effect of competition factors for total biomass

参数 Parameters	估计值 Value	标准差 Std. error	自由度 DF	t 值 t-value	p 值 p-value
a	0.1349	0.0471	31	2.865	0.0063
b	0.7663	0.0430	31	17.840	<0.0001
$b1$	−0.0003	0.0002	31	−1.734	0.0897
c	0.0978	0.0384	31	2.550	0.0143
logLik			−260.404		
AIC			534.807		
BIC			548.191		
区组间方差协方差矩阵 D			D=0.0142		
异方差函数值 Heteroscedasticity value			Expon=0.0024		
残差 Residual error			18.2642		

3.8.5 单木总生物量模型检验与评价

从模型拟合情况看（表 3.8.16），混合效应模型的拟合精度均极显著高于一般回归模型，而混合效应模型中，增加环境因子固定效应后的模型除含竞争因子模型外均优于普通混合效应模型，以气候因子+区域效应的混合效应模型最好，地形因子固定效应+区域效应混合模型次之，竞争因子固定效应+区域效应混合模型最差。

表 3.8.16 单木总生物量模型拟合指标比较

Table 3.8.16 The comparison of fitting indices among the models of total biomass

模型形式 Model forms	logLik	AIC	BIC	LRT	p 值 p-value
一般回归模型 The ordinary model	−295.794	599.587	607.236		
区域效应混合模型 Mixed model including regional effect	−257.171	528.341	541.726	77.246	<0.0001
地形因子+区域效应混合模型 Mixed model including topographic factors and regional effect	−254.591	527.182	544.390	82.406	<0.0001
气候因子+区域效应混合模型 Mixed model including climate factors and regional effect	−246.111	522.221	550.902	99.366	<0.0001
竞争因子+区域效应混合模型 Mixed model including competition factors and regional effect	−260.404	534.807	548.191	70.780	<0.0001

从模型独立性检验看（表 3.8.17），几类混合效应模型均具有较佳的总相对误差、平均相对误差和绝对平均相对误差，但其预估精度却均不及一般回归模型。在混合效应模型中，含竞争因子模型具有最低的总相对误差绝对值和绝对平均相对误差值；含地形因子模型具有最高预估精度和最低的平均相对误差值。因此，从整体表现上看，混合效应模型除预估精度外，其余指标均优于一般回归模型，而混合效应模型中则以地形因子+区域效应混合效应模型和竞争因子+区域效应混合效应模型较好。

表 3.8.17 单木总生物量模型检验结果

Table 3.8.17 The comparison of validation indices among the models of total biomass

模型形式 Model forms	总相对误差 RS	平均相对误差 EE	绝对平均相对误差 RMA	预估精度 P
一般回归模型 The ordinary model	6.37	34.24	40.62	91.98
区域效应混合模型 Mixed model including regional effect	1.45	−1.47	16.50	89.73

模型形式 Model forms	总相对误差 RS	平均相对误差 EE	绝对平均相对误差 RMA	预估精度 P
地形因子+区域效应混合模型 Mixed model including topographic factors and regional effect	2.05	−0.45	17.68	90.76
气候因子+区域效应混合模型 Mixed model including climate factors and regional effect	4.87	6.59	18.46	90.21
竞争因子+区域效应混合模型 Mixed model including competition factors and regional effect	−0.03	−1.49	15.60	90.34

3.9　讨　　论

3.9.1　关于模型的方差和协方差结构

考虑方差和协方差结构多能提高模型精度，且多以仅考虑方差结构提高精度的模型为多（20 个）；考虑方差和协方差结构均能提高精度的模型数次之（7个）；仅考虑协方差结构提高精度的模型和考虑方差和协方差结构均不能提高精度的模型均仅 1 个；且方差结构函数以幂函数形式为多，协方差结构形式则主要是 Spherical 形式。其中考虑方差结构和协方差结构均能提高模型精度有 7个，分别为所有木材生物量混合效应模型（4 个），气候因子固定效应的根系生物量混合效应模型（1 个），单木总生物量的基本混合效应模型及地形因子固定效应混合效应模型（2 个）；仅考虑方差结构能提高模型精度的模型有 20 个，含所有树皮生物量模型（4 个），所有树叶生物量混合效应模型（4 个），所有地上部分生物量混合效应模型（4 个），所有树枝生物量混合效应模型（4 个），根系生物量的基本混合效应模型和竞争因子固定效应混合效应模型（2 个），以及单木总生物量的竞争因子与气候因子固定效应混合效应模型（2 个）；仅考虑协方差结构能提高模型精度的模型仅有地形因子固定效应的根系生物量混合效应模型 1 个。

3.9.2　关于模型拟合及独立性检验分析

Zhang 和 Borders（2004）、Fehrmann 等（2008）、曾伟生等（2011）和 Fu 等（2012，2014）分别采用线性混合效应模型拟合单木或单木各维量的生物量模型，且混合效应模型均能提高模型拟合精度及预估精度。本研究中思茅松单木生物量各维量模型区域效应混合效应模型及环境因子固定效应的混合效应模型均极显著优于一般回归模型，且区域效应混合效应模型及环境因子固定效应混合效应模型的独立性检验的指标多优于一般回归模型，因此，考虑区域效应的单木生物量混合效应模型在整体上优于一般回归模型，这与上述几位学者的研究结论是一致的。但模型构建中也存在如下的个性问题。

第一，并非所有维量的考虑区域效应的混合效应模型都能提高模型拟合精度，考虑区域效应随机效应的树皮生物量模型不及一般回归模型，因此，树皮生物量模型考虑其方差和协方差结构，并考虑环境因子对模型拟合的影响。在树皮生物量模型拟合中，考虑方差结构的回归模型和环境因子灵敏的回归模型均优于一般回归模型，而考虑环境因子的模型中仅地形因子灵敏的模型全面优于考虑方差结构的回归模型；对于树皮生物量模型独立性检验而言，环境因子灵敏及考虑方差结构的回归模型均优于一般回归模型，而环境因子灵敏的模型与考虑方差结构的回归模型比较，4 个检验指标之间相差均不大。

第二，在独立性检验中，混合效应模型并不一定具有最好的检验表现。例如，单木生物量模型的一般回归模型常具有最高的预估精度，但其 3 个误差指标均较高。

第三，并非所有考虑环境因子固定效应模型均具有较好的拟合表现和独立性检验表现。例如，竞争因子固定效应的单木总生物量混合效应模型与地上部分生物量混合效应模型，气候因子固定效应的树枝生物量混合效应模型与树叶生物量混合效应模型在拟合表现上不及仅考虑区域效应的一般混合效应模型。

第四，考虑不同环境因子固定效应的混合效应模型在各维量生物量模型的拟合和独立性检验中表现不一。在模型拟合中，木材生物量、根系生物量和单木总生物量模型以地形因子固定效应的混合效应模型表现最好，树枝生物量、树叶生物量和地上部分生物量模型则以气候因子固定效应的混合效应模型表现最好，竞争因子固定效应混合效应模型在木材生物量、树枝生物量、树叶生物量、根系生物量和单木总生物量模型中表现较好，但在地上部分生物量模型检验中表现最差；在独立性检验中，地上部分生物量、单木总生物量模型均以气候因子固定效应的混合效应模型为最好，木材生物量和根系生物量模型则以地形因子固定效应的混合效应模型为最好，树叶生物量模型和树枝生物量模型则以竞争因子的混合效应模型为最好。

第五，综合考虑模型拟合和独立性检验指标，木材生物量、根系生物量和单木总生物量模型选取地形因子固定效应的混合效应模型，树枝生物量模型则是以竞争因子固定效应的混合效应模型为好；树叶生物量和地上部分生物量模型为气候因子固定效应的混合效应模型较好，树皮生物量模型则以含气候因子的回归模型为好。

3.10　小　　结

考虑区域效应，采用非线性混合效应模型构建单木生物量各维量模型。由于混合效应参数选择中仅单木树皮一个维量的混合参数组合不能提高模型精度，因此除树皮构建一般非线性模型外，其余维量均构建区域混合效应模型。并在相应模型的基础上分别引入地形因子、气候因子和竞争因子构建环境灵敏的单木生物量各维量模型。

（1）从混合参数的情况看。木材生物量为 c 参数，对应变量为 H；树枝生物量、根系生物量和单木总生物量为 c 参数，对应变量为 CW^2CL；而树叶生物量和地上部分生物量模型的混合参数为 b 参数，对应变量为 D^2H。

（2）从模型的方差和协方差结构形式看。考虑方差和协方差结构多能提高模型精度，且以仅考虑方差结构提高精度的模型为多（20 个）；考虑方差和协方差结构均能提高精度的模型数次之（7 个）；仅考虑协方差结构提高精度的模型和考虑方差和协方差结构均不能提高精度的模型均仅 1 个；且方差结构函数以幂函数形式为多，协方差结构形式则主要是 Spherical 形式。

（3）考虑环境因子固定效应后多能提高模型拟合及预估精度。但分别考虑 3 类环境因子固定效应后混合效应模型在各维量的表现各异。

（4）各维量生物量模型选择。综合考虑模型拟合和独立性检验指标，木材生物量、根系生物量和单木总生物量模型选取地形因子固定效应的混合效应模型，树枝生物量模型则是以竞争因子固定效应的混合效应模型为好；树叶生物量和地上部分生物量模型以气候因子固定效应的混合效应模型较好，树皮生物量模型则以含气候因子的回归模型为好。

第4章　环境灵敏的思茅松林分生物量
混合效应模型构建

4.1　基本模型选型

思茅松林分生物量模型基本选型情况列于表 4.1.1。从表 4.1.1 中可以看出，乔木层地上部分生物量与乔木层总生物量、林分地上部分生物量与林分总生物量以公式（2.5.16）为最佳；乔木层根系生物量与林分根系生物量以公式（2.5.13）为最佳。因此，分别采用各维量最佳模型形式构建其混合效应模型及环境灵敏型的混合效应模型。

表 4.1.1　林分各生物量维量最佳模型情况表

Table 4.1.1　The best biomass models of the components of the stand

维量 Components	模型 Models	a	b	c	R^2
乔木层地上部分生物量 Aboveground biomass of tree layer	公式（2.5.16）	16.9349	0.5239		0.9964
乔木层根系生物量 Root biomass of tree layer	公式（2.5.13）	7.5457	1.0999	0.2058	0.9776
乔木层总生物量 Total biomass of tree layer	公式（2.5.16）	21.5623	0.5072		0.9956
林分地上部分生物量 Aboveground biomass of stand	公式（2.5.16）	19.9798	0.4936		0.9945
林分根系生物量 Root biomass of stand	公式（2.5.13）	8.0917	0.9918	0.2234	0.9760
林分总生物量 Total biomass of stand	公式（2.5.16）	25.4882	0.4769		0.9958

4.2　乔木层生物量混合效应模型

4.2.1　乔木层地上部分生物量混合效应模型

4.2.1.1　基本混合效应模型

1. 混合参数选择

在考虑所有参数不同组合下，分析不同混合参数组合模型拟合的 3 个指标值，通过比较可以看出仅选取 *b* 参数作为混合参数的模型效果最好。该模型与无混合参数的比较情况见表 4.2.1。

表 4.2.1　乔木层地上部分生物量模型混合参数比较

Table 4.2.1　The comparation of the mixed parameters for aboveground biomass models of tree layer

混合参数 Mixed parameters	logLik	AIC	BIC	LRT	*p* 值 *p*-value
无	−113.443	232.887	237.376		
a	−109.459	226.919	232.905	7.968	0.0048
b	−109.357	226.715	232.701	8.172	0.0043
a、*b*	−109.347	228.694	236.177	8.193	0.0166

2. 考虑方差协方差结构

从表 4.2.2 中可以看出，考虑方差结构后，幂函数和指数函数形式的方差方程均能显著提高模型精度，其中幂函数形式极显著提高模型精度，该模型的 logLik 值最大，AIC 和 BIC 值均最小，因此，采用幂函数形式作为其方差方程。Gaussian、Spherical 和指数函数 3 种空间自相关方程形式均不及不考虑空间自相关性模型。

表 4.2.2　乔木层地上部分生物量混合模型比较

Table4.2.2　The comparation of the mixed models for aboveground biomass of tree layer

序号 No.	方差结构 Variance structure	协方差结构 Covariance structure	logLik	AIC	BIC	LRT	*p* 值 *p*-value
1	无	无	−109.357	226.715	232.701		
2	Power	无	−105.534	221.068	228.551	7.646	0.0057
3	Exponential	无	−106.721	223.443	230.925	5.272	0.0217
4	无	Gaussian	−109.357	228.715	236.197	0.0002	0.9897
5	无	Spherical	−109.357	228.715	236.197	0.0002	0.9901
6	无	Exponential	−109.357	228.715	236.197	0.0001	0.9932

由于协方差结构方程不能提高模型精度，因此仅考虑其幂函数形式的误差结构，考虑区域效应+幂函数的模型为乔木层地上部分生物量基本区域效应混合模型，其模型拟合结果见表 4.2.3。

表 4.2.3　乔木层地上部分生物量混合效应模型拟合结果

Table4.2.3　The estimation results of the mixed models for aboveground biomass of tree layer

参数 Parameters	估计值 Value	标准差 Std. error	自由度 DF	*t* 值 *t*-value	*p* 值 *p*-value
a	17.7944	0.9894	29	17.986	<0.0001
b	0.5095	0.0179	29	28.505	<0.0001

续表

参数 Parameters	估计值 Value	标准差 Std. error	自由度 DF	t 值 t-value	p 值 p-value
logLik			−105.534		
AIC			221.068		
BIC			228.551		
区组间方差协方差矩阵 D			D=0.0131		
异方差函数值 Heteroscedasticity value			Power=1.5029		
残差 Residual error			0.0045		

4.2.1.2　考虑林分因子固定效应的混合效应模型

1. 基本模型

引入林分密度指数（SDI）和地位指数（SI）两个林分因子数据作为固定效应参与模型拟合，以基础混合效应模型（随机效应仅考虑 b 参数）为基础，分析不同组合的参数显著性及模型拟合指标，但是模型中引入相应变量后模型参数均不显著，选择其中表现最好的模型构建林分因子影响的模型，该模型与仅考虑区域效应的混合效应模型相比具有较高的 logLik 值，但其 AIC 和 BIC 值均高于仅考虑区域效应的混合效应模型，二者之间的 LRT 差异性检验不显著（p 值为 0.2945）。该模型形式见公式（4.2.1），模型与基础混合效应模型的拟合指标比较见表 4.2.4，模型拟合结果见表 4.2.5。

$$y = (a + a1 \cdot \text{SI}) \cdot (G_t^2 H_m)^{b+ub} \tag{4.2.1}$$

表 4.2.4　乔木层地上部分生物量林分因子固定效应混合效应模型比较

Table 4.2.4　The comparison of the mixed models with fixed effect of stand factors for aboveground biomass of tree layer

模型形式 Model forms	logLik	AIC	BIC	LRT	p 值 p-value
林分因子固定效应+区域效应 Stand factors+regional effect	−108.808	227.616	235.098		
区域效应 Regional effect	−109.357	226.715	232.701	1.099	0.2945

表 4.2.5　乔木层地上部分生物量林分因子固定效应混合效应模型参数拟合结果

Table 4.2.5　The estimation parameters of the mixed models with fixed effect of stand factors for aboveground biomass of tree layer

参数 Parameters	估计值 Value	标准差 Std. error	自由度 DF	t 值 t-value	p 值 p-value
a	16.1423	2.1083	28	7.657	<0.0001
a1	0.1055	0.1030	28	−1.024	0.3145
b	0.5112	0.0204	28	25.029	<0.0001

2. 考虑方差协方差结构

从表 4.2.6 中可以看出,考虑方差结构后,幂函数和指数函数形式的方差方程中仅指数函数形式能显著提高模型精度,且该模型的 logLik 值最大,AIC 和 BIC 值均最小,因此,采用指数函数形式作为其方差方程。Gaussian、Spherical 和指数函数 3 种空间自相关方程形式均不及不考虑空间自相关性模型,因此,不考虑空间自相关性的协方差结构。

表 4.2.6　乔木层地上部分生物量林分因子固定效应混合效应模型比较
Table4.2.6　The comparison of the mixed models with fixed effect of stand factors for aboveground biomass of tree layer

序号 No.	方差结构 Variance structure	协方差结构 Covariance structure	logLik	AIC	BIC	LRT	p 值 p-value
1	无	无	−108.808	227.616	235.098		
2	Power	无	−108.717	229.434	238.414	0.181	0.6705
3	Exponential	无	−105.950	223.900	232.879	5.715	0.0168
4	无	Gaussian	−108.808	229.616	238.595	0.0001	0.9910
5	无	Spherical	−108.808	229.616	238.595	0.0002	0.9889
6	无	Exponential	−108.808	229.616	238.595	0.0002	0.9881

由于空间自相关的协方差结构不能提高模型精度,因此含林分因子的混合效应模型仅考虑方差结构。考虑幂函数形式的方差结构模型中参数 $a1$ 仍然不显著(p 值为 0.0568),但其 p 值接近 0.05,因此,仍然引入该参数对应变量构建最终模型,模型拟合结果见表 4.2.7。

表 4.2.7　乔木层地上部分生物量林分因子固定效应混合效应模型拟合结果
Table4.2.7　The estimation results of the mixed models with fixed effect of stand factors for aboveground biomass of tree layer

参数 Parameters	估计值 Value	标准差 Std. error	自由度 DF	t 值 t-value	p 值 p-value
a	14.0080	1.1930	28	11.742	<0.0001
$a1$	0.1770	0.0891	28	1.987	0.0568
B	0.5262	0.0178	28	29.527	<0.0001
logLik			−105.950		
AIC			223.900		
BIC			232.879		
区组间方差协方差矩阵 D			$D=4.7761×10^{-6}$		
异方差函数值 Heteroscedasticity value			Power=1.6839		
残差 Residual error			0.0023		

4.2.1.3　考虑地形因子固定效应的混合效应模型

1. 基本模型

引入坡度、坡向和海拔等级数据作为固定效应参与模型拟合，以基础混合效应模型（随机效应仅考虑 b 参数）为基础，分析不同组合的参数显著性及模型拟合指标后，选择的最佳模型形式见公式（4.2.2）。该模型与基础混合效应模型的拟合指标比较见表 4.2.8，模型拟合结果见表 4.2.9。

$$y = (a + a1 \cdot \text{GALT}) \cdot (G_t^2 \cdot H_m)^{b+ub} \tag{4.2.2}$$

表 4.2.8　乔木层地上部分生物量地形因子固定效应混合效应模型比较

Table4.2.8　The comparison of the mixed models with fixed effect of topographic factors for aboveground biomass of tree layer

模型形式 Model forms	logLik	AIC	BIC	LRT	p 值 p-value
地形因子+区域效应 Topographic factors+regional effect	−105.745	221.489	228.972		
区域效应 Regional effect	−109.357	226.715	232.701	7.225	0.0072

表 4.2.9　乔木层地上部分生物量地形因子固定效应混合效应模型参数拟合结果

Table4.2.9　The estimation parameters of the mixed models with fixed effect of topographic factors for aboveground biomass of tree layer

参数 Parameters	估计值 Value	标准差 Std. error	自由度 DF	t 值 t-value	p 值 p-value
a	21.1733	1.6366	28	12.937	<0.0001
$a1$	−0.5248	0.1424	28	−3.687	0.0010
b	0.4907	0.0163	28	30.112	<0.0001

2. 考虑方差协方差结构

从表 4.2.10 中可以看出，考虑方差结构后，幂函数和指数函数形式的方差方程均能显著提高模型精度，且幂函数形式能极显著提高模型精度，其 logLik 值最大，AIC 和 BIC 值均最小，因此，采用幂函数形式作为其方差方程。Gaussian、Spherical 和指数函数 3 种空间自相关方程形式均不及不考虑空间自相关性模型。

表 4.2.10　乔木层地上部分生物量地形因子固定效应混合效应模型比较

Table4.2.10　The comparison of the mixed models with fixed effect of topographic factors for aboveground biomass of tree layer

序号 No.	方差结构 Variance structure	协方差结构 Covariance structure	logLik	AIC	BIC	LRT	p 值 p-value
1	无	无	−105.745	221.489	228.972		
2	Power	无	−101.700	215.400	224.379	8.090	0.0045
3	Exponential	无	−102.601	217.202	226.181	6.288	0.0122
4	无	Gaussian	−105.745	223.489	232.468	0.000	0.9889
5	无	Spherical	−105.745	223.490	232.469	0.000	0.9870
6	无	Exponential	−105.745	223.489	232.468	0.000	0.9890

　　由于空间自相关的协方差结构不能提高模型精度，因此地形因子混合效应模型仅考虑方差结构，且该模型各参数显著性检验均显著，因此，采用地形因子+区域效应+幂函数模型作为最终模型，其拟合结果见表 4.2.11。

表 4.2.11　乔木层地上部分生物量地形因子固定效应混合效应模型拟合结果

Table4.2.11　The estimation results of the mixed models with fixed effect of topographic factors for aboveground biomass of tree layer

参数 Parameters	估计值 Value	标准差 Std. error	自由度 DF	t 值 t-value	p 值 p-value
a	20.4764	1.4907	28	13.737	<0.0001
$a1$	−0.5128	0.1332	28	−3.850	0.0006
b	0.4998	0.0162	28	30.872	<0.0001
logLik		−101.700			
AIC		215.400			
BIC		224.379			
区组间方差协方差矩阵 D		$D=1.9493\times10^{-8}$			
异方差函数值 Heteroscedasticity value		Power=1.3047			
残差 Residual error		0.0113			

4.2.1.4　考虑气候因子固定效应的混合效应模型

1. 基本模型

　　引入年降雨量和年均温数据作为固定效应进行模型拟合，以基础混合效应模型（随机效应仅考虑 b 参数）为基础，分析不同组合的参数显著性及模型拟合指标后，选择的最佳模型形式见公式（4.2.3），该模型与基础混合效应模型的拟合指标比较见表 4.2.12，模型拟合结果见表 4.2.13。

$$y = (a + a1 \cdot \text{TEM} + a2 \cdot \text{PRE}) \cdot (G_t^2 \cdot H_m)^{b+ub+b1 \cdot \text{TEM} + b2 \cdot \text{PRE}} \qquad （4.2.3）$$

表 4.2.12　乔木层地上部分生物量气候因子固定效应混合效应模型比较

Table4.2.12　The comparison of the mixed models with fixed effect of climate factors for aboveground biomass of tree layer

模型形式 Model forms	logLik	AIC	BIC	LRT	p 值 p-value
气候因子固定效应+区域效应 Climate factors+regional effect	−101.758	219.516	231.488		
区域效应 Regional effect	−109.357	226.715	232.701	15.199	0.0043

表 4.2.13　乔木层地上部分生物量气候因子固定效应混合效应模型参数拟合结果

Table4.2.13　The estimation parameters of the mixed models with fixed effect of climate factors for aboveground biomass of tree layer

参数 Parameters	估计值 Value	标准差 Std. error	自由度 DF	t 值 t-value	p 值 p-value
a	−25.4928	31.5516	25	−0.808	0.4267
$a1$	−1.9465	0.5913	25	−3.292	0.0030
$a2$	0.0550	0.0198	25	2.778	0.0102
b	1.1124	0.4645	25	2.395	0.0244
$b1$	0.0271	0.0113	25	2.398	0.0243
$b2$	−0.0008	0.0003	25	−2.224	0.0354

2. 考虑方差协方差结构

从表 4.2.14 中可以看出，考虑方差结构后，幂函数和指数函数形式的方差方程中仅幂函数形式能显著提高模型精度，且该模型形式的 logLik 值最大，AIC 和 BIC 值均最小，因此，采用幂函数形式作为其方差方程。Gaussian、Spherical 和指数函数 3 种空间自相关方程形式均不能显著提高模型精度。

表 4.2.14　乔木层地上部分生物量气候因子固定效应混合效应模型比较

Table4.2.14　The comparison of the mixed models with fixed effect of climate factors for aboveground biomass of tree layer

序号 No.	方差结构 Variance structure	协方差结构 Covariance structure	logLik	AIC	BIC	LRT	p 值 p-value
1	无	无	−101.758	219.516	231.488		
2	Power	无	−99.357	216.714	230.183	4.802	0.0284

序号 No.	方差结构 Variance structure	协方差结构 Covariance structure	logLik	AIC	BIC	LRT	p 值 p-value
3	Exponential	无	−101.172	220.344	233.813	1.171	0.2792
4	无	Gaussian	−101.758	221.516	234.984	0.000	0.9889
5	无	Spherical	−101.758	221.516	234.984	0.000	0.9878
6	无	Exponential	−101.758	221.516	234.984	0.000	0.9895

由于空间自相关的协方差结构不能提高模型精度（表 4.2.14），因此含气候因子的混合效应模型仅考虑方差结构。且该模型通过幂函数方差结构调整后的各参数显著性检验均显著，因此，采用气候因子+区域效应+幂函数模型作为最终模型，其拟合结果见表 4.2.15。

表 4.2.15　乔木层地上部分生物量气候因子固定效应混合效应模型拟合结果
Table 4.2.15　The estimation results of the mixed models with fixed effect of climate factors for aboveground biomass of tree layer

参数 Parameters	估计值 Value	标准差 Std. error	自由度 DF	t 值 t-value	p 值 p-value
a	−62.0774	26.3823	25	−2.353	0.0268
a1	−1.9971	0.6452	25	−3.095	0.0048
a2	0.0800	0.0132	25	6.080	<0.0001
b	1.8607	0.5191	25	3.585	0.0014
b1	0.0369	0.0155	25	2.385	0.0250
b2	−0.0014	0.0003	25	−4.605	0.0001
logLik			−99.357		
AIC			216.714		
BIC			230.183		
区组间方差协方差矩阵 D			D=0.0114		
异方差函数值 Heteroscedasticity value			Power=2.2146		
残差 Residual error			0.0001		

4.2.1.5　模型评价与检验

从模型拟合情况看（表 4.2.16），混合效应模型的拟合精度均极显著高于一般回归模型，而混合效应模型中，增加环境因子固定效应后的模型多优于普通混合效应模型，仅林分因子模型不及区域效应的混合效应模型；以气候因子固定效应+区域效应的混合效应模型最好，地形因子固定效应+区域效应混合模型次之，林分因子固定效应+区域效应混合模型最差。

表 4.2.16　乔木层地上部分生物量模型拟合指标比较

Table 4.2.16　The comparison of fitting indices among the models of aboveground biomass of tree layer

模型形式 Model forms	logLik	AIC	BIC	LRT	p 值 p-value
一般回归模型 The ordinary model	−113.443	232.887	237.376		
区域效应混合模型 Mixed model including regional effect	−105.534	221.068	228.551	15.818	0.0004
林分因子+区域效应混合模型 Mixed model including stand factors and regional effect	−105.950	223.900	232.879	14.987	0.0018
地形因子+区域效应混合模型 Mixed model including topographic factors and regional effect	−101.700	215.400	224.379	23.487	<0.0001
气候因子+区域效应混合模型 Mixed model including climate factors and regional effect	−99.357	216.714	230.183	28.173	<0.0001

　　从模型独立性检验看（表 4.2.17），林分因子+区域效应混合效应模型在预估精度、总相对误差上均为最佳，平均相对误差则以地形因子+区域效应混合效应模型为优，区域效应混合模型则在绝对平均相对误差上表现最好。因此，从整体表现上看，混合效应模型均优于一般回归模型，而混合效应模型中则以林分因子+区域效应混合效应模型表现最佳。

表 4.2.17　乔木层地上部分生物量模型检验结果比较

Table 4.2.17　The comparison of validation indices among the models of aboveground biomass of tree layer

模型形式 Model forms	总相对误差 RS	平均相对误差 EE	绝对平均相对误差 RMA	预估精度 P
一般回归模型 The ordinary model	2.45	2.01	5.91	94.92
区域效应混合模型 Mixed model including regional effect	0.85	0.50	2.81	97.32
林分因子+区域效应混合模型 Mixed model including stand factors and regional effect	0.01	−0.22	2.82	97.56
地形因子+区域效应混合模型 Mixed model including topographic factors and regional effect	0.16	−0.04	3.06	97.20
气候因子+区域效应混合模型 Mixed model including climate factors and regional effect	1.01	0.71	3.28	96.88

4.2.2 乔木层根系生物量混合效应模型

4.2.2.1 基本混合效应模型

1. 混合参数选择

在考虑所有参数不同组合下，分析不同混合参数组合模型拟合的 3 个指标值，通过比较可以看出，仅选取 c 参数作为混合参数的模型效果最好。该模型与无混合参数的比较情况见表 4.2.18。

表 4.2.18 乔木层根系生物量模型混合参数比较

Table 4.2.18 The comparation of the mixed parameter for root biomass of tree layer

混合参数 Mixed parameters	logLik	AIC	BIC	LRT	p 值 p-value
无	−120.983	249.966	257.192		
a	−118.688	247.375	256.409	4.590	0.0322
b	−118.677	247.354	256.387	4.612	0.0318
c	−117.944	245.889	254.922	6.077	0.0137
a、b	−118.686	249.371	260.211	4.595	0.1005
a、c	−118.685	249.371	260.211	4.595	0.1005
b、c	−117.944	247.889	258.729	6.077	0.0479
a、b、c	−118.687	251.373	264.020	4.593	0.2042

2. 考虑方差协方差结构

从表 4.2.19 中可以看出，考虑方差结构后，幂函数和指数函数形式的方差方程均不能提高模型精度，因此，不考虑其误差结构方程形式。Gaussian、Spherical 和指数函数 3 种空间自相关方程形式均极显著提高原模型精度，其中 Gaussian 形式的 logLik 值最大，AIC 和 BIC 值均最小，因此，采用 Gaussian 形式作为其协方差结构。

表 4.2.19 乔木层根系生物量混合模型比较

Table4.2.19 The comparation of the mixed models for root biomass of tree layer

序号 No.	方差结构 Variance structure	协方差结构 Covariance structure	logLik	AIC	BIC	LRT	p 值 p-value
1	无	无	−117.944	245.889	254.922		
2	Power	无	−117.393	246.785	257.625	1.104	0.2935
3	Exponential	无	−117.593	247.186	258.026	0.702	0.4020

续表

序号 No.	方差结构 Variance structure	协方差结构 Covariance structure	logLik	AIC	BIC	LRT	p 值 p-value
4	无	Gaussian	−111.061	234.121	244.961	13.767	0.0002
5	无	Spherical	−112.068	236.136	246.976	11.753	0.0006
6	无	Exponential	−123.304	238.608	249.448	9.280	0.0023

由于方差结构均不能提高模型精度，因此，以区域效应+Gaussian 的模型为其最终模型，其模型拟合结果见表 4.2.20。

表 4.2.20　乔木层根系生物量混合效应模型拟合结果
Table 4.2.20　The estimation results of the mixed models for root biomass of tree layer

参数 Parameters	估计值 Value	标准差 Std. error	自由度 DF	t 值 t-value	p 值 p-value
a	7.4062	2.6834	28	2.760	<0.0087
b	1.1191	0.0928	28	12.054	<0.0001
c	0.2103	0.1229	28	1.712	0.0946
logLik			−111.061		
AIC			234.121		
BIC			244.961		
区组间方差协方差矩阵 D			D=0.0187		
空间相关性 Spatial correlation			Range of Gaussian=1.2701		
残差 Residual error			3.4279		

4.2.2.2　考虑林分因子固定效应的混合效应模型

1. 基本模型

引入林分密度指数（SDI）和地位指数（SI）数据作为固定效应参与模型拟合，以基础混合效应模型（随机效应仅考虑 c 参数）为基础，分析不同组合的参数显著性及模型拟合指标后，选择的最佳模型形式见公式（4.2.4），该模型与基础混合效应模型的拟合指标比较见表 4.2.21，模型拟合结果表 4.2.22。

$$y = (a + a1 \cdot \text{SDI}) \cdot G_t^{b+b1 \cdot \text{SI}} \cdot H_t^{c+uc} \tag{4.2.4}$$

通过比较可以看出，林分因子混合参数模型显著优于仅考虑区域效应的混合效应模型。该模型参数 a 和 $a1$ 均不显著，但其 t 检验的 p 值均在 0.1 以下，但由于其 logLik 值较高，AIC 值较低，因此也将 $a1$ 参数及其对应变量 SDI 纳入模型之中。

表 4.2.21　乔木层根系生物量林分因子固定效应混合效应模型比较

Table4.2.21　The comparation of the mixed models with fixed effect of stand factors for root biomass of tree layer

模型形式 Model forms	logLik	AIC	BIC	LRT	p 值 p-value
林分因子固定效应+区域效应 Stand factors+regional effect	−114.520	243.040	255.686		
区域效应 Regional effect	−117.944	245.889	254.922	6.849	0.0326

表 4.2.22　乔木层根系生物量林分因子固定效应混合效应模型参数拟合结果

Table4.2.22　The estimation parameters of the mixed models with fixed effect of stand factors for root biomass of tree layer

参数 Parameters	估计值 Value	标准差 Std. error	自由度 DF	t 值 t-value	p 值 p-value
a	3.2181	1.6424	26	1.959	0.0574
$a1$	−0.0006	0.0003	26	−1.774	0.0841
b	2.9591	0.4863	26	6.085	<0.0001
$b1$	−0.0712	0.0245	26	−2.910	0.0060
c	0.5691	0.1784	26	3.191	0.0028

2. 考虑方差协方差结构

从表 4.2.23 中可以看出，考虑方差结构后，幂函数和指数函数形式的方差方程均不能提高模型精度，因此，不考虑其误差结构方程形式。Gaussian、Spherical 和指数函数 3 种空间自相关方程形式均极显著提高原模型精度，其中 Gaussian 形式的 logLik 值最大，AIC 和 BIC 值均最小，因此，采用 Gaussian 形式作为其协方差结构。

表 4.2.23　乔木层根系生物量林分因子固定效应混合效应模型比较

Table4.2.23　The comparation of the mixed models with fixed effect of stand factors for root biomass of tree layer

序号 No.	方差结构 Variance structure	协方差结构 Covariance structure	logLik	AIC	BIC	LRT	p 值 p-value
1	无	无	−114.520	243.040	255.686		
2	Power	无	−114.513	245.026	259.479	0.014	0.9067
3	Exponential	无	−114.493	244.987	259.440	0.053	0.8178
4	无	Gaussian	−109.925	235.850	250.303	9.190	0.0024
5	无	Spherical	−109.996	235.992	250.445	9.048	0.0026
6	无	Exponential	−110.780	237.560	252.013	7.480	0.0062
7*	无	Gaussian	−110.408	234.816	247.463	8.945	0.0034

* 表示该模型为剔除不显著参数 $b1$ 后的模型

* is the model removing no significant parameter $b1$

由于方差结构不能提高模型精度，因此林分因子混合效应模型仅考虑空间自相关的协方差结构。但是模型中参数 $b1$ 的 t 检验不显著，p 值为 0.2903，因此剔除该参数构建新模型，得到的新模型与原模型差异不显著（p 值为 0.3255），但是其 AIC 和 BIC 值均低于原模型，因此以新模型作为林分因子影响的乔木层根系生物量混合效应模型。新模型形式见公式（4.2.5），模型拟合结果见表 4.2.24。

$$y = (a + a1 \cdot \text{SDI}) \cdot G_t^b \cdot H_t^{c+uc} \tag{4.2.5}$$

表 4.2.24　乔木层根系生物量林分因子固定效应混合效应模型拟合结果

Table4.2.24　The estimation results of the mixed models with fixed effect of stand factors for root biomass of tree layer

参数 Parameters	估计值 Value	标准差 Std. error	自由度 DF	t 值 t-value	p 值 p-value
a	8.5032	3.0301	27	2.806	0.0078
$a1$	−0.0012	0.0006	27	−2.209	0.0331
b	1.6175	0.2780	27	5.819	<0.0001
c	0.2227	0.1224	27	1.819	0.0766
logLik			−110.408		
AIC			234.816		
BIC			247.463		
区组间方差协方差矩阵 D			$D=8.1612\times10^{-11}$		
空间相关系 Spatial correlation			Range of Gaussian=1.2527		
残差 Residual Error			3.4374		

4.2.2.3　考虑地形因子固定效应的混合效应模型

1. 基本模型

引入坡度、坡向和海拔数据作为固定效应分析参与模型拟合，以基础混合效应模型（随机效应仅考虑 c 参数）为基础，分析不同组合下的各参数显著性及模型拟合指标后，选择的最佳模型形式见公式（4.2.6），该模型与基础混合效应模型的拟合指标比较见表 4.2.25，模型拟合结果见表 4.2.26。

$$y = a \cdot G_t^{b+b1 \cdot \text{GALT}+b2 \cdot \text{GSLO}+b3 \cdot \text{GASP}} \cdot H_t^{c+uc+c1 \cdot \text{GASP}} \tag{4.2.6}$$

通过比较可以看出，地形因子混合参数模型显著优于仅考虑区域效应的混合效应模型。

表 4.2.25　乔木层根系生物量地形因子固定效应混合效应模型比较

Table4.2.25　The comparison of the mixed models with fixed effect of topographic factors for root biomass of tree layer

模型形式 Model forms	logLik	AIC	BIC	LRT	p 值 p-value
地形因子+区域效应 Topographic factors+regional effect	−107.212	232.423	248.683		
区域效应 Regional effect	−117.944	245.889	254.922	21.466	0.0003

表 4.2.26　乔木层根系生物量地形因子固定效应混合效应模型参数拟合结果

Table4.2.26　The estimation parameters of the mixed models with fixed effect of topographic factors for root biomass of tree layer

参数 Parameters	估计值 Value	标准差 Std. error	自由度 DF	t 值 t-value	p 值 p-value
a	16.244	6.1358	24	2.647	0.0120
b	0.7225	0.3246	24	2.226	0.0324
$b1$	−0.0734	0.0247	24	−2.971	0.0053
$b2$	−0.0805	0.0371	24	−2.171	0.0366
$b3$	0.1560	0.0542	24	2.880	0.0067
c	0.1765	0.1429	24	1.235	0.2247
$c1$	−0.0397	0.0098	24	−4.058	0.0003

2. 考虑方差协方差结构

从表 4.2.27 中可以看出，考虑方差结构后，幂函数和指数函数形式的方差方程均不能提高模型精度，logLik 值较高，AIC 值较低，但 BIC 值却较高，且以幂函数模型表现较好，其与原模型差异性检验的 p 值接近 0.05 的显著水平，因此，仍然考虑幂函数形式的方差结构。3 种协方差结构方程均能提高模型精度，但是指数函数提高不显著，Gaussian 和 Spherical 两种空间自相关方程形式均极显著提高原模型精度，其中 Gaussian 形式的 logLik 值较大，AIC 和 BIC 值均较小，因此，采用 Gaussian 形式作为其协方差结构。

综合考虑方差和协方差结构后的模型 logLik 值最高，且 AIC 值最低，但 BIC 值略高于仅考虑 Gaussian 协方差结构的模型，因此，仍以综合考虑方差协方差结构的模型为最终模型，其模型拟合结果见表 4.2.28。

表 4.2.27 乔木层根系生物量地形因子固定效应混合效应模型比较

Table4.2.27 The comparation of the mixed models with fixed effect of topographic factors for root biomass of tree layer

序号 No.	方差结构 Variance structure	协方差结构 Covariance structure	logLik	AIC	BIC	LRT	p 值 p-value
1	无	无	−107.212	232.423	248.683		
2	Power	无	−105.499	230.998	249.065	3.425	0.0642
3	Exponential	无	−106.030	232.061	250.127	2.362	0.1243
4	无	Gaussian	−103.257	226.513	244.580	7.910	0.0049
5	无	Spherical	−103.677	227.354	245.421	7.069	0.0078
6	无	Exponential	−105.598	231.195	249.262	3.228	0.0724
7	Power	Gaussian	−101.515	225.030	244.903	11.393	0.0034

表 4.2.28 乔木层根系生物量地形因子固定效应混合效应模型拟合结果

Table4.2.28 The estimation results of the mixed models with fixed effect of topographic factors for root biomass of tree layer

参数 Parameters	估计值 Value	标准差 Std. error	自由度 DF	t 值 t-value	p 值 p-value
a	20.2882	7.6943	24	2.637	0.0123
b	1.1160	0.3387	24	3.295	0.0022
$b1$	−0.0960	0.0320	24	−2.996	0.0049
$b2$	−0.0886	0.0417	24	−2.124	0.0406
$b3$	0.1282	0.0443	24	2.897	0.0064
c	0.0141	0.1275	24	0.111	0.9125
$c1$	−0.0277	0.0082	24	−3.372	0.0018
logLik			−101.515		
AIC			225.030		
BIC			244.903		
区组间方差协方差矩阵 D			$D=8.5667×10^{-11}$		
异方差函数值 Heteroscedasticity value			Power=0.7687		
空间自相关 Spatial correlation			Range of Gaussian=1.2380		
残差 Residual error			0.2611		

4.2.2.4 考虑气候因子固定效应的混合效应模型

1. 基本模型

引入年降雨量和年均温数据作为固定效应参与模型拟合，以基础混合效应模型（随机效应仅考虑 c 参数）为基础模型，分析不同组合的参数显著性及模型拟合指标后，选择的最佳模型形式见公式（4.2.7），该模型与基础混合效应模型的拟合指标比较见表 4.2.29，模型拟合结果见表 4.2.30。

$$y = (a + a1 \cdot \text{TEM} + a2 \cdot \text{PRE} + a3 \cdot \text{TEM} \cdot \text{PRE}) \cdot G_t^{b + b1 \cdot \text{TEM} + b2 \cdot \text{PRE} + b3 \cdot \text{TEM} \cdot \text{PRE}} \cdot H_t^{c + uc} \quad (4.2.7)$$

通过比较可以看出，气候因子混合效应模型显著优于仅考虑区域效应的混合效应模型。且其中参数 a、$a1$、$a2$ 和 $a3$ 显著性均在 0.07 左右，高于 0.05，但其模型 AIC 和 BIC 小于其他模型，因此仍将这 4 个参数纳入模型。该模型 logLik、AIC 和 BIC 值均大于仅考虑区域效应的混合效应模型，且二者差异不显著。因此，仍然以该模型为基础构建气候因子影响的混合效应模型。

表 4.2.29　乔木层根系生物量气候因子固定效应混合效应模型比较

Table4.2.29　The comparison of the mixed models with fixed effect of climate factors for root biomass of tree layer

模型形式 Model forms	logLik	AIC	BIC	LRT	p 值 p-value
气候因子固定效应+区域效应 Climate factors+regional effect	−112.945	247.891	267.764		
区域效应 Regional effect	−117.944	245.889	254.922	9.998	0.1247

表 4.2.30　乔木层根系生物量气候因子因子固定效应混合效应模型参数拟合结果

Table4.2.30　The estimation parameters of the mixed models with fixed effect of climate factors for root biomass of tree layer

参数 Parameters	估计值 Value	标准差 Std. error	自由度 DF	t 值 t-value	p 值 p-value
a	−1666.003	891.602	22	−1.869	0.0703
$a1$	87.791	46.978	22	1.869	0.0703
$a2$	1.181	0.632	22	1.871	0.0700
$a3$	−0.062	0.033	22	−1.870	0.0701
b	782.551	230.669	22	3.393	0.0018
$b1$	−40.913	12.052	22	−3.394	0.0018
$b2$	−0.555	0.164	22	−3.374	0.0019
$b3$	0.029	0.009	22	3.381	0.0018
c	0.524	0.172	22	3.043	0.0045

2. 考虑方差协方差结构

从表 4.2.31 中可以看出，考虑方差结构后，幂函数和指数函数形式的方差方程均不能提高模型精度，因此，不考虑其方差结构形式。3 种协方差结构方程均能提高模型精度，但是指数函数提高不显著，Gaussian 和 Spherical 两种空间自相关方程形式均极显著提高原模型精度，其中 Spherical 形式的 logLik 值最大，AIC 和 BIC 值均最小，因此，采用 Spherical 形式作为其协方差结构。

表 4.2.31　乔木层根系生物量气候因子固定效应混合效应模型比较
Table4.2.31　The comparison of the mixed models with fixed effect of climate factors for root biomass of tree layer

序号 No.	方差结构 Variance structure	协方差结构 Covariance structure	logLik	AIC	BIC	LRT	p 值 p-value
1	无	无	−112.945	247.891	267.764		
2	Power	无	−112.901	249.802	271.482	0.089	0.7656
3	Exponential	无	−112.871	249.741	271.421	0.149	0.6991
4	无	Gaussian	−104.529	233.059	254.739	16.832	<0.0001
5	无	Spherical	−104.426	232.852	254.532	17.039	<0.0001
6	无	Exponential	−105.609	235.218	256.898	14.673	0.0724

　　由于方差结构不能提高模型精度，因此气候因子混合效应模型仅考虑空间自相关的协方差结构。且该模型的所有参数 t 检验均显著，因此以该模型为气候因子混合效应模型的最终模型，其模型拟合结果见表 4.2.32。

表 4.2.32　乔木层根系生物量气候因子固定效应混合效应模型拟合结果
Table4.2.32　The estimation results of the mixed models with fixed effect of climate factors for root biomass of tree layer

参数 Parameters	估计值 Value	标准差 Std. error	自由度 DF	t 值 t-value	p 值 p-value
a	−2296.535	971.351	22	−2.364	0.0239
$a1$	120.687	51.193	22	2.358	0.0243
$a2$	1.632	0.688	22	2.371	0.0235
$a3$	−0.086	0.036	22	−2.363	0.0240
b	693.198	199.869	22	3.468	0.0014
$b1$	−36.289	10.494	22	−3.458	0.0015
$b2$	−0.492	0.142	22	−3.465	0.0015
$b3$	0.026	0.007	22	3.461	0.0015
c	0.389	0.1199	22	3.245	0.0026

参数 Parameters	估计值 Value	标准差 Std. error	自由度 DF	t 值 t-value	p 值 p-value
logLik			−104.426		
AIC			232.852		
BIC			254.532		
区组间方差协方差矩阵 D			D=0.0198		
空间自相关 Spatial correlation			Range of Spherical=3.7830		
残差 Residual Error			3.0168		

4.2.2.5　模型评价与检验

从模型拟合情况看（表 4.2.33），混合效应模型的拟合精度均极显著高于一般回归模型，而混合效应模型中，增加环境因子固定效应后的模型多优于普通混合效应模型，仅林分因子混合效应模型不及普通混合效应模型。环境因子混合效应模型中以地形因子固定效应+区域效应混合模型最好，气候因子+区域效应的混合模型次之，林分因子固定效应+区域效应混合模型最差。

表 4.2.33　乔木层根系生物量模型拟合指标比较

Table 4.2.33　The comparison of fitting indices among the models of root biomass of tree layer

模型形式 Model forms	logLik	AIC	BIC	LRT	p 值 p-value
一般回归模型 The ordinary model	−120.983	249.966	257.192		
区域效应混合模型 Mixed model including regional effect	−111.061	234.121	244.961	19.844	<0.0001
林分因子+区域效应混合模型 Mixed model including stand factors and regional effect	−114.493	244.987	259.440	21.149	<0.0001
地形因子+区域效应混合模型 Mixed model including topographic factors and regional effect	−101.515	225.030	244.903	38.936	<0.0001
气候因子+区域效应混合模型 Mixed model including climate factors and regional effect	−104.426	232.852	254.532	33.114	<0.0001

从模型独立性检验看（表 4.2.34），气候因子+区域效应混合效应模型预估精度为最佳，总相对误差、绝对平均相对误差以地形因子+区域效应混合效应模型为优，林分因子+区域效应混合模型则在平均相对误差上表现最好。从整体表现上看，

混合效应模型均优于一般回归模型，且考虑环境因子固定效应模型多优于普通区域效应混合模型。

表 4.2.34 乔木层根系生物量模型检验结果

Table 4.2.34 The comparison of validation indices among the models of root biomass of tree layer

模型形式 Model forms	总相对误差 RS	平均相对误差 EE	绝对平均相对误差 RMA	预估精度 P
一般回归模型 The ordinary model	0.70	0.48	12.92	88.77
区域效应混合模型 Mixed model including regional effect	−1.91	−2.11	12.21	90.15
林分因子+区域效应混合模型 Mixed model including stand factors and regional effect	0.46	0.37	12.53	89.05
地形因子+区域效应混合模型 Mixed model including topographic factors and regional effect	0.25	0.52	9.47	90.61
气候因子+区域效应混合模型 Mixed model including climate factors and regional effect	−2.38	−2.52	11.10	91.69

4.2.3 乔木层总生物量混合效应模型

4.2.3.1 基本混合效应模型

1. 混合参数选择

在考虑所有参数不同组合下，分析不同混合参数组合模型拟合的 3 个指标值，通过比较可以看出仅选取 b 参数作为混合参数的模型效果最好。混合效应模型与无混合参数的比较情况见表 4.2.35。

表 4.2.35 乔木层总生物量模型混合参数比较

Table 4.2.35 The comparison of the mixed parameters for total biomass models of tree layer

混合参数 Mixed parameters	logLik	AIC	BIC	LRT	p 值 p-value
无	−122.368	250.736	255.225		
a	−120.173	248.346	254.332	4.390	0.0362
b	−119.777	247.554	253.540	5.182	0.0228
a、b	−119.777	249.554	257.036	5.182	0.0750

2. 考虑方差协方差结构

　　从表 4.2.36 中可以看出，考虑方差结构后，幂函数和指数函数形式的方差方程均不能显著提高模型精度，其中指数函数形式的 logLik 值最大，AIC 值均最小，因此，仍采用指数函数形式作为其方差结构方程。Gaussian、Spherical 和指数函数 3 种空间自相关方程形式的不及原模型，因此，不考虑其协方差结构。

表 4.2.36　乔木层总生物量混合模型比较

Table4.2.36　The comparation of the mixed models for total biomass of tree layer

序号 No.	方差结构 Variance structure	协方差结构 Covariance structure	logLik	AIC	BIC	LRT	p 值 p-value
1	无	无	−119.777	247.554	253.540		
2	Power	无	−119.127	248.254	255.736	1.300	0.2541
3	Exponential	无	−118.593	247.186	254.668	2.368	0.1238
4	无	Gaussian	−119.777	249.554	257.037	0.000	0.9891
5	无	Spherical	−119.777	249.554	257.037	0.000	0.9876
6	无	Exponential	−119.777	249.554	257.037	0.000	0.9880

　　由于空间自相关的协方差结构不及原模型，且幂函数和指数函数形式的方差方程均不能显著提高模型精度，但指数函数方差结构的 logLik 值最大，AIC 值均最小，因此以区域效应+指数函数作为最终区域效应混合效应模型，并且该模型显著提高一般回归模型的拟合精度，其模型拟合结果见表 4.2.37。

表 4.2.37　乔木层总生物量混合效应模型拟合结果

Table4.2.37　The estimation results of the mixed models for total biomass of tree layer

参数 Parameters	估计值 Value	标准差 Std. error	自由度 DF	t 值 t-value	p 值 p-value
a	21.0907	1.7067	29	12.357	<0.0001
b	0.5138	0.0229	29	22.432	<0.0001
logLik			−118.593		
AIC			247.186		
BIC			254.668		
区组间方差协方差矩阵 D			D=0.0090		
异方差函数值 Heteroscedasticity value			Expon=0.0060		
残差 Residual error			3.5372		

4.2.3.2　考虑林分因子固定效应的混合效应模型

1. 基本模型

引入林分密度指数（SDI）和地位指数（SI）两个林分因子数据作为固定效应参与模型拟合，以基础混合效应模型（随机效应仅考虑 b 参数）为基础，分析不同组合的参数显著性及模型拟合指标，由于所有模型选择的纳入变量的参数均不显著，且这些模型组合中仅考虑 a 参数的 SI 变量固定效应时模型拟合较好，因此，以该模型为基础构建林分因子固定效应的混合效应模型，其模型形式见公式（4.2.8），该模型与基础混合效应模型的拟合指标比较见表 4.2.38，模型拟合结果见表 4.2.39。

$$y = (a + a1 \cdot \mathrm{SI}) \cdot (G_t^2 \cdot H_m)^{b+ub} \tag{4.2.8}$$

表 4.2.38　乔木层总生物量林分因子固定效应混合效应模型比较

Table4.2.38　The comparison of the mixed models with fixed effect of stand factors for total biomass of tree layer

模型形式 Model forms	logLik	AIC	BIC	LRT	p 值 p-value
林分因子固定效应+区域效应 Stand factors+regional effect	−119.716	249.431	256.716		
区域效应 Regional effect	−119.777	247.554	253.540	0.123	0.7261

表 4.2.39　乔木层总生物量林分因子固定效应混合效应模型参数拟合结果

Table4.2.39　The estimation parameters of the mixed models with fixed effect of stand factors for total biomass of tree layer

参数 Parameters	估计值 Value	标准差 Std. error	自由度 DF	t 值 t-value	p 值 p-value
a	20.4346	2.8294	28	7.222	<0.0001
$a1$	0.0466	0.1396	28	0.334	0.7412
b	0.5137	0.0228	28	22.490	<0.0001

2. 考虑方差协方差结构

从表 4.2.40 中可以看出，考虑方差结构后，幂函数和指数函数形式的方差方程均不能显著提高模型精度，但指数函数形式的 logLik 值最大，AIC 和 BIC 值均较小，因此，采用指数函数形式作为其方差方程。Gaussian、Spherical 和指数函数 3 种空间自相关方程形式的模型均不及原模型。

表 4.2.40　乔木层总生物量林分因子固定效应混合效应模型比较

Table4.2.40　The comparison of the mixed models with fixed effect of stand factors for total biomass of tree layer

序号 No.	方差结构 Variance structure	协方差结构 Covariance structure	logLik	AIC	BIC	LRT	p 值 p-value
1	无	无	−119.716	249.431	256.716		
2	Power	无	−119.071	250.141	259.121	1.290	0.2561
3	Exponential	无	−118.455	248.910	257.889	2.521	0.1124
4	无	Gaussian	−119.716	251.431	260.410	0.000	0.9902
5	无	Spherical	−119.716	251.432	260.411	0.000	0.9867
6	无	Exponential	−119.716	251.431	260.410	0.000	0.9886

　　由于空间自相关的协方差结构不及原模型，且幂函数和指数函数形式的方差方程均不能显著提高模型精度，但指数函数方差结构形式模型拟合较好，其 logLik 值最大，因此以林分因子+区域效应+指数函数作为最终混合效应模型，其模型拟合结果见表 4.2.41。

表 4.2.41　乔木层总生物量林分因子固定效应混合效应模型拟合结果

Table4.2.41　The estimation results of the mixed models with fixed effect of stand factors for total biomass of tree layer

参数 Parameters	估计值 Value	标准差 Std. error	自由度 DF	t 值 t-value	p 值 p-value
a	20.1283	2.6911	28	7.480	<0.0001
$a1$	0.0644	0.1418	28	0.454	0.6530
b	0.5135	0.0232	28	22.089	<0.0001
logLik		−118.455			
AIC		248.910			
BIC		257.889			
区组间方差协方差矩阵 D		D=0.0090			
异方差函数值 Heteroscedasticity value		Expon=0.0061			
残差 Residual error		3.4596			

4.2.3.3　考虑地形因子固定效应的混合效应模型

1. 基本模型

　　引入坡度、坡向和海拔等级数据作为固定效应参与模型拟合，以基础混合效应模型（随机效应仅考虑 b 参数）为基础，分析不同组合的参数显著性及模型拟合指标后，选择的最佳模型形式见公式（4.2.9）。该模型与基础混合效应模型的拟合指标比较见表 4.2.42，模型拟合结果见表 4.2.43。

$$y = (a + a1 \cdot \text{GALT}) \cdot (G_t^2 \cdot H_m)^{b+ub} \qquad (4.2.9)$$

表 4.2.42　乔木层总生物量地形因子固定效应混合效应模型比较

Table4.2.42　The comparison of the mixed models with fixed effect of topographic factors for total biomass of tree layer

模型形式 Model forms	logLik	AIC	BIC	LRT	p 值 p-value
地形因子+区域效应 Topographic factors+regional effect	−117.138	244.277	251.759		
区域效应 Regional effect	−119.777	247.554	253.540	5.277	0.0216

表 4.2.43　乔木层总生物量地形因子固定效应混合效应模型参数拟合结果

Table4.2.43　The estimation parameters of the mixed models with fixed effect of topographic factors for total biomass of tree layer

参数 Parameters	估计值 Value	标准差 Std. error	自由度 DF	t 值 t-value	p 值 p-value
a	26.5304	2.4264	28	10.934	<0.0001
$a1$	−0.6171	0.2102	28	−2.935	0.0066
b	0.4765	0.0193	28	24.718	<0.0001

2. 考虑方差协方差结构

从表 4.2.44 中可以看出，考虑方差结构后，幂函数和指数函数形式的方差结构均能提高模型精度，但仅幂函数形式的方差方程能显著提高模型精度，因此，采用幂函数形式作为其方差方程。Gaussian、Spherical 和指数函数 3 种空间自相关方程形式的模型均不及原模型，因此，不考虑其协方差结构。

表 4.2.44　乔木层总生物量地形因子固定效应混合效应模型比较

Table4.2.44　The comparation of the mixed models with fixed effect of topographic factors for total biomass of tree layer

序号 No.	方差结构 Variance structure	协方差结构 Covariance structure	logLik	AIC	BIC	LRT	p 值 p-value
1	无	无	−117.138	244.277	251.759		
2	Power	无	−114.775	241.549	250.528	4.727	0.0297
3	Exponential	无	−115.351	242.702	251.681	3.574	0.0587
4	无	Gaussian	−117.138	246.277	255.256	0.000	0.9876
5	无	Spherical	−117.138	246.277	255.256	0.000	0.9870
6	无	Exponential	−117.138	246.277	255.256	0.000	0.9878

由于空间自相关的协方差结构不及原模型，且仅幂函数形式的方差方程能显著提高模型精度，因此以地形因子+区域效应+幂函数作为最终区域效应混合效应模型，其模型拟合结果见表 4.2.45。

表 4.2.45 乔木层总生物量地形因子固定效应混合效应模型拟合结果

Table4.2.45 The estimation results of the mixed models with fixed effect of topographic factors for total biomass of tree layer

参数 Parameters	估计值 Value	标准差 Std. error	自由度 DF	t 值 t-value	p 值 p-value
a	25.3449	2.3030	28	11.005	<0.0001
$a1$	−0.5048	0.20009	28	−2.513	0.0180
b	0.4849	0.0199	28	24.368	<0.0001
logLik			−114.775		
AIC			241.549		
BIC			250.528		
区组间方差协方差矩阵 D			$D=4.2775\times10^{-8}$		
异方差函数值 Heteroscedasticity value			Power=1.0236		
残差 Residual error			0.0523		

4.2.3.4 考虑气候因子固定效应的混合效应模型

1. 基本模型

引入年降雨量和年均温数据作为固定效应参与模型拟合，以基础混合效应模型（随机效应仅考虑 b 参数）为基础，分析不同组合的参数显著性及模型拟合指标后，选择的最佳模型形式见公式（4.2.10）。该模型与基础混合效应模型的拟合指标比较见表 4.2.46，模型拟合结果见表 4.2.47。

$$y = a \cdot (G_t^2 \cdot H_m)^{b+ub+b1 \cdot \text{TEM}+b2 \cdot \text{PRE}} \qquad (4.2.10)$$

表 4.2.46 乔木层总生物量气候因子固定效应混合效应模型比较

Table4.2.46 The comparison of the mixed models with fixed effect of climate factors for total tree biomass

模型形式 Model forms	logLik	AIC	BIC	LRT	p 值 p-value
气候因子固定效应+区域效应 Climate factors+regional effect	−115.399	242.798	251.777		
区域效应 Regional effect	−119.777	247.554	253.540	8.756	0.0126

表 4.2.47　乔木层总生物量气候因子因子固定效应混合效应模型参数拟合结果

Table4.2.47　The estimation parameters of the mixed models with fixed effect of climate factors for total biomass of tree layer

参数 Parameters	估计值 Value	标准差 Std. error	自由度 DF	t 值 t-value	p 值 p-value
a	21.2818	1.5967	27	13.318	<0.0001
b	0.3783	0.0942	27	4.014	0.0004
$b1$	−0.0059	0.0026	27	−2.296	0.0297
$b2$	0.0002	0.0001	27	2.467	0.0202

2. 考虑方差协方差结构

从表 4.2.48 中可以看出，考虑方差结构后，幂函数和指数函数形式的方差方程均不能显著提高模型精度，且两个模型仅在 logLik 值上优于原模型，而 AIC 和 BIC 值均较高，因此，不考虑其误差结构方程。Gaussian、Spherical 和指数函数 3 种空间自相关方程形式的模型不及原模型。

表 4.2.48　乔木层总生物量气候因子固定效应混合效应模型比较

Table4.2.48　The comparison of the mixed models with fixed effect of climate factors for total biomass of tree layer

序号 No.	方差结构 Variance structure	协方差结构 Covariance structure	logLik	AIC	BIC	LRT	p 值 p-value
1	无	无	−115.399	242.798	251.777		
2	Power	无	−114.509	243.017	253.493	1.781	0.1820
3	Exponential	无	−115.082	244.164	254.639	0.634	0.4258
4	无	Gaussian	−115.399	244.798	255.274	0.000	0.9913
5	无	Spherical	−115.399	244.798	255.274	0.000	0.9873
6	无	Exponential	−115.399	244.798	255.274	0.000	0.9893

通过模型比较可以看出，考虑方差和协方差后的模型均不能提高模型精度。因此，以气候因子+区域效应作为气候因子混合效应模型的最终模型，其模型拟合结果见表 4.2.49。

表 4.2.49　乔木层总生物量气候因子固定效应混合效应模型拟合结果

Table4.2.49　The estimation results of the mixed models with fixed effect of climate factors for total biomass of tree layer

参数 Parameters	估计值 Value	标准差 Std. error	自由度 DF	t 值 t-value	p 值 p-value
a	21.2818	1.5967	27	13.318	<0.0001
b	0.3783	0.0942	27	4.014	0.0004

续表

参数 Parameters	估计值 Value	标准差 Std. error	自由度 DF	t 值 t-value	p 值 p-value
b1	−0.0059	0.0026	27	−2.296	0.0297
b2	0.0002	0.0001	27	2.467	0.0202
logLik			−115.399		
AIC			242.798		
BIC			251.777		
区组间方差协方差矩阵 D			D=0.0089		
残差 Residual error			7.3754		

4.2.3.5　模型评价与检验

从模型拟合情况看（表 4.2.50），混合效应模型的拟合精度均显著高于一般回归模型。而混合效应模型中，增加环境因子固定效应后的模型多优于普通混合效应模型。环境因子混合效应模型中以地形因子固定效应+区域效应混合模型最好，气候因子固定效应+区域效应的混合模型次之，林分因子固定效应+区域效应混合模型最差。

表 4.2.50　乔木层总生物量模型拟合指标比较

Table 4.2.50　The comparation of fitting indices among the models of total biomass of tree layer

模型形式 Model forms	logLik	AIC	BIC	LRT	p 值 p-value
一般回归模型 The ordinary model	−122.368	250.736	255.225		
区域效应混合模型 Mixed model including regional effect	−118.593	247.186	254.668	7.550	0.0229
林分因子+区域效应混合模型 Mixed model including stand factors and regional effect	−118.455	248.910	257.889	7.825	0.0498
地形因子+区域效应混合模型 Mixed model including topographic factors and regional effect	−114.775	241.549	250.528	15.186	0.0017
气候因子+区域效应混合模型 Mixed model including climate factors and regional effect	−115.399	242.798	251.777	13.937	0.0030

从模型独立性检验看（表 4.2.51），林分因子+区域效应混合效应模型的预估精度为最佳，平均相对误差和总相对误差则以气候因子+区域效应混合效应模型为优，区域效应混合模型则在绝对平均相对误差上表现最好。因此，从整体表现上

看，混合效应模型均优于一般回归模型，而混合效应模型中则以林分因子+区域效应混合效应模型表现最佳。

表 4.2.51　乔木层总生物量模型检验结果

Table 4.2.51　The comparison of validation indices among the models of total biomass of tree layer

模型形式 Model forms	总相对误差 RS	平均相对误差 EE	绝对平均相对误差 RMA	预估精度 P
一般回归模型 The ordinary model	2.33	1.94	4.92	94.87
区域效应混合模型 Mixed model including regional effect	0.53	0.29	3.65	96.64
林分因子+区域效应混合模型 Mixed model including stand factors and regional effect	0.26	0.06	3.87	96.67
地形因子+区域效应混合模型 Mixed model including topographic factors and regional effect	0.53	0.30	4.00	96.36
气候因子+区域效应混合模型 Mixed model including climate factors and regional effect	0.22	0.04	4.17	96.27

4.3　林分生物量混合效应模型

4.3.1　林分地上部分生物量混合效应模型

4.3.1.1　基本混合效应模型

1. 混合参数选择

在考虑所有参数不同组合下，分析不同混合参数组合模型拟合的 3 个指标值，通过比较可以看出仅选取 b 参数作为混合参数的模型效果最好。该模型与无混合参数的比较情况见表 4.3.1。

表 4.3.1　林分地上部分生物量模型混合参数比较

Table 4.3.1　The comparison of the mixed parameters for aboveground biomass models of stand

混合参数 Mixed parameters	logLik	AIC	BIC	LRT	p 值 p-value
无	−117.471	240.941	245.431		
a	−110.964	229.929	235.915	13.013	0.0003
b	−110.873	229.746	235.732	13.195	0.0003
a、b	−110.823	231.646	239.129	13.295	0.0010

2. 考虑方差协方差结构

从表 4.3.2 中可以看出，考虑方差结构后，幂函数和指数函数形式的方差方程均能极显著提高模型精度，其中幂函数形式的 logLik 值最大，AIC 和 BIC 值均最小，因此，采用幂函数形式作为其方差方程。Gaussian、Spherical 和指数函数 3 种空间自相关方程形式均不及原模型，因此，不考虑其协方差结构。

表 4.3.2　林分地上部分生物量混合模型比较
Table4.3.2　The comparison of the mixed models for aboveground biomass of stand

序号 No.	方差结构 Variance structure	协方差结构 Covariance structure	logLik	AIC	BIC	LRT	p 值 p-value
1	无	无	−110.873	229.746	235.732		
2	Power	无	−108.968	227.935	235.418	3.810	0.0509
3	Exponential	无	−110.234	230.467	237.950	1.279	0.2582
4	无	Gaussian	−110.873	231.746	239.229	0.000	0.9892
5	无	Spherical	−110.873	231.746	239.229	0.000	0.9873
6	无	Exponential	−110.873	231.746	239.228	0.000	0.9911

由于不考虑其协方差结构，因此仅考虑幂函数形式的方差结构，并以该模型为林分地上部分生物量基本区域效应混合模型，其模型拟合结果见表 4.3.3。

表 4.3.3　林分地上部分生物量混合效应模型拟合结果
Table4.3.3　The estimation results of the mixed models for aboveground biomass of stand

参数 Parameters	估计值 Value	标准差 Std. error	自由度 DF	t 值 t-value	p 值 p-value
a	20.4101	1.1939	29	17.095	<0.0001
b	0.4872	0.0192	29	25.432	<0.0001
logLik			−108.968		
AIC			227.935		
BIC			235.418		
区组间方差协方差矩阵 D			D=0.0152		
异方差函数值 Heteroscedasticity value			Power=1.4934		
残差 Residual error			0.0047		

4.3.1.2　考虑林分因子固定效应的混合效应模型

1. 基本模型

引入林分密度指数（SDI）和地位指数（SI）数据作为固定效应参与模型拟合，

以基础混合效应模型（随机效应仅考虑 b 参数）为基础，分析不同组合的参数显著性及模型拟合指标后，选择的最佳模型形式见公式（4.3.1），但该模型与仅考虑区域效应混合效应模型相比，差异不显著（p 值为 0.1894），该模型与基础混合效应模型的拟合指标比较见表 4.3.4，模型拟合结果见表 4.3.5。

$$y = (a + a1 \cdot \text{SI}) \cdot (G_t^2 \cdot H_m)^{b+ub} \qquad (4.3.1)$$

表 4.3.4　林分地上部分生物量林分因子固定效应混合效应模型比较

Table4.3.4　The comparison of the mixed models with fixed effect of stand factors for aboveground biomass of stand

模型形式 Model forms	logLik	AIC	BIC	LRT	p 值 p-value
林分因子固定效应+区域效应 Stand factors+regional effect	−110.012	230.023	237.506		
区域效应 Regional effect	−110.873	229.746	235.732	1.723	0.1894

表 4.3.5　林分地上部分生物量林分因子固定效应混合效应模型参数拟合结果

Table4.3.5　The estimation parameters of the mixed models with fixed effect of stand factors for aboveground biomass of stand

参数 Parameters	估计值 Value	标准差 Std. error	自由度 DF	t 值 t-value	p 值 p-value
a	18.5950	2.4877	28	7.475	<0.0001
$a1$	0.1556	0.1217	28	1.278	0.2117
b	0.4807	0.0207	28	23.188	<0.0001

2. 考虑方差协方差结构

从表 4.3.6 中可以看出，考虑方差结构后，幂函数和指数函数形式的方差方程均能提高模型精度，其中幂函数形式能显著提高模型精度，该模型的 logLik 值最大，AIC 和 BIC 值均最小，因此，采用幂函数形式作为其方差方程。Gaussian、Spherical 和指数函数 3 种空间自相关方程形式均不及不考虑空间自相关性模型。

表 4.3.6　林分地上部分生物量林分因子固定效应混合效应模型比较

Table4.3.6　The comparison of the mixed models with fixed effect of stand factors for aboveground biomass of stand

序号 No.	方差结构 Variance structure	协方差结构 Covariance structure	logLik	AIC	BIC	LRT	p 值 p-value
1	无	无	−110.012	230.023	237.506		
2	Power	无	−106.796	225.592	234.571	6.431	0.0112

序号 No.	方差结构 Variance structure	协方差结构 Covariance structure	logLik	AIC	BIC	LRT	p 值 p-value
3	Exponential	无	−108.441	228.881	237.861	3.142	0.0763
4	无	Gaussian	−110.011	232.022	241.001	0.002	0.9672
5	无	Spherical	−110.011	232.022	241.001	0.002	0.9693
6	无	Exponential	−110.010	232.021	241.000	0.003	0.9586

由于空间自相关的协方差结构不能提高模型精度，因此林分因子混合效应模型仅考虑方差结构。得出最终模型，该模型中参数 $a1$ 的 t 检验不显著，但是其 p 值为 0.0774，接近 0.05，因此仍然将其对应变量纳入模型，并以该模型为最终模型，其模型拟合结果见表 4.3.7。

表 4.3.7 林分地上部分生物量林分因子固定效应混合效应模型拟合结果

Table4.3.7 The estimation results of the mixed models with fixed effect of stand factors for aboveground biomass of stand

参数 Parameters	估计值 Value	标准差 Std. error	自由度 DF	t 值 t-value	p 值 p-value
a	16.7112	2.1215	28	7.877	<0.0001
$a1$	0.2321	0.1266	28	1.834	0.0774
b	0.4895	0.0172	28	28.415	<0.0001
logLik			−106.796		
AIC			225.592		
BIC			234.571		
区组间方差协方差矩阵 D			D=0.0131		
异方差函数值 Heteroscedasticity value			Power=1.7500		
残差 Residual error			0.0013		

4.3.1.3 考虑地形因子固定效应的混合效应模型

1. 基本模型

引入坡度、坡向和海拔等级数据作为固定效应参与模型拟合，以基础混合效应模型（随机效应仅考虑 b 参数）为基础，分析不同组合的参数显著性及模型拟合指标，选择最佳模型形式见公式（4.3.2）。该模型与基础混合效应模型的拟合指标比较见表 4.3.8，模型拟合结果见表 4.3.9。

$$y = (a + a1 \cdot \text{GALT}) \cdot (G_t^2 \cdot H_m)^{b+ub} \qquad (4.3.2)$$

表 4.3.8 林分地上部分生物量地形因子固定效应混合效应模型比较

Table4.3.8 The comparison of the mixed models with fixed effect of topographic factors for aboveground biomass of stand

模型形式 Model forms	logLik	AIC	BIC	LRT	p 值 p-value
地形因子+区域效应 Topographic factors+regional effect	−105.385	220.771	228.253		
区域效应 Regional effect	−110.873	229.746	235.732	10.975	0.0009

表 4.3.9 林分地上部分生物量地形因子固定效应混合效应模型参数拟合结果

Table4.3.9 The estimation parameters of the mixed models with fixed effect of topographic factors for aboveground biomass of stand

参数 Parameters	估计值 Value	标准差 Std. error	自由度 DF	t 值 t-value	p 值 p-value
a	26.5515	1.9168	28	13.852	<0.0001
$a1$	−0.8159	0.1707	28	−4.781	0.0001
b	0.4509	0.0153	28	29.393	<0.0001

2. 考虑方差协方差结构

从表 4.3.10 中可以看出，考虑方差结构后，幂函数和指数函数形式的方差方程均能显著提高模型精度，且幂函数形式的模型能极显著提高模型精度，其模型 logLik 值最大，AIC 和 BIC 值均最小，因此，采用幂函数形式作为其方差方程。Gaussian、Spherical 和指数函数 3 种空间自相关方程形式均不及不考虑空间自相关性模型。

表 4.3.10 林分地上部分生物量地形因子固定效应混合效应模型比较

Table4.3.10 The comparison of the mixed models with fixed effect of topographic factors for aboveground biomass of stand

序号 No.	方差结构 Variance structure	协方差结构 Covariance structure	logLik	AIC	BIC	LRT	p 值 p-value
1	无	无	−105.385	220.771	228.253		
2	Power	无	−101.625	215.250	224.229	7.521	0.0061
3	Exponential	无	−102.674	217.349	226.328	5.422	0.0199
4	无	Gaussian	−105.386	222.771	231.750	0.000	0.9887
5	无	Spherical	−105.386	222.771	231.750	0.000	0.9879
6	无	Exponential	−105.386	222.771	231.750	0.000	0.9887

由于空间自相关的协方差结构不能提高模型精度，因此地形因子混合效应模型仅考虑方差结构，以地形因子+区域效应+幂函数模型作为最终模型，其模型拟合结果见表 4.3.11。

表 4.3.11　林分地上部分生物量地形因子固定效应混合效应模型拟合结果

Table4.3.11　The estimation results of the mixed models with fixed effect of topographic factors for aboveground biomass of stand

参数 Parameters	估计值 Value	标准差 Std. error	自由度 DF	t 值 t-value	p 值 p-value
a	24.9914	1.7004	28	14.697	<0.0001
$a1$	−0.7725	0.1560	28	−4.954	<0.0001
b	0.4673	0.0153	28	30.643	<0.0001
logLik		−101.625			
AIC		215.250			
BIC		224.229			
区组间方差协方差矩阵 D		$D=7.9748×10^{-9}$			
异方差函数值 Heteroscedasticity value		Power=1.4539			
残差 Residual error		0.0052			

4.3.1.4　考虑气候因子固定效应的混合效应模型

1. 基本模型

引入年降雨量和年均温数据作为固定效应参与模型拟合，以基础混合效应模型（随机效应仅考虑 b 参数）为基础，分析不同组合的参数显著性及模型拟合指标，选择最佳模型形式见公式（4.3.3）。其中 $a1$ 参数 t 检验不显著（p 值为 0.1589），但其 AIC 值较小，logLik 值较大，因此仍然引入该变量，该模型与基础混合效应模型的拟合指标比较见表 4.3.12，模型拟合结果见表 4.3.13。

$$y = (a + a1 \cdot \text{TEM}) \cdot (G_t^2 \cdot H_m)^{b+ub} \quad (4.3.3)$$

表 4.3.12　林分地上部分生物量气候因子固定效应混合效应模型比较

Table4.3.12　The comparison of the mixed models with fixed effect of climate factors for aboveground biomass of stand

模型形式 Model forms	logLik	AIC	BIC	LRT	p 值 p-value
气候因子+区域效应 Climate factors+regional effect	−109.772	229.544	237.026		
区域效应 Regional effect	−110.873	229.746	235.732	2.202	0.1378

表 4.3.13　林分地上部分生物量气候因子固定效应混合效应模型参数拟合结果

Table4.3.13　The estimation parameters of the mixed models with fixed effect of climate factors for aboveground biomass of stand

参数 Parameters	估计值 Value	标准差 Std. error	自由度 DF	t 值 t-value	p 值 p-value
a	25.9232	3.6314	28	7.139	<0.0001
$a1$	−0.2568	0.1775	28	−1.447	0.1589
b	0.4788	0.0206	28	23.210	<0.0001

2. 考虑方差协方差结构

从表 4.3.14 中可以看出，考虑方差结构后，幂函数形式的方差方程能提高模型精度，但其提高不显著（p 值为 0.0933），其模型的 logLik 值最大，AIC 值最小，因此，采用幂函数形式作为其方差方程。Gaussian、Spherical 和指数函数 3 种空间自相关方程形式均不及不考虑空间自相关的协方差结构模型。

表 4.3.14　林分地上部分生物量气候因子固定效应混合效应模型比较

Table4.3.14　The comparation of the mixed models with fixed effect of climate factors for aboveground biomass of stand

序号 No.	方差结构 Variance structure	协方差结构 Covariance structure	logLik	AIC	BIC	LRT	p 值 p-value
1	无	无	−109.772	229.544	237.026		
2	Power	无	−108.364	228.727	237.706	2.817	0.0933
3	Exponential	无	−109.335	230.671	239.650	0.873	0.3501
4	无	Gaussian	−109.772	231.544	240.523	0.0002	0.9885
5	无	Spherical	−109.772	231.544	240.523	0.0002	0.9879
6	无	Exponential	−109.772	231.544	240.523	0.0002	0.9882

由于空间自相关的协方差结构不能提高模型精度，因此仅考虑幂函数形式的方差结构进行模型拟合。通过模型比较可以看出，气候因子+区域效应+幂函数形式能提高模型精度，但差异不显著，p 值为 0.0933，且其参数 $a1$ 不显著，但该模型拟合指标较好，因此气候因子混合效应模型采用气候因子+区域效应+幂函数形式，其模型拟合结果见表 4.3.15。

4.3.1.5　模型评价与检验

从模型拟合情况看（表 4.3.16），混合效应模型的拟合精度均极显著高于一般回归模型,而混合效应模型中,增加环境因子固定效应后的模型均优于普通混合效应模型;环境因子混合效应模型中,地形因子固定效应+区域效应的混合效应模型最好,林分因子固定效应+区域效应混合模型次之,气候因子固定效应+区域效应混合模型最差。

表 4.3.15　林分地上部分生物量气候因子固定效应混合效应模型拟合结果

Table4.3.15　The estimation results of the mixed models with fixed effect of climate factors for aboveground biomass of stand

参数 Parameters	估计值 Value	标准差 Std. error	自由度 DF	t 值 t-value	p 值 p-value
a	24.2149	3.8273	28	6.327	<0.0001
b	−0.2013	0.1926	28	−1.045	0.3049
$b1$	0.4867	0.0200	28	24.720	<0.0001
logLik		−108.364			
AIC		228.727			
BIC		237.706			
区组间方差协方差矩阵 D		D=0.0149			
异方差函数值 Heteroscedasticity value		Power=1.2522			
残差 Residual error		0.0146			

表 4.3.16　林分地上部分生物量模型拟合指标比较

Table 4.3.16　The comparison of fitting indices among the models of aboveground biomass of stand

模型形式 Model forms	logLik	AIC	BIC	LRT	p 值 p-value
一般回归模型 The ordinary model	−117.471	240.941	245.431		
区域效应混合模型 Mixed model including regional effect	−108.968	227.935	235.418	17.006	0.0002
林分因子+区域效应混合模型 Mixed model including stand factors and regional effect	−106.796	225.592	234.571	21.349	0.0001
地形因子+区域效应混合模型 Mixed model including topographic factors and regional effect	−101.625	215.250	224.229	31.692	<0.0001
气候因子+区域效应混合模型 Mixed model including climate factors and regional effect	−108.364	228.727	237.706	18.214	0.0004

从模型独立性检验看(表 4.3.17),仅考虑区域效应的混合效应模型的预估精

度和绝对平均相对误差最佳,平均相对误差以林分因子+区域效应混合效应模型表现最佳,总相对误差则以地形因子+区域效应混合效应模型为优。从整体表现上看,混合效应模型均优于一般回归模型,而混合效应模型中区域效应混合效应模型具有较高的预测精度和较低的绝对平均相对误差,而其他环境因子+区域效应的模型则表现为具有较小的总相对误差和平均相对误差。

表 4.3.17 林分地上部分生物量模型检验结果比较

Table 4.3.17 The comparison of validation indices among the models of aboveground biomass of stand

模型形式 Model forms	总相对误差 RS	平均相对误差 EE	绝对平均相对误差 RMA	预估精度 P
一般回归模型 The ordinary model	3.06	2.80	6.42	94.63
区域效应混合模型 Mixed model including regional effect	0.81	0.58	2.70	97.66
林分因子+区域效应混合模型 Mixed model including stand factors and regional effect	−0.21	−0.14	3.21	97.21
地形因子+区域效应混合模型 Mixed model including topographic factors and regional effect	0.17	0.18	3.03	97.37
气候因子+区域效应混合模型 Mixed model including climate factors and regional effect	0.71	0.51	2.91	97.50

4.3.2 林分根系生物量混合效应模型

4.3.2.1 基本混合效应模型

1. 混合参数选择

在考虑所有参数不同组合下,分析不同混合参数组合模型拟合的 3 个指标值,通过比较可以看出仅选取 c 参数作为混合参数的模型效果最好。该模型与无混合参数的比较情况见表 4.3.18。

表 4.3.18 林分根系生物量模型混合参数比较

Table 4.3.18 The comparison of the mixed parameters for root biomass models of stand

混合参数 Mixed parameters	logLik	AIC	BIC	LRT	p 值 p-value
无	−125.652	259.303	266.530		
a	−121.457	252.914	261.947	8.390	0.0038

续表

混合参数 Mixed parameters	logLik	AIC	BIC	LRT	p 值 p-value
b	−121.510	253.019	262.053	8.284	0.0040
c	−120.674	251.349	260.382	9.955	0.0016
a、b	−121.457	254.914	265.754	8.390	0.0151
a、c	−120.674	253.349	264.189	9.955	0.0069
b、c	−120.674	253.349	264.189	9.955	0.0069
a、b、c	−120.674	255.349	267.995	9.955	0.0190

2. 考虑方差协方差结构

从表 4.3.19 中可以看出，考虑方差结构后，幂函数和指数函数形式的方差方程均不能显著提高模型精度，其中幂函数形式表现较好，其 logLik 值和 AIC 值均优于原模型，但 BIC 值却高于原模型。Gaussian、Spherical 和指数函数 3 种空间自相关方程形式均极显著提高原模型精度，其中 Gaussian 形式的 logLik 值较大，AIC 和 BIC 值均最小，因此，采用 Gaussian 形式作为其协方差结构。

表 4.3.19　林分根系生物量混合模型比较

Table4.3.19　The comparison of the mixed models for root biomass of stand

序号 No.	方差结构 Variance structure	协方差结构 Covariance structure	logLik	AIC	BIC	LRT	p 值 p-value
1	无	无	−120.674	251.349	260.382		
2	Power	无	−119.394	250.787	261.627	2.562	0.1095
3	Exponential	无	−119.757	251.513	262.353	1.835	0.1755
4	无	Gaussian	−110.072	232.144	242.984	21.205	<0.0001
5	无	Spherical	−112.992	237.985	248.824	15.364	0.0001
6	无	Exponential	−114.472	240.944	251.783	12.405	0.0004
7	Power	Gaussian	−109.696	233.392	246.038	21.957	<0.0001

综合考虑幂函数方差结构和 Gaussian 空间自相关后，模型也极显著优于仅考虑区域效应的模型，但该模型与仅考虑区域效应+Gaussian 相关性的模型相比时，其在 logLik 值上表现较好，但其 AIC 和 BIC 值均高于区域效应+Gaussian 形式，因此，林分根系生物量模型仅考虑协方差结构，并以区域效应+Gaussian 形式作为林分根系生物量的最终模型，其模型拟合结果见表 4.3.20。

表 4.3.20　林分根系生物量混合效应模型拟合结果

Table4.3.20　The estimation results of the mixed models for root biomass of stand

参数 Parameters	估计值 Value	标准差 Std. error	自由度 DF	t 值 t-value	p 值 p-value
a	10.5508	3.2105	29	2.286	0.0021
b	0.9564	0.0725	29	13.197	<0.0001
c	0.1394	0.1024	29	1.361	0.1811
logLik			−110.072		
AIC			233.392		
BIC			246.038		
区组间方差协方差矩阵 D			D=0.0199		
空间相关性 Spatial correlation			Range of Gaussian=1.4575		
残差 Residual error			3.8110		

4.3.2.2　考虑林分因子固定效应的混合效应模型

1. 基本模型

引入林分密度指数（SDI）和地位指数（SI）数据作为固定效应参与模型拟合，以基础混合效应模型（随机效应仅考虑 c 参数）为基础，分析不同组合的参数显著性及模型拟合指标后，选择的最佳模型形式见公式（4.3.4）。

$$y = (a + a1 \cdot \text{SDI}) \cdot G_t^b \cdot H_t^{c+uc+c1 \cdot \text{SI}} \qquad (4.3.4)$$

通过比较可以看出，林分因子混合参数模型显著优于仅考虑区域效应的混合效应模型。该模型参数 $a1$ 不显著，不过其 p 值接近 0.05（p 值为 0.0606），但其 AIC 值和 BIC 值均较高，因此仍将 $a1$ 参数及其对应变量 SDI 纳入模型之中，该模型与基础混合效应模型的拟合指标比较见表 4.3.21，模型拟合结果见表 4.3.22。

表 4.3.21　林分根系生物量林分因子固定效应混合效应模型比较

Table4.3.21　The comparation of the mixed models with fixed effect of stand factors for root biomass of stand

模型形式 Model forms	logLik	AIC	BIC	LRT	p 值 p-value
林分因子固定效应+区域效应 Stand factors+regional effect	−116.895	247.789	260.436		
区域效应 Regional effect	−120.674	251.349	260.382	7.559	0.0228

表 4.3.22　林分根系生物量林分因子固定效应混合效应模型参数拟合结果

Table4.3.22　The estimation parameters of the mixed models with fixed effect of stand factors for root biomass of stand

参数 Parameters	估计值 value	标准差 Std. error	自由度 DF	t 值 t-value	p 值 p-value
a	3.5397	1.7404	27	2.034	0.0490
$a1$	−0.0007	0.0004	27	−1.934	0.0606
b	1.8542	0.3239	27	5.725	<0.0001
c	0.7448	0.2184	27	3.410	0.0016
$c1$	−0.0108	0.0042	27	−2.607	0.0130

2. 考虑方差协方差结构

从表 4.3.23 中可以看出，考虑方差结构后，幂函数和指数函数形式的方差方程均不能提高模型精度，因此，不考虑其方差结构形式。Gaussian、Spherical 和指数函数 3 种空间自相关方程形式均极显著提高原模型精度，其中 Gaussian 形式的 logLik 值最大，AIC 和 BIC 值均较小，因此，采用 Gaussian 形式作为其协方差结构。

表 4.3.23　林分根系生物量林分因子固定效应混合效应模型比较

Table4.3.23　The comparation of the mixed models with fixed effect of stand factors for root biomass of stand

序号 No.	方差结构 Variance structure	协方差结构 Covariance structure	logLik	AIC	BIC	LRT	p 值 p-value
1	无	无	−116.895	247.789	260.436		
2	Power	无	−116.458	248.917	263.370	0.872	0.3503
3	Exponential	无	−116.436	248.871	263.324	0.918	0.3380
4	无	Gaussian	−109.969	235.938	250.391	13.852	0.0002
5	无	Spherical	−111.043	238.086	252.539	11.703	0.0006
6	无	Exponential	−112.284	240.569	255.022	9.220	0.0024
7[*]	无	Gaussian	−110.062	234.125	246.771		
8[**]	无	Gaussian	−110.622	235.245	247.891		

* 表示该模型为剔除不显著参数 $a1$ 后的模型，** 表示该模型为剔除不显著参数 $c1$ 后的模型

* is the model removing no significant parameter $a1$，** is the model removing no significant parameter $c1$

由于方差结构不能提高模型精度，因此林分因子混合效应模型仅考虑空间自相关的协方差结构。但是模型中参数 $a1$ 和 $c1$ 的 t 检验不显著，且分别剔除两参数后，均存在参数不显著的情况，不显著的参数的检验 p 值高于 0.60。而林分因子+区域效应模型尽管模型拟合精度不及进行协方差结构调整的模型，但其参数检

验均通过显著性检验，因此以林分因子+区域效应的模型作为林分因子混合效应模型（模型拟合结果见表 4.3.24）。

表 4.3.24　林分根系生物量林分因子固定效应混合效应模型拟合结果

Table4.3.24　The estimation results of the mixed models with fixed effect of stand factors for root biomass of stand

参数 Parameters	估计值 Value	标准差 Std. error	自由度 DF	t 值 t-value	p 值 p-value
a	3.5397	1.7404	27	2.034	0.0490
$a1$	−0.0007	0.0004	27	−1.934	0.0606
b	1.8542	0.3239	27	5.725	<0.0001
c	0.7448	0.2184	27	3.410	0.0016
$c1$	−0.0108	0.0042	27	−2.607	0.0130
logLik			−116.895		
AIC			247.789		
BIC			260.436		
区组间方差协方差矩阵 D			D=0.0106		
残差 Residual error			3.4170		

4.3.2.3　考虑地形因子固定效应的混合效应模型

1. 基本模型

引入坡度、坡向和海拔数据作为固定效应参与模型拟合，以基础混合效应模型（随机效应仅考虑 c 参数）为基础，分析不同组合的参数显著性及模型拟合指标，选择的最佳模型形式见公式（4.3.5），该模型与基础混合效应模型的拟合指标比较见表 4.3.25，模型拟合结果见表 4.3.26。

$$y = a \cdot G_t^{b+b1 \cdot \mathrm{GSLO}+b2 \cdot \mathrm{GASP}} \cdot H_t^{c+uc+c1 \cdot \mathrm{GASP}} \tag{4.3.5}$$

表 4.3.25　林分根系生物量地形因子固定效应混合效应模型参数比较

Table4.3.25　The comparison of the mixed models with fixed effect of topographic factors for root biomass of stand

模型形式 Model forms	logLik	AIC	BIC	LRT	p 值 p-value
地形因子+区域效应 Topographic factors+regional effect	−113.718	243.437	257.890		
区域效应 Regional effect	−120.674	251.349	260.382	13.912	0.0030

表 4.3.26　林分根系生物量地形因子固定效应混合效应模型参数拟合结果

Table4.3.26　The estimation parameters of the mixed models with fixed effect of topographic factors for root biomass of stand

参数 Parameters	估计值 Value	标准差 Std. error	自由度 DF	t 值 t-value	p 值 p-value
a	8.5618	3.9190	26	2.185	0.0353
b	0.6975	0.3498	26	1.994	0.0536
b1	−0.0700	0.0390	26	−1.797	0.0804
b2	0.1019	0.0547	26	1.862	0.0705
c	0.3543	0.1551	26	2.285	0.0282
c1	−0.0281	0.0103	26	−2.745	0.0093

2. 考虑方差协方差结构

从表 4.3.27 中可以看出，考虑方差结构后，幂函数和指数函数形式的方差方程均不能提高模型精度，因此，不考虑其误差结构形式。Gaussian、Spherical 和指数函数 3 种空间自相关方程形式均极显著提高原模型精度，其中 Gaussian 形式的 logLik 值较大，AIC 和 BIC 值均较小，因此，采用 Gaussian 形式作为其协方差结构。

表 4.3.27　林分根系生物量地形因子固定效应混合效应模型比较

Table4.3.27　The comparison of the mixed models with fixed effect of topographic factors for root biomass of stand

序号 No.	方差结构 Variance structure	协方差结构 Covariance structure	logLik	AIC	BIC	LRT	p 值 p-value
1	无	无	−113.718	243.437	257.890		
2	Power	无	−113.181	244.361	260.621	1.076	0.2997
3	Exponential	无	−113.365	244.731	260.991	0.706	0.4009
4	无	Gaussian	−108.004	234.008	250.268	11.429	0.0007
5	无	Spherical	−109.092	236.184	252.444	9.252	0.0024
6	无	Exponential	−111.333	240.667	256.927	4.770	0.0290
7	Power	Gaussian	−107.318	234.636	252.704	12.780	0.0017
8*	Power	Spherical	−107.323	232.647	248.907	12.790	0.0009

* 表示该模型为剔除不显著参数 b1 后的模型

* is the model removing no significant parameter b1

由于方差结构不能提高模型精度，但其 logLik 值较低，因此地形因子混合效应模型除考虑空间自相关的协方差结构外，仍建立地形因子+幂函数+Gaussian 模型，该模型比起仅考虑协方差结构的模型来说，其 logLik 值较低，但 AIC 和 BIC 值较高，且该模型中仅参数 b1 和 c 的 t 检验不显著（p 值分别为 0.6998 和 0.5320），

因此剔除参数 *b1* 得到新模型，该模型中除 *c* 参数外均显著，且该模型较剔除 *b1* 前的模型具有较低的 AIC 和 BIC 值。因此，以剔除 *b1* 参数后的地形因子+区域效应+幂函数+Gaussian 模型作为地形因子混合效应模型。新模型形式见公式（4.3.6），模型拟合结果见表 4.3.28。

$$y = a \cdot G_t^{b+b1 \cdot \text{GASP}} \cdot H_t^{c+uc+c1 \cdot \text{GASP}} \tag{4.3.6}$$

表 4.3.28　林分根系生物量地形因子固定效应混合效应模型拟合结果

Table4.3.28　The estimation results of the mixed models with fixed effect of topographic factors for root biomass of stand

参数 Parameters	估计值 Value	标准差 Std. error	自由度 DF	t 值 t-value	p 值 p-value
a	23.7119	6.1797	27	3.837	0.0005
b	0.5380	0.1933	27	2.784	0.0083
b1	0.0705	0.0304	27	2.318	0.0259
c	−0.0473	0.0879	27	−0.538	0.5936
c1	−0.0148	0.0057	27	−2.616	0.0127
logLik			−107.323		
AIC			232.647		
BIC			248.907		
区组间方差协方差矩阵 *D*			D=0.0002		
异方差函数值 Heteroscedasticity value			Power=1.6858		
空间自相关 Spatial correlation			Range of Gaussian=1.5924		
残差 Residual error			0.0202		

4.3.2.4　考虑气候因子固定效应的混合效应模型

1. 基本模型

引入年降雨量和年均温数据作为固定效应参与模型拟合，以基础混合效应模型（随机效应仅考虑 *c* 参数）为基础，分析不同组合的参数显著性及模型拟合指标后，选择的最佳模型形式见公式（4.3.7）。

$$y = (a + a1 \cdot \text{TEM} + a2 \cdot \text{PRE} + a3 \cdot \text{TEM} \cdot \text{PRE}) \cdot G_t^{b+b1 \cdot \text{TEM} + b2 \cdot \text{PRE} + b3 \cdot \text{TEM} \cdot \text{PRE}} \cdot H_t^{c+uc} \tag{4.3.7}$$

通过比较可以看出，气候因子混合参数模型显著优于仅考虑区域效应的混合效应模型。且其中参数 *b*、*b1*、*b2* 和 *b3* 显著性均在 0.06 左右，而高于 0.05，但其模型 AIC 和 BIC 小于其他模型，因此仍将这 4 个参数纳入模型，该模型 logLik、AIC 和 BIC 值均大于仅考虑区域效应的混合效应模型。仍以该模型为基础构建气候因子固定效应的混合效应模型，该模型与基础混合效应模型的拟合指标比较见表 4.3.29，模型拟合结果见表 4.3.30。

表 4.3.29　林分根系生物量气候因子固定效应混合效应模型比较

Table4.3.29　The comparison of the mixed models with fixed effect of climate factors for root biomass of stand

模型形式 Model forms	logLik	AIC	BIC	LRT	p 值 p-value
气候因子固定效应+区域效应 Climate factors+regional effect	−115.200	252.400	272.274		
区域效应 Regional effect	−120.674	251.349	260.382	10.948	0.0900

表 4.3.30　林分根系生物量气候因子固定效应混合效应模型参数拟合结果

Table4.3.30　The estimation parameters of the mixed models with fixed effect of climate factors for root biomass of stand

参数 Parameters	估计值 Value	标准差 Std. error	自由度 DF	t 值 t-value	p 值 p-value
a	−2125.276	1096.84	22	−1.939	0.0608
$a1$	112.066	57.772	22	1.940	0.0607
$a2$	1.1506	0.776	22	1.941	0.0607
$a3$	−0.079	0.041	22	−1.941	0.0606
b	821.254	218.628	22	3.756	0.0006
$b1$	−42.894	11.416	22	−3.757	0.0006
$b2$	−0.582	0.156	22	−3.735	0.0007
$b3$	0.030	0.008	22	3.740	0.0007
c	0.496	0.171	22	2.895	0.0066

2. 考虑方差协方差结构

从表 4.3.31 中可以看出，考虑方差结构后，幂函数和指数函数形式的方差方程均不能提高模型精度，因此，不考虑其误差结构形式。Gaussian、Spherical 和指数函数 3 种协方差结构方程均能提高模型精度，但是指数函数提高不显著，Gaussian 和 Spherical 两种空间自相关方程形式均极显著提高原模型精度，其中 Gaussian 形式的 logLik 值最大，AIC 和 BIC 值均最小；但从参数的显著性上看，Gaussian 形式的模型数据均不显著，而 Spherical 形式参数均显著。

表 4.3.31　林分根系生物量气候因子固定效应混合效应模型比较

Table4.3.31　The comparison of the mixed models with fixed effect of climate factors for root biomass of stand

序号 No.	方差结构 Variance structure	协方差结构 Covariance structure	logLik	AIC	BIC	LRT	p 值 p-value
1	无	无	−115.200	252.400	272.274		
2	Power	无	−114.785	253.571	275.251	0.830	0.3620

续表

序号 No.	方差结构 Variance structure	协方差结构 Covariance structure	logLik	AIC	BIC	LRT	p 值 p-value
3	Exponential	无	−114.788	253.577	275.257	0.824	0.3641
4	无	Gaussian	−103.555	231.109	252.789	23.291	<0.0001
5	无	Spherical	−106.916	237.831	259.511	16.569	<0.0001
6	无	Exponential	−108.473	240.946	262.626	13.454	0.0002

　　由于方差结构不能提高模型精度，因此气候因子混合效应模型仅考虑空间自相关的协方差结构。但 Gaussian 形式的协方差结构模型参数均不显著，而 Spherical 形式参数均显著，因此以气候因子+区域效应+Spherical 形式作为最终模型，其模型拟合结果见表 4.3.32。

表 4.3.32　林分根系生物量气候因子固定效应混合效应模型拟合结果

Table4.3.32　The estimation results of the mixed models with fixed effect of climate factors for root biomass of stand

参数 Parameters	估计值 Value	标准差 Std. error	自由度 DF	t 值 t-value	p 值 p-value
a	−2724.053	1256.830	22	−2.167	0.0373
$a1$	143.162	66.302	22	2.159	0.0380
$a2$	1.935	0.890	22	2.175	0.0367
$a3$	−0.101	0.047	22	−2.164	0.0376
b	629.764	206.220	22	3.054	0.0044
$b1$	−32.877	10.828	22	−3.036	0.0046
$b2$	−0.446	0.146	22	−3.050	0.0044
$b3$	0.023	0.008	22	3.038	0.0046
c	0.328	0.120	22	2.716	0.0103

logLik	−106.916
AIC	237.831
BIC	259.511
区组间方差协方差矩阵 D	D=0.0241
空间自相关 Spatial correlation	Range of Spherical=3.5726
残差 Residual error	3.0987

4.3.2.5　模型评价与检验

　　从模型拟合情况看（表 4.3.33），混合效应模型的拟合精度均极显著高于一般回归模型，而混合效应模型中，增加环境因子固定效应后的模型多优于普通混合效应模型，仅林分因子混合效应模型不及普通混合效应模型；环境因子混合效应模型中，气候因子固定效应+区域效应的混合效应模型最好，地形因子固定效应+区域效应混合模型次之，林分因子固定效应+区域效应混合模型最差。

表 4.3.33　林分根系生物量模型拟合指标比较

Table 4.3.33　The comparation of fitting indices among the models of root biomass of stand

模型形式 Model forms	logLik	AIC	BIC	LRT	p 值 p-value
一般回归模型 The ordinary model	−125.652	259.303	266.530		
区域效应混合模型 Mixed model including regional effect	−110.072	232.144	242.984	31.160	<0.0001
林分因子+区域效应混合模型 Mixed model including stand factors and regional effect	−116.895	247.789	260.436	17.514	0.0006
地形因子+区域效应混合模型 Mixed model including topographic factors and regional effect	−107.323	232.647	248.907	36.657	<0.0001
气候因子+区域效应混合模型 Mixed model including climate factors and regional effect	−106.916	237.831	259.511	37.472	<0.0001

从模型独立性检验看（表 4.3.34），林分因子+区域效应混合效应模型绝对平均相对误差和预估精度均为最佳，平均相对误差和总相对误差则以区域效应混合效应模型为优。从整体表现上看，混合效应模型中除地形因子+区域效应混合效应模型外，均优于一般回归模型，而混合效应模型中则以林分因子+区域效应混合效应模型表现最佳。

表 4.3.34　林分根系生物量模型检验结果

Table 4.3.34　The comparation of validation indices among the models of root biomass of stand

模型形式 Model forms	总相对误差 RS	平均相对误差 EE	绝对平均相对误差 RMA	预估精度 P
一般回归模型 The ordinary model	3.03	2.75	12.59	88.17
区域效应混合模型 Mixed model including regional effect	0.51	0.20	12.38	89.41
林分因子+区域效应混合模型 Mixed model including stand factors and regional effect	1.02	1.14	10.46	91.88
地形因子+区域效应混合模型 Mixed model including topographic factors and regional effect	4.78	4.28	13.28	89.59
气候因子+区域效应混合模型 Mixed model including climate factors and regional effect	−0.87	−1.20	10.76	91.37

4.3.3　林分总生物量混合效应模型

4.3.3.1　基本混合效应模型

1. 混合参数选择

在考虑所有参数不同组合下，分析不同混合参数组合模型拟合的 3 个指标值，通过比较可以看出仅选取 b 参数作为混合参数的模型效果最好。该模型与无混合参数的比较情况见表 4.3.35。

表 4.3.35　林分总生物量模型混合参数比较

Table 4.3.35　The comparation of the mixed parameters for total biomass models of stand

混合参数 Mixed parameters	logLik	AIC	BIC	LRT	p 值 p-value
无	−126.740	259.480	263.970		
a	−121.942	251.884	257.870	9.596	0.0020
b	−121.584	251.168	257.154	10.312	0.0013
a、b	−121.584	253.168	260.651	10.312	0.0058

2. 考虑方差协方差结构

从表 4.3.36 中可以看出，考虑方差结构后，幂函数和指数函数形式的方差方程不能显著提高模型精度，其中幂函数形式的 logLik 值较大，AIC 值较小，但其 BIC 值却高于仅考虑区域效应的模型。Gaussian、Spherical 和指数函数 3 种空间自相关方程形式均不及原模型。

表 4.3.36　林分总生物量混合模型比较

Table4.3.36　The comparation of the mixed models for total biomass of stand

序号 No.	方差结构 Variance structure	协方差结构 Covariance structure	logLik	AIC	BIC	LRT	p 值 p-value
1	无	无	−121.584	251.168	257.154		
2	Power	无	−120.277	250.554	258.037	2.614	0.1059
3	Exponential	无	−121.019	252.038	259.520	1.131	0.2877
4	无	Gaussian	−121.584	253.168	260.651	0.0002	0.9883
5	无	Spherical	−121.584	253.168	260.651	0.0003	0.9872
6	无	Exponential	−121.584	253.168	260.651	0.0002	0.9889

　　由于不考虑其协方差结构，因此仅考虑幂函数形式的方差结构（模型差异性检验 $p=0.1059$），并以考虑区域效应+幂函数的模型为林分总生物量的区域效应混合模型，其模型拟合结果见表 4.3.37。

表 4.3.37　林分总生物量混合效应模型拟合结果
Table4.3.37　The estimation results of the mixed models for total biomass of stand

参数 Parameters	估计值 Value	标准差 Std. error	自由度 DF	t 值 t-value	p 值 p-value
a	24.8721	1.8843	29	13.200	<0.0001
b	0.4843	0.0225	29	21.510	<0.0001
logLik			−120.277		
AIC			250.554		
BIC			258.037		
区组间方差协方差矩阵 D			$D=0.0129$		
异方差函数值 Heteroscedasticity value			Power=1.0232		
残差 Residual error			0.0534		

4.3.3.2　考虑林分因子固定效应的混合效应模型

1. 基本模型

　　引入林分密度指数（SDI）和地位指数（SI）数据作为固定效应参与模型拟合，以基础混合效应模型（随机效应仅考虑 b 参数）为基础，分析不同组合的参数显著性及模型拟合指标后，选择的最佳模型形式见公式（4.3.8），该模型与基础混合效应模型的拟合指标比较见表 4.3.38，模型拟合结果见表 4.3.39。

$$y = (a + a1 \cdot \mathrm{SI}) \cdot (G_t^2 \cdot H_m)^{b+ub} \tag{4.3.8}$$

表 4.3.38　林分总生物量林分因子固定效应混合效应模型比较
Table4.3.38　The comparison of the mixed models with fixed effect of stand factors for total
biomass of stand

模型形式 Model forms	logLik	AIC	BIC	LRT	p 值 p-value
林分因子固定效应+区域效应 Stand factors+regional effect	−121.441	252.822	260.305		
区域效应 Regional effect	−121.584	251.168	257.154	0.346	0.5565

表 **4.3.39**　林分总生物量林分因子固定效应混合效应模型参数拟合结果
Table4.3.39　The estimation parameters of the mixed models with fixed effect of stand factors for total biomass of stand

参数 Parameters	值 Value	标准差 Std. error	自由度 DF	t 值 t-value	p 值 p-value
a	23.6466	3.4969	28	6.762	<0.0001
$a1$	0.0964	0.1711	28	0.563	0.5777
b	0.4823	0.0237	28	20.396	<0.0001

2. 考虑方差协方差结构

从表 4.3.40 中可以看出，考虑方差结构后，指数函数和幂函数形式的模型能提高模型精度，但其 LRT 检验不显著（p 值分别为 0.0677 和 0.1985），而其中幂函数形式的模型 logLik 值最大，AIC 和 BIC 值均较小，且其模型差异性检验的 p 值接近 0.05，因此，采用幂函数形式作为其方差方程。Gaussian、Spherical 和指数函数 3 种空间自相关方程形式均不能提高模型精度，其中三者的 logLik 值均大于原模型，但其 AIC 和 BIC 值也较大，因此，不考虑其协方差结构。

表 **4.3.40**　林分总生物量林分因子固定效应混合效应模型比较
Table4.3.40　The comparison of the mixed models with fixed effect of stand factors for total biomass of stand

序号 No.	方差结构 Variance structure	协方差结构 Covariance structure	logLik	AIC	BIC	LRT	p 值 p-value
1	无	无	−121.584	251.168	257.154		
2	Power	无	−119.742	251.483	260.462	3.339	0.0677
3	Exponential	无	−120.584	253.169	262.148	1.653	0.1985
4	无	Gaussian	−121.411	254.822	263.802	0.230	0.6319
5	无	Spherical	−121.411	254.823	263.802	0.230	0.6314
6	无	Exponential	−121.411	254.822	263.801	0.0001	0.9915

由于不考虑协方差结构，模型仅考虑幂函数的方差结构，且各参数的检验均显著。因此，以综合考虑林分因子+区域效应+幂函数的模型为林分因子影响的区域效应混合模型，其模型拟合结果见表 4.3.41。

表 **4.3.41**　林分总生物量林分因子固定效应混合效应模型拟合结果
Table4.3.41　The estimation results of the mixed models with fixed effect of stand factors for total biomass of stand

参数 Parameters	估计值 Value	标准差 Std. error	自由度 DF	t 值 t-value	p 值 p-value
a	22.4280	3.2682	28	6.862	<0.0001
$a1$	0.1568	0.1801	28	0.870	0.3913

续表

参数 Parameters	估计值 Value	标准差 Std. error	自由度 DF	t 值 t-value	p 值 p-value
b	0.4849	0.0224	28	21.635	＜0.0001
logLik			−119.742		
AIC			251.483		
BIC			260.462		
区组间方差协方差矩阵 D			D=0.0129		
异方差函数值 Heteroscedasticity value			Power=1.1313		
残差 Residual error			0.0307		

4.3.3.3　考虑地形因子固定效应的混合效应模型

1. 基本模型

引入坡度、坡向和海拔等级数据作为固定效应参与模型拟合，以基础混合效应模型（随机效应仅考虑 b 参数）为基础，分析不同组合的参数显著性及模型拟合指标，选择的最佳模型形式见公式（4.3.9）。该模型与基础混合效应模型的拟合指标比较见表 4.3.42，模型拟合结果见表 4.3.43。

$$y = (a + a1 \cdot \text{GALT}) \cdot (G_t^2 \cdot H_m)^{b+ub} \tag{4.3.9}$$

表 4.3.42　林分总生物量地形因子固定效应混合效应模型比较

Table 4.3.42　The comparation of the mixed models with fixed effect of topographic factors for total biomass of stand

模型形式 Model forms	logLik	AIC	BIC	LRT	p 值 p-value
地形因子+区域效应 Topographic factors+regional effect	−117.858	245.716	253.198		
区域效应 Regional effect	−121.584	251.168	257.154	7.452	0.0063

表 4.3.43　林分总生物量地形因子固定效应混合效应模型参数拟合结果

Table 4.3.43　The estimation parameters of the mixed models with fixed effect of topographic factors for total biomass of stand

参数 Parameters	估计值 Value	标准差 Std. error	自由度 DF	t 值 t-value	p 值 p-value
a	33.7067	2.9650	28	11.368	＜0.0001
$a1$	−1.0236	0.2639	28	−3.879	0.0006
b	0.4351	0.0187	28	23.252	＜0.0001

2. 考虑方差协方差结构

从表 4.3.44 中可以看出，考虑方差结构后，幂函数和指数函数形式的方差方程均能提高模型精度，但仅幂函数形式的方差结构方程能显著提高模型精度。指数函数、Gaussian 和 Spherical 3 种空间自相关方程形式均不及不考虑协方差结构的模型。

表 4.3.44　林分总生物量地形因子固定效应混合效应模型比较

Table4.3.44　The comparation of the mixed models with fixed effect of topographic factors for total biomass of stand

序号 No.	方差结构 Variance structure	协方差结构 Covariance structure	logLik	AIC	BIC	LRT	p 值 p-value
1	无	无	−117.858	245.716	253.198		
2	Power	无	−115.600	243.200	252.179	4.516	0.0336
3	Exponential	无	−116.313	244.625	253.604	3.090	0.0788
4	无	Gaussian	−117.858	247.716	256.695	0.000	0.9874
5	无	Spherical	−117.858	247.716	256.695	0.000	0.9887
6	无	Exponential	−117.858	247.716	256.695	0.000	0.9885

由于协方差结构不能提高模型精度，因此仅考虑幂函数形式的方差结构模型，且模型的各参数均显著，因此采用地形因子+区域效应+幂函数的形式的地形因子模型作为最终模型，其模型拟合结果见表 4.3.45。

表 4.3.45　林分总生物量地形因子固定效应混合效应模型拟合结果

Table4.3.45　The estimation results of the mixed models with fixed effect of topographic factors for total biomass of stand

参数 Parameters	估计值 Value	标准差 Std. error	自由度 DF	t 值 t-value	p 值 p-value
a	31.4282	2.7571	28	11.399	<0.0001
$a1$	−0.8589	0.2471	28	−3.476	0.0017
b	0.4501	0.0194	28	23.202	<0.0001
logLik			−115.600		
AIC			243.200		
BIC			252.179		
区组间方差协方差矩阵 D			$D=4.1774×10^{-8}$		
异方差函数值 Heteroscedasticity value			Power=1.1488		
残差 Residual error			0.0273		

4.3.3.4　考虑气候因子固定效应的混合效应模型

1. 基本模型

引入年降雨量和年均温数据作为固定效应参与模型拟合，以基础混合效应模型（随机效应仅考虑 b 参数）为基础，分析不同组合的参数显著性及模型拟合指标后，选择的最佳模型形式见公式（4.3.10）。该模型与基础混合效应模型的拟合指标比较见表 4.3.46，模型拟合结果见表 4.3.47。

$$y = a \cdot (G_t^2 \cdot H_m)^{b+ub+b1 \cdot \mathrm{TEM}+b2 \cdot \mathrm{PRE}} \qquad (4.3.10)$$

表 4.3.46　林分总生物量气候因子固定效应混合效应模型比较

Table4.3.46　The comparison of the mixed models with fixed effect of climate factors for total biomass of stand

模型形式 Model forms	logLik	AIC	BIC	LRT	p 值 p-value
气候因子+区域效应 Climate factors+regional effect	−119.959	251.917	260.897		
区域效应 Regional effect	−121.584	251.168	257.154	3.251	0.1969

表 4.3.47　林分总生物量气候因子固定效应混合效应模型参数拟合结果

Table4.3.47　The estimation parameters of the mixed models with fixed effect of climate factors for total biomass of stand

参数 Parameters	估计值 Value	标准差 Std. error	自由度 DF	t 值 t-value	p 值 p-value
a	25.2988	2.0623	27	12.267	<0.0001
b	0.4076	0.1016	27	4.011	0.0004
$b1$	−0.0039	0.0027	27	−1.423	0.1661
$b2$	0.0001	0.0001	27	1.385	0.1774

2. 考虑方差协方差结构

从表 4.3.38 中可以看出，考虑方差结构后，幂函数和指数函数形式的方差方程在 logLik 值上有所升高，其中幂函数形式表现较好，且其 AIC 较低，但 BIC 值较高，模型与气候因子+区域效应模型差异也不显著（p 值为 0.1288）。考虑空间自相关的协方差结构的模型拟合表现均不及原模型。

表 4.3.48　林分总生物量气候因子固定效应混合效应模型比较

Table4.3.48　The comparison of the mixed models with fixed effect of climate factors for total biomass of stand

序号 No.	方差结构 Variance structure	协方差结构 Covariance structure	logLik	AIC	BIC	LRT	p 值 p-value
1	无	无	−119.959	251.917	260.897		
2	Power	无	−118.802	251.603	262.079	2.314	0.1288
3	Exponential	无	−119.526	253.052	263.528	0.866	0.3522
4	无	Gaussian	−119.959	253.918	264.393	3.250	0.3546
5	无	Spherical	−119.959	253.918	264.393	3.250	0.3546
6	无	Exponential	−119.959	253.918	264.393	3.250	0.3546

　　由于空间自相关的协方差结构不及原模型，因此仅考虑幂函数形式的方差结构模型。气候因子+区域效应+幂函数形式表现最佳，但其 b1 和 b2 参数的 t 检验不显著，p 值分别为 0.1627 和 0.1472，但是该模型拟合评价指标较好，因此仍然考虑加入该变量。以该模型作为气候因子混合效应模型的最终模型，其模型拟合结果见表 4.3.49。

表 4.3.49　林分总生物量气候因子固定效应混合效应模型拟合结果

Table4.3.49　The comparison of the mixed models with fixed effect of climate factors for total biomass of stand

参数 Parameters	估计值 Value	标准差 Std. error	自由度 DF	t 值 t-value	p 值 p-value
a	24.5906	1.8486	27	13.302	<0.0001
b	0.3859	0.1165	27	3.310	0.0027
b1	−0.0048	0.0033	27	−1.435	0.1627
b2	0.0001	0.0001	27	1.510	0.1427
logLik			−118.802		
AIC			251.603		
BIC			262.079		
区组间方差协方差矩阵 D			D=0.0121		
异方差函数值 Heteroscedasticity value			Power=1.0344		
残差 Residual error			0.0484		

4.3.3.5　模型评价与检验

　　从模型拟合情况看（表 4.3.50），混合效应模型的拟合精度均极显著高于一般回归模型，而混合效应模型中，增加环境因子固定效应后的模型中仅地形因子模型在各项指标上均优于普通混合效应模型；林分因子和气候因子的混合效应模型虽然具有较大的 logLik 值，但其 AIC 和 BIC 值均高于普通混合效应模型。环境因子混合效应模型中，地形因子+区域效应的混合效应模型最好，气候因子模型较林分因子模型具有较高的 logLik 值，但其 AIC 和 BIC 值均较高。

表 4.3.50　林分总生物量模型拟合指标比较

Table 4.3.50　The comparison of fitting indices among the models of total biomass of stand

模型形式 Model forms	logLik	AIC	BIC	LRT	p 值 p-value
一般回归模型 The ordinary model	−126.740	259.480	263.970		
区域效应混合模型 Mixed model including regional effect	−120.277	250.554	258.037	12.926	0.0016
林分因子+区域效应混合模型 Mixed model including stand factors and regional effect	−119.742	251.483	260.462	13.997	0.0029
地形因子+区域效应混合模型 Mixed model including topographic factors and regional effect	−115.600	243.200	252.179	22.281	0.0001
气候因子+区域效应混合模型 Mixed model including climate factors and regional effect	−118.802	251.603	262.079	15.877	0.0032

　　从模型独立性检验看（表 4.3.51），区域效应混合效应模型绝对平均相对误差和预估精度均为最佳，平均相对误差和总相对误差则以林分因子+区域效应混合效应模型为优。从整体表现上看，混合效应模型均优于一般回归模型，而混合效应模型中则以林分因子+区域效应混合效应模型和区域效应混合模型表现较好。

表 4.3.51　林分总生物量模型检验结果

Table 4.3.51　The comparison of validation indices among the models of total biomass of stand

模型形式 Model forms	总相对误差 RS	平均相对误差 EE	绝对平均相对误差 RMA	预估精度 P
一般回归模型 The ordinary model	3.39	3.08	5.91	94.24
区域效应混合模型 Mixed model including regional effect	0.64	0.56	3.75	96.87
林分因子+区域效应混合模型 Mixed model including stand factors and regional effect	0.11	0.12	4.00	96.68
地形因子+区域效应混合模型 Mixed model including topographic factors and regional effect	0.87	0.84	4.14	96.32
气候因子+区域效应混合模型 Mixed model including climate factors and regional effect	0.53	0.53	4.15	96.26

4.4　讨　　论

4.4.1　关于模型的方差和协方差结构

　　从模型的方差和协方差结构形式看，考虑方差和协方差结构多能提高模型精度，且多以仅考虑方差结构提高精度的模型为多（15 个）；仅考虑协方差结构提高精度的次之（5 个）；考虑方差与协方差结构均能提高精度的模型和考虑方差与协方差结构均不能提高精度的模型均为 2 个；且方差结构函数以幂函数形式为多，协方差结构形式则主要是 Gaussian 形式。

　　考虑方差结构和协方差结构均能提高模型精度的仅有考虑地形因子固定效应的乔木层根系及林分根系生物量混合效应模型 2 个；考虑方差结构和协方差结构均不能提高模型精度的模型有考虑林分因子固定效应的林分根系混合效应模型和考虑气候因子固定效应的乔木层总生物量混合效应模型 2 个；仅考虑方差结构能提高模型精度的模型有 15 个，分别为乔木层地上部分生物量模型（4 个）、林分地上部分生物量模型（4 个）和林分总生物量模型（4 个）中的所有模型，除考虑气候因子固定效应混合效应模型外的其余乔木层总生物量模型（3 个）；仅考虑协方差结构能提高模型精度的模型有 5 个，分别为除考虑地形因子固定效应混合效应模型外的 3 个乔木层根系生物量模型（3 个），以及除考虑地形因子和林分因子固定效应外的林分根系生物量模型（2 个）。

4.4.2　关于模型拟合及独立性检验分析

　　本研究在林分水平上，分别构建了乔木层地上、根系和总生物量模型，以及林分地上、根系和总生物量模型，其中考虑区域效应的随机效应模型均能显著提高一般回归模型的精度，考虑环境因子固定效应的区域效应混合效应模型拟合指标也均优于一般回归模型，说明在林分水平上考虑混合效应可以提高模型精度，这与 Pearce 等（2010）对新西兰灌丛薪炭林的生物量混合模型构建中的结论一致。

　　考虑环境因子固定效应的区域效应混合效应模型在 logLik 值上多优于普通混合效应模型（气候因子固定效应的乔木层根系区域效应混合效应模型和林分因子固定效应的乔木层地上区域效应模型除外），其中地形因子固定效应的林分总生物量混合效应模型、林分因子固定效应和地形因子固定效应的林分地上部分生物量混合效应模型、地形因子固定效应和气候因子固定效应的乔木层总生物量混合效应模型、地形因子固定效应的乔木层根系生物量混合效应模型中 AIC 和 BIC 值也较低，但其余模型的 AIC 和 BIC 值则高于普通区域效应模型。

　　3 个环境因子固定效应的各维量混合效应模型中，地形因子固定效应的区域混合效应模型表现最好，其中乔木层地上部分生物量地形因子固定效应的区域效应混合效应模型的 logLik 值不及气候因子固定效应混合模型，但其 AIC 和 BIC 值均最低；林分根系生物量地形因子固定效应的区域效应混合模型是 3 个环境因子固定效应混合效应模型中 AIC 和 BIC 值最低的；林分地上部分生物量中以气候因子固定效应模型最差，其余维量均以林分因子固定效应混合模型最差。

　　从模型独立性检验看，各维量的生物量模型的区域效应模型中，除地形因子固定效应的林分根系混合效应模型，乔木层根系的普通混合效应模型和气候因子固定效应的混合效应模型 3 个模型外，其余模型均优于一般回归模型；考虑环境因子固定效应的混合效应模型与普通区域效应混合模型相比，各个维量模型的独立性检验指标表现不一，但总体上来说差异不大。

　　综合考虑模型拟合和独立性检验指标，除林分根系生物量选择普通区域效应混合模型外，其余维量均选择地形因子固定效应的混合效应模型。

4.5　小　　结

　　考虑区域效应，采用非线性混合效应模型构建思茅松林乔木层地上部分生物量、根系生物量和总生物量混合效应模型，构建林分地上部分生物量、根系生物量和总生物量的混合效应模型，并分别构建各维量的林分因子、地形因子和气候因子灵敏的混合效应模型。

　　（1）从混合参数的情况看。乔木层根系生物量和林分总根系生物量模型的混合参数为 c，即林分优势高的幂函数值；而其余模型均为 b，即 $G_t^2 H_m$ 的幂函数值。

　　（2）从模型的方差和协方差结构形式看。考虑方差和协方差结构多能提高模型精度，且以仅考虑方差结构提高精度的模型为多（15 个）；仅考虑协方差结构提高精度的次之（5 个）；考虑方差与协方差结构均能提高精度的模型和考虑方差与协方差结构均不能提高精度的模型均为 2 个；且方差结构函数以幂函数形式为多，协方差结构形式则主要是 Gaussian 形式。

　　（3）考虑环境因子固定效应后的混合效应模型多能提高模型拟合及预估精度。

　　（4）各维量预估模型选择。综合考虑模型拟合和独立性检验指标，除林分根系生物量选择普通区域效应混合模型外，其余维量均选择地形因子固定效应的混合效应模型。

第 5 章　林分生物量扩展因子及根茎比模型构建

5.1　林分生物量扩展因子模型构建

5.1.1　基本模型选型

所有 BEF 维量表现最佳的模型公式列入表 5.1.1，并以这些模型为基础构建各维量 BEF 基本模型及环境灵敏型模型。

表 5.1.1　林分 BEF 最佳基本模型参数表

Table 5.1.1　The parameters of the best basic models of biomass expansion factors（BEF）for the components of stands

维量 Components	模型 Model	a	b	R^2
木材生物量 Wood biomass	$y = a \cdot H_m^b$	0.5201	0.1782	0.9994
树枝生物量 Branch biomass	$y = a \cdot H_m^b$	0.1951	−0.0416	0.9456
树叶生物量 Leaf biomass	$y = a \cdot H_m^b$	7.0349	−1.8036	0.9693
乔木层地上部分生物量 Aboveground biomass of tree layer	$y = a \cdot H_m^b$	1.5124	−0.0756	0.9983
乔木层根系生物量 Root biomass of tree layer	$y = a \cdot H_m^b$	1.3915	−0.6305	0.9756
乔木层总生物量 Total biomass of tree layer	$y = a \cdot H_m^b$	2.3157	−0.1636	0.9968
林分地上部分生物量 Aboveground biomass of stand	$y = a \cdot H_m^b$	1.8058	−0.1197	0.9971
林分根系生物量 Root biomass of stand	$y = a \cdot H_m^b$	1.4200	−0.6137	0.9772
林分总生物量 Total biomass of stand	$y = a \cdot H_m^b$	2.7071	−0.1995	0.9957

5.1.2　木材生物量 BEF 模型构建

5.1.2.1　基本模型构建

从表 5.1.2 中可以看出，考虑方差结构，指数函数形式的模型不能收敛，幂函数形式的方差方程显著不及原模型。考虑空间自相关的协方差结构后，Gaussian、Spherical 和指数函数 3 种空间自相关方程模型均能极显著提高模型精度，其中以指数形式的模型在 logLik 值最高，AIC 和 BIC 值最低；Spherical 形式的模型次之，Gaussian 形式较差。

表 5.1.2　木材生物量 BEF 模型比较

Table 5.1.2　The comparation of wood BEF models

序号 No.	方差结构 Variance structure	协方差结构 Covariance structure	logLik	AIC	BIC	LRT	p 值 p-value
1	无	无	81.082	−156.163	−151.674		
2	Power	无	78.252	−148.504	−142.518	5.659	0.0174
3	Exponential	无		不能收敛 No convergence			
4	无	Gaussian	85.398	−162.796	−156.810	8.633	0.0033
5	无	Spherical	85.647	−163.294	−157.308	9.130	0.0025
6	无	Exponential	85.815	−163.629	−157.643	9.466	0.0021

由于考虑方差结构不能显著提高模型精度，因此仅考虑协方差结构的模型，且指数函数形式的协方差结构模型极显著提高模型精度，模型拟合结果见表 5.1.3。

表 5.1.3　木材生物量 BEF 模型拟合参数情况表

Table 5.1.3　The estimation parameters of wood BEF models

模型形式 Model forms	a	b
一般回归模型 The ordinary model	0.5201±0.0254	0.1782±0.0175
考虑协方差结构的回归模型 The model considering the covariance structure	0.5462±0.0340	0.1604±0.0221

5.1.2.2　林分因子影响的 BEF 模型

1. 基本模型

将林分因子变量引入模型中，考虑模型显著性及拟合指标后，得出含林分因子的木材生物量 BEF 基本模型，该模型与一般回归模型相比差异性检验显著（表 5.1.4）。其模型公式为

$$y = (a + a1 \cdot \text{SDI} + a2 \cdot \text{SI}) \cdot H_m^{b+b1 \cdot \text{SDI}+b2 \cdot \text{SI}} \tag{5.1.1}$$

表 5.1.4　含林分因子的木材生物量 BEF 模型与一般回归模型比较

Table 5.1.4　The comparison between the ordinary model and the model including stand factors for wood BEF

模型形式 Model forms	logLik	AIC	BIC	LRT	p 值 p-value
一般回归模型 The ordinary model	81.082	−156.163	−151.674		
含林分因子回归模型 The model including stand factors	95.574	−177.147	−166.672	28.984	<0.0001

2. 方差协方差结构分析

从表 5.1.5 可以看出，考虑方差结构，指数函数形式的模型不能收敛，幂函数形式的方差方程不能显著提高模型精度。考虑空间自相关的协方差结构后，Gaussian、Spherical 和指数函数 3 种空间自相关方程模型均不能显著提高模型精度，尤其是 Spherical 形式极显著不及原模型，而其余模型中仅 Gaussian 形式的 logLik 值大于原模型，AIC 值小于原模型外，其余指标均不及原模型。

表 5.1.5　含林分因子的木材生物量 BEF 模型比较

Table 5.1.5　The comparison of wood BEF models including stand factors

序号 No.	方差结构 Variance structure	协方差结构 Covariance structure	logLik	AIC	BIC	LRT	p 值 p-value
1	无	无	95.574	−177.147	−166.672		
2	Power	无	95.536	−175.072	−163.100	0.075	0.7842
3	Exponential	无	不能收敛 No convergence				
4	无	Gaussian	97.223	−178.446	−166.474	3.299	0.0693
5	无	Spherical	95.856	−175.712	−163.740	0.564	0.4525
6	无	Exponential	96.697	−177.393	−165.421	2.246	0.1339

考虑方差和协方差结构后模型精度均未显著提高，但考虑 Gaussian 协方差结构的模型具有较优的 logLik 值和 AIC 值，其 BIC 值略高于原模型，因此以考虑 Gaussian 协方差结构的模型作为最终模型，其模型拟合结果见表 5.1.6。

表 5.1.6　含林分因子的木材生物量 BEF 模型拟合参数表

Table 5.1.6　The estimation parameters of wood BEF model including stand factors

	参数 Parameters					
	a	$a1$	$a2$	b	$b1$	$b2$
估计值 Value	0.1268	0.0001	0.0202	0.3777	−0.0001	−0.0103
标准差 Std. error	0.0824	0.0000	0.0061	0.0445	0.0000	0.0031
t 值 t-value	1.540	3.876	3.294	8.490	−3.879	−3.310
p 值 p-value	0.1352	0.0006	0.0028	<0.0001	0.0006	0.0027

5.1.2.3　地形因子影响的 BEF 模型

1. 基本模型

　　将地形因子变量引入模型中，考虑模型显著性及拟合指标后，得出含地形因子的木材生物量 BEF 基本模型。该模型在拟合指标上均优于不考虑地形因子的一般回归模型，且二者之间的差异性检验显著。该模型与一般回归模型的拟合指标比较见表 5.1.17，模型形式见公式（5.1.2）。

表 5.1.7　含地形因子的木材生物量 BEF 基本模型拟合比较

Table 5.1.7　The comparison between the ordinary model and the model including topographic factors for wood BEF

模型形式 Model forms	logLik	AIC	BIC	LRT	p 值 p-value
一般回归模型 The ordinary model	81.082	−156.163	−151.674		
含地形因子回归模型 The model including topographic factors	83.273	−158.545	−152.559	4.382	0.0363

$$y = a \cdot H_m^{b+b1 \cdot \text{GASP}} \qquad (5.1.2)$$

2. 方差协方差结构分析

　　从表 5.1.8 可以看出，考虑方差结构，幂函数和指数函数形式的模型不能显著提高模型精度，且两个模型除 logLik 值较大外，AIC 和 BIC 值都高于原模型。考虑空间自相关的协方差结构后，Gaussian、Spherical 和指数函数 3 种空间自相关方程模型均能极显著提高模型精度，其中以 Spherical 形式表现最佳，指数函数形式次之，Gaussian 形式最差。

表 5.1.8　含地形因子的木材生物量 BEF 模型比较

Table 5.1.8　The comparison of wood BEF models including topographic factors

序号 No.	方差结构 Variance structure	协方差结构 Covariance structure	logLik	AIC	BIC	LRT	p 值 p-value
1	无	无	83.273	−158.545	−152.559		
2	Power	无	84.032	−158.064	−150.581	1.519	0.2178
3	Exponential	无	83.554	−157.107	−149.625	0.562	0.4535
4	无	Gaussian	86.737	−163.474	−155.992	6.929	0.0085
5	无	Spherical	86.841	−163.681	−156.199	7.136	0.0076
6	无	Exponential	86.753	−163.506	−156.024	6.961	0.0083

由于考虑方差结构后模型精度均未显著提高，而考虑 Spherical 形式的协方差结构的模型能极显著提高模型精度，因此以该模型为最终模型，其模型拟合结果见表 5.1.9。

表 5.1.9　含地形因子的木材生物量 BEF 模型拟合参数情况表
Table 5.1.9　The estimation parameters of wood BEF model including topographic factors

	参数 Parameters		
	a	*b*	*b1*
估计值 Value	0.5179	0.1753	0.0008
标准差 Std. error	0.0294	0.0198	0.0005
t 值 *t*-value	17.640	8.849	1.498
p 值 *p*-value	<0.0001	<0.0001	0.1447

5.1.2.4　气候因子影响的 BEF 模型

将年降雨量和年均温代入模型后，不同参数组合的模型参数 *t* 检验均不显著，因此不构建气候因子的 BEF 模型。

5.1.2.5　模型评价及检验

从模型拟合情况看（表 5.1.10），含林分因子的回归模型和含地形因子的回归模型均极显著优于一般回归模型；含林分因子的回归模型表现最好，含地形因子的回归模型在 logLik 值和 AIC 值上均优于考虑协方差的基本模型，但其 BIC 值略高。

表 5.1.10　木材生物量 BEF 模型拟合指标比较
Table 5.1.10　The comparation of fitting indices among the wood BEF models

模型形式 Model forms	logLik	AIC	BIC	LRT	*p* 值 *p*-value
一般回归模型 The ordinary model	81.082	−156.163	−151.674		
考虑协方差结构的回归模型 The model considering the covariance structure	85.815	−163.629	−157.643	9.466	0.0021
含林分因子的回归模型 The model including stand factors	97.223	−178.446	−166.474	32.279	<0.0001
含地形因子的回归模型 The model including topographic factors	86.841	−163.681	−156.199	11.514	0.0032

从模型独立性检验看（表 5.1.11），一般回归模型具有最高的预估精度，而考

虑地形因子的模型在总相对误差、平均相对误差和绝对平均相对误差上表现均为最好；含林分因子的回归模型各项指标均最差。

表 5.1.11　木材生物量 BEF 模型检验结果

Table 5.1.11　The comparison of validation indices among the wood BEF models

模型形式 Model forms	总相对误差 RS	平均相对误差 EE	绝对平均相对误差 RMA	预估精度 P
一般回归模型 The ordinary model	0.32	0.31	1.99	98.38
考虑协方差结构的回归模型 The model considering the covariance structure	0.29	0.27	2.06	98.34
含林分因子的回归模型 The model including stand factors	30.43	30.68	30.68	88.80
含地形因子的回归模型 The model including topographic factors	0.08	0.07	1.98	98.28

5.1.3　树枝生物量 BEF 模型构建

5.1.3.1　基本模型构建

从表 5.1.12 中可以看出，考虑方差结构后，指数函数形式的模型不能收敛，幂函数形式的方差方程不能显著提高模型精度。考虑空间自相关的协方差结构后，Gaussian、Spherical 和指数函数 3 种空间自相关方程模型中 Gaussian 形式的模型不能收敛，另两个模型均不能显著提高模型精度，但其中以 Spherical 形式的模型在 logLik 值最高，AIC 值最低，但 BIC 值较高。

表 5.1.12　树枝生物量 BEF 模型比较

Table 5.1.12　The comparison of branch BEF models

序号 No.	方差结构 Variance structure	协方差结构 Covariance structure	logLik	AIC	BIC	LRT	p 值 p-value
1	无	无	58.028	−110.056	−105.566		
2	Power	无	58.002	−110.003	−104.017	1.948	0.1629
3	Exponential	无	不能收敛 No convergence				
4	无	Gaussian	不能收敛 No convergence				
5	无	Spherical	59.528	−111.056	−105.070	3.000	0.0832
6	无	Exponential	59.378	−110.755	−104.769	2.700	0.1004

由于考虑方差结构不能显著提高模型精度，因此仅考虑协方差结构的模型，且

Spherical 函数形式的协方差结构模型能提高模型精度，模型拟合结果见表 5.1.13。

表 5.1.13　树枝生物量 BEF 模型拟合参数表

Table 5.1.13　The estimation parameters of the ordinary model and the model considering the correlation structure for branch BEF

模型形式 Model forms	a	b
一般回归模型 The ordinary model	0.1951±0.0928	−0.0416±0.1721
考虑协方差结构的回归模型 The model considering the covariance structure	0.1868±0.1012	−0.0270±0.1955

5.1.3.2　林分因子影响的 BEF 模型

1. 基本模型

将林分因子变量引入模型中，考虑模型显著性及拟合指标后，得出含林分因子的树枝生物量 BEF 基本模型，该模型与一般回归模型相比差异性检验不显著，该模型具有较高的 logLik 值和较低的 AIC 值，但 BIC 值却较高。该模型与一般回归模型的拟合指标比较见表 5.1.14，模型形式见公式（5.1.3）。

表 5.1.14　含林分因子的树枝生物量 BEF 基本模型比较

Table 5.1.14　The comparison between the ordinary model and the model including stand factors for branch BEF

模型形式 Model forms	logLik	AIC	BIC	LRT	p 值 p-value
一般回归模型 The ordinary model	58.028	−110.056	−105.566		
含林分子回归模型 The model including stand factors	60.381	−110.762	−103.280	4.707	0.0950

$$y = (a + a1 \cdot \text{SDI}) \cdot H_m^{b+b1 \cdot \text{SDI}} \qquad (5.1.3)$$

2. 方差协方差结构分析

从表 5.1.15 可以看出，考虑方差结构，幂函数和指数函数形式的方差方程均不能显著提高模型精度，且除 logLik 值较大外，其余指标均不及不考虑方差结构的原模型。考虑空间自相关的协方差结构后，Gaussian、Spherical 和指数函数 3 种空间自相关方程模型均不能显著提高模型精度，且指标均不及原模型。

由于考虑方差和协方差结构后模型精度均不及原模型，因此仅考虑林分因子的一般回归模型作为其最终模型，其模型拟合结果见表 5.1.16。

表 5.1.15　含林分因子的树枝生物量 BEF 模型比较

Table 5.1.15　The comparison of branch BEF models including stand factors

序号 No.	方差结构 Variance structure	协方差结构 Covariance structure	logLik	AIC	BIC	LRT	p 值 p-value
1	无	无	60.381	−110.762	−103.280		
2	Power	无	60.436	−108.872	−99.893	0.110	0.7407
3	Exponential	无	60.414	−108.827	−99.848	0.065	0.7993
4	无	Gaussian	不能收敛 No convergence				
5	无	Spherical	60.053	−108.106	−99.127	0.656	0.4180
6	无	Exponential	59.880	−107.761	−98.782	1.002	0.3169

表 5.1.16　含林分因子的树枝生物量 BEF 模型拟合参数情况表

Table 5.1.16　The estimation parameters of branch BEF model including stand factors

	参数 Parameters			
	a	$a1$	b	$b1$
估计值 Value	0.7559	−0.0002	−0.8753	0.0003
标准差 Std.error	0.4932	0.0001	0.3583	0.0001
t 值 t-value	1.533	−1.450	−2.443	3.490
p 值 p-value	0.1362	0.1579	0.0209	0.0016

5.1.3.3　地形因子影响的 BEF 模型

1. 基本模型

将地形因子变量引入模型中，考虑模型参数显著性及拟合指标后，得出含地形因子的树枝生物量 BEF 基本模型。该模型在拟合指标上除 BIC 略高外，另两个均优于不考虑地形因子的一般回归模型。该模型与一般回归模型的拟合指标比较见表 5.1.17，模型形式见公式（5.1.4）。

表 5.1.17　含地形因子的树枝生物量 BEF 基本模型比较

Table 5.1.17　The comparison between the ordinary model and the model including topographic factors for branch BEF

模型形式 Model forms	logLik	AIC	BIC	LRT	p 值 p-value
一般回归模型 The ordinary model	58.028	−110.056	−105.566		
含地形因子回归模型 The model including topographic factors	59.717	−111.433	−105.447	3.378	0.0661

$$y = a \cdot H_m^{b+b1 \cdot \text{GASP}} \tag{5.1.4}$$

2. 方差协方差结构分析

从表 5.1.18 中可以看出，考虑方差结构，幂函数和指数函数形式的模型不能显著提高模型精度，且两个模型除 logLik 值较大外，AIC 和 BIC 值都高于原模型。考虑空间自相关的协方差结构后，Gaussian、Spherical 和指数函数 3 种空间自相关方程模型中 Gaussian 形式不能收敛，另两个也不能显著提高模型精度，且两个模型除 logLik 值较大外，AIC 和 BIC 值也较大。

表 5.1.18　含地形因子的树枝生物量 BEF 模型比较

Table 5.1.18　The comparison of branch BEF models including topographic factors

序号 No.	方差结构 Variance structure	协方差结构 Covariance structure	logLik	AIC	BIC	LRT	p 值 p-value
1	无	无	59.717	−111.433	−105.447		
2	Power	无	60.169	−110.337	−102.855	0.904	0.3417
3	Exponential	无	60.309	−110.618	−103.135	1.184	0.2765
4	无	Gaussian	不能收敛 No convergence				
5	无	Spherical	60.062	−110.125	−102.642	0.692	0.4056
6	无	Exponential	60.042	−110.085	−102.602	0.651	0.4196

由于考虑方差结构和协方差结构后模型精度均未显著提高，仅以考虑地形因子的一般回归模型作为最终模型，其模型拟合结果见表 5.1.19。

表 5.1.19　含地形因子的树枝生物量 BEF 模型拟合参数情况表

Table 5.1.19　The estimation parameters of branch BEF model including topographic factors

	参数 Parameters		
	a	b	$b1$
估计值 Value	0.2439	−0.0435	−0.0147
标准差 Std. error	0.1130	0.1598	0.0079
t 值 t-value	2.158	−0.272	−1.850
p 值 p-value	0.0390	0.7871	0.0741

5.1.3.4　气候因子影响的 BEF 模型

将年降雨量和年均温代入模型后，不同参数组合的模型参数的 t 检验均不显著，因此不构建气候因子的 BEF 模型。

5.1.3.5　模型评价及检验

从模型拟合指标看（表 5.1.20），含林分因子的回归模型和含地形因子的回归模型均不能显著优于一般回归模型模；综合来说，地形因子模型表现最好，该模型具有最小的 AIC 值；林分因子模型则具有最大的 logLik 值；BIC 值则是一般回归模型最小。

表 5.1.20　树枝生物量 BEF 模型拟合指标比较

Table 5.1.20　The comparation of fitting indices among the branch BEF models

模型形式 Model forms	logLik	AIC	BIC	LRT	p 值 p-value
一般回归模型 The ordinary model	58.028	−110.056	−105.566		
考虑协方差结构的回归模型 The model considering the covariance structure	59.528	−111.056	−105.070	3.000	0.0832
含林分因子的回归模型 The model including stand factors	60.381	−110.762	−103.280	4.707	0.0950
含地形因子的回归模型 The model including topographic factors	59.717	−111.433	−105.447	3.378	0.0661

从模型独立性检验看（表 5.1.21），一般回归模型具有最高的预估精度，以及最低的总相对误差和平均相对误差值；而考虑地形因子的模型的绝对平均相对误差值最低；含林分因子的回归模型各项指标均最差。

表 5.1.21　树枝生物量 BEF 模型检验结果

Table 5.1.21　The comparation of validation indices among the branch BEF models

模型形式 Model forms	总相对误差 RS	平均相对误差 EE	绝对平均相对误差 RMA	预估精度 P
一般回归模型 The ordinary model	0.80	0.80	19.41	82.70
考虑协方差结构的回归模型 The model considering the covariance structure	1.14	1.13	19.47	82.63
含林分因子的回归模型 The model including stand factors	3.54	3.98	19.85	79.91
含地形因子的回归模型 The model including topographic factors	1.35	1.30	18.49	82.62

5.1.4　树叶生物量 BEF 模型构建

5.1.4.1　基本模型构建

从表 5.1.22 中可以看出，在基本模型基础上，考虑方差结构，仅指数函数形式的模型能显著提高模型精度，且该模型 3 个拟合指标均优于一般回归模型。考虑空间自相关的协方差结构后，Gaussian、Spherical 和指数函数 3 种空间自相关方程模型均不能显著提高模型精度，3 个模型与原模型的差异检验的 p 值均接近 0.05，且 3 个模型的 BIC 值均大于原模型，另两个指标均优于原模型；3 个模型中以指数形式的模型在 logLik 值最高，AIC 和 BIC 值最低；Spherical 形式的模型次之，Gaussian 形式较差。

表 5.1.22　树叶生物量 BEF 模型比较
Table 5.1.22　The comparation of the leaf BEF models

序号 No.	方差结构 Variance structure	协方差结构 Covariance structure	logLik	AIC	BIC	LRT	p 值 p-value
1	无	无	103.565	−201.131	−196.641		
2	Power	无	103.811	−199.623	−193.637	0.492	0.4831
3	Exponential	无	105.575	−203.149	−197.163	4.019	0.0450
4	无	Gaussian	105.176	−202.351	−196.365	3.221	0.0727
5	无	Spherical	105.177	−202.355	−196.369	3.224	0.0726
6	无	Exponential	105.228	−202.455	−196.469	3.325	0.0682
7	Exponential	Exponential	105.927	−201.855	−194.372	4.724	0.0942

综合考虑指数函数的方差结构和协方差结构构建新模型，但该模型除具有最高的 logLik 值外，其 AIC 和 BIC 值均高于仅考虑指数函数协方差的模型和指数函数方差结构的模型。且所有模型中仅有考虑指数函数方差结构形式的模型要显著优于原模型，且该模型具有最小的 AIC 和 BIC 值，因此以该模型为最终模型，其模型拟合结果见表 5.1.23。

表 5.1.23　树叶生物量 BEF 模型拟合参数表
Table 5.1.23　The parameters of the ordinary model and the model considering the correlation structure for leaf BEF

模型形式 Model forms	a	b
一般回归模型 The ordinary model	7.0349±2.7112	−1.8036±0.1502
考虑协方差结构的回归模型 The model considering the covariance structure	15.4312±4.4635	−2.1182±0.1210

5.1.4.2　林分因子影响的 BEF 模型

1. 基本模型

将林分因子变量引入模型中，考虑参数显著性及拟合指标后，得出含林分因子的树叶生物量 BEF 基本模型，该模型与一般回归模型相比差异性检验不显著，该模型具有较高的 logLik 值，但其 AIC 和 BIC 值却较高。该模型与一般回归模型的拟合指标比较见表 5.1.24，模型形式见公式（5.1.5）。

表 5.1.24　含林分因子的树叶生物量 BEF 模型比较

Table 5.1.24　The comparison of the models including stand factors for leaf BEF

模型形式 Model forms	logLik	AIC	BIC	LRT	p 值 p-value
一般回归模型 The ordinary model	103.565	−201.131	−196.641		
含林分因子回归模型 The model including stand factors	104.076	−200.152	−194.166	1.021	0.3122

$$y = a \cdot H_m^{b+b1 \cdot \mathrm{SDI}} \tag{5.1.5}$$

2. 方差协方差结构分析

从表 5.1.25 中可以看出，考虑方差结构后，幂函数和指数函数形式的方差方程均不能显著提高模型精度，但指数函数形式方差结构模型除 BIC 值较大外，另两个指标均优于原模型。考虑空间自相关的协方差结构后，Gaussian、Spherical 和指数函数 3 种空间自相关方程模型均不能显著提高模型精度，且 Spherical 形式的模型极显著不及原模型，另两个模型较原模型具有较优的 AIC 和 logLik 值，但 BIC 值却较高。

表 5.1.25　含林分因子的树叶生物量 BEF 模型比较

Table 5.1.25　The comparison of leaf BEF models including stand factors

序号 No.	方差结构 Variance structure	协方差结构 Covariance structure	logLik	AIC	BIC	LRT	p 值 p-value
1	无	无	104.076	−200.152	−194.166		
2	Power	无	103.941	−197.883	−190.400	0.269	0.6041
3	Exponential	无	105.603	−201.206	−193.723	3.054	0.0806
4	无	Gaussian	105.269	−200.538	−193.055	2.386	0.1224
5	无	Spherical	100.285	−190.570	−183.088	7.582	0.0059
6	无	Exponential	105.266	−200.531	−193.049	2.379	0.1229

考虑方差和协方差结构后，模型精度均未显著提高，但考虑指数函数形式的方差结构的模型具有较优的 logLik 值和 AIC 值，其 BIC 值略高于原模型，因此以考虑指数函数形式的方差结构的模型作为最终模型，其模型拟合参数见表 5.1.26。

表 5.1.26　含林分因子的树叶生物量 BEF 模型拟合参数情况表

Table 5.1.26　The estimation parameters of the leaf BEF model including stand factors

	参数 Parameters		
	a	b	b1
估计值 Value	8.1300	−1.9489	−0.00004
标准差 Std.error	4.1897	0.2589	0.00003
t 值 t-value	1.941	−7.528	−1.155
p 值 p-value	0.0618	<0.0001	0.2571

5.1.4.3　地形因子影响的 BEF 模型

1. 基本模型

将地形因子变量引入模型中，考虑模型显著性及拟合指标，得出含地形因子的树叶生物量 BEF 基本模型。该模型在拟合指标上除 BIC 值略高外，其余指标均优于不考虑地形因子的一般回归模型，但二者之间的差异性检验不显著。该模型与一般回归模型的拟合指标比较见表 5.1.27，模型形式见公式（5.1.6）。

表 5.1.27　含地形因子的树叶生物量 BEF 基本模型比较

Table 5.1.27　The comparison between the ordinary model and the model including topographic factors for leaf BEF

模型形式 Model forms	logLik	AIC	BIC	LRT	p 值 p-value
一般回归模型 The ordinary model	103.565	−201.131	−196.641		
含地形因子回归模型 The model including topographic factors	105.186	−202.373	−196.387	3.242	0.0718

$$y = a \cdot H_m^{b+b1 \cdot \mathrm{GASP}} \qquad (5.1.6)$$

2. 方差协方差结构分析

从表 5.1.28 中可以看出，在基本模型基础上，考虑方差结构后，幂函数和指数函数形式的模型不能显著提高模型精度，且两个模型除 logLik 值较大外，AIC

和 BIC 都高于原模型。考虑空间自相关的协方差结构后，Gaussian、Spherical 和指数函数 3 种空间自相关方程模型均不能显著提高模型精度，且 Spherical 形式的模型极显著不及原模型，另两个模型较原模型除具有较小的 AIC 值外，logLik 和 BIC 值均不及原模型。

表 5.1.28　含地形因子的树叶生物量 BEF 模型比较

Table 5.1.28　The comparation of leaf BEF models including topographic factors

序号 No.	方差结构 Variance structure	协方差结构 Covariance structure	logLik	AIC	BIC	LRT	p 值 p-value
1	无	无	105.186	−202.373	−196.387		
2	Power	无	105.745	−201.490	−194.007	1.117	0.2905
3	Exponential	无	105.973	−201.946	−194.464	1.574	0.2097
4	无	Gaussian	105.701	−201.401	−193.919	1.029	0.3105
5	无	Spherical	100.467	−190.934	−183.452	9.439	0.0021
6	无	Exponential	105.791	−201.582	−194.099	1.209	0.2715

由于考虑方差结构和协方差结构后模型精度均未显著提高，因此以该基本模型为最终模型，其模型拟合结果见表 5.1.29。

表 5.1.29　含地形因子的树叶生物量 BEF 模型拟合参数情况表

Table 5.1.29　The estimation parameters of leaf BEF model including topographic factors

	参数 Parameters		
	a	b	b1
估计值 Value	6.6453	−1.6883	−0.0169
标准差 Std.error	2.4281	0.1494	0.0091
t 值 t-value	2.737	−11.300	−1.851
p 值 p-value	0.0103	<0.0001	0.0741

5.1.4.4　气候因子影响的 BEF 模型

将年降雨量和年均温代入模型后，不同参数组合的模型参数的 t 检验均不显著，因此不构建气候因子的 BEF 模型。

5.1.4.5　模型评价及检验

从模型拟合情况看（表 5.1.30），含林分因子的回归模型和含地形因子的回归模型不能显著提高一般回归模型的精度；含林分因子的回归模型具有最

高的 logLik 值，仅考虑指数函数的协方差结构的基本模型具有最低的 AIC 和
BIC 值。

表 5.1.30　树叶生物量 BEF 模型拟合指标比较
Table 5.1.30　The comparison of fitting indices among the leaf BEF models

模型形式 Model forms	logLik	AIC	BIC	LRT	p 值 p-value
一般回归模型 The ordinary model	103.565	−201.131	−196.641		
考虑协方差结构的回归模型 The model considering the covariance structure	105.575	−203.149	−197.163	4.019	0.0450
含林分因子的回归模型 The model including stand factors	105.603	−201.206	−193.723	4.072	0.1305
含地形因子的回归模型 The model including topographic factors	105.186	−202.373	−196.387	3.242	0.0718

从模型独立性检验看（表 5.1.31），一般回归模型具有最低的总相对误差和平
均相对误差值；而考虑地形因子的模型预估精度最高，绝对平均相对误差值最低；
含林分因子的回归模型各项指标均最差。

表 5.1.31　树叶生物量 BEF 模型检验结果
Table 5.1.31　The comparison of validation indices among the leaf BEF models

模型形式 Model forms	总相对误差 RS	平均相对误差 EE	绝对平均相对误差 RMA	预估精度 P
一般回归模型 The ordinary model	7.55	10.45	22.15	85.27
考虑协方差结构的回归模型 The model considering the covariance structure	12.61	19.47	26.80	81.86
含林分因子的回归模型 The model including stand factors	21.90	21.66	31.66	80.72
含地形因子的回归模型 The model including topographic factors	10.74	11.12	17.02	86.20

5.1.5　乔木层地上部分生物量 BEF 模型构建

5.1.5.1　基本模型构建

从表 5.1.32 中可以看出，在基本模型基础上，考虑方差结构后，幂函数形式

的模型不能收敛，指数函数形式的方差方程不能显著提高模型精度，该模型的 logLik 值较大，但 AIC 和 BIC 值也较大。考虑空间自相关的协方差结构后，Gaussian、Spherical 和指数函数 3 种空间自相关方程模型均不能显著提高模型精度，其中以 Spherical 形式的模型在 logLik 值最高，AIC 和 BIC 值最低；Gaussian 形式的模型次之，指数形式较差。

表 5.1.32　乔木层地上部分生物量 BEF 模型比较

Table 5.1.32　The comparison of BEF models of aboveground biomass of tree layer

序号 No.	方差结构 Variance structure	协方差结构 Covariance structure	logLik	AIC	BIC	LRT	p 值 p-value
1	无	无	51.189	−96.377	−91.888		
2	Power	无	不能收敛 No convergence				
3	Exponential	无	51.919	−95.838	−89.919	1.460	0.2269
4	无	Gaussian	53.002	−98.004	−92.018	3.627	0.0568
5	无	Spherical	53.000	−97.999	−92.013	3.622	0.0570
6	无	Exponential	52.910	−97.821	−91.835	3.443	0.0635

由于考虑方差结构和协方差结构均不能显著提高模型精度，而 Spherical 形式的协方差结构模型能提高模型精度，虽不显著，但其显著性检验的 p 值接近 0.05，且该模型 logLik 值、AIC 和 BIC 值均最佳，因此以该模型为最终模型，其模型拟合结果见表 5.1.33。

表 5.1.33　乔木层地上部分生物量 BEF 模型拟合参数表

Table 5.1.33　The parameters of aboveground biomass BEF of tree layer

模型形式 Model forms	a	b
一般回归模型 The ordinary model	1.5124±0.1256	−0.0756±0.0300
考虑协方差结构的回归模型 The model considering the covariance structure	1.5234±0.1433	−0.0784±0.0340

5.1.5.2　林分因子影响的 BEF 模型

1. 基本模型

将林分因子变量引入模型中，考虑模型参数显著性及拟合指标后，得出含林分因子的乔木层地上部分生物量 BEF 基本模型，该模型与一般回归模型相比差异性检验显著，该模型具有较高的 logLik 值和较低的 AIC 值，但其 BIC 值却较高。该模型与一般回归模型的拟合指标比较见表 5.1.34，模型形式见公式（5.1.7）。

表 5.1.34　含林分因子的乔木层地上部分生物量 BEF 模型比较

Table 5.1.34　The comparison of the models including stand factors for aboveground biomass BEF of tree layer

模型形式 Model forms	logLik	AIC	BIC	LRT	p 值 p-value
一般回归模型 The ordinary model	51.189	−96.377	−91.888		
含林分因子回归模型 The model including stand factors	57.819	−101.639	−91.163	13.261	0.0101

$$y = (a + a1 \cdot \text{SDI}) \cdot G_t^{b+b1 \cdot \text{SDI}} \cdot H_m^{c+c1 \cdot \text{SI}} \tag{5.1.7}$$

2. 方差协方差结构分析

从表 5.1.35 中可以看出，在基本模型基础上，考虑方差结构后，幂函数和指数函数形式的方差方程均不能显著提高模型精度，且除幂函数形式的 logLik 值较大外，其余指标均不及不考虑方差结构的原模型。考虑空间自相关的协方差结构后，Gaussian、Spherical 和指数函数 3 种空间自相关方程模型均不能显著提高模型精度，尤其是其中 Spherical 形式极显著不及原模型，而其余模型中仅 Gaussian 形式的 logLik 值大于原模型，其余指标均不及原模型。

表 5.1.35　含林分因子的乔木层地上部分生物量 BEF 模型比较

Table 5.1.35　The comparison of BEF models including stand factors for aboveground biomass of tree layer

序号 No.	方差结构 Variance structure	协方差结构 Covariance structure	logLik	AIC	BIC	LRT	p 值 p-value
1	无	无	57.819	−101.639	−91.163		
2	Power	无	58.020	−100.039	−88.067	0.401	0.5268
3	Exponential	无	57.727	−99.453	−87.481	0.185	0.6669
4	无	Gaussian	58.043	−100.085	−88.113	0.447	0.5039
5	无	Spherical	53.987	−91.975	−80.003	7.664	0.0056
6	无	Exponential	57.911	−99.821	−87.849	0.182	0.6693

由于考虑方差和协方差结构后模型精度均未显著提高，且 AIC 和 BIC 指标均不及普通模型，因此以普通模型作为最终模型，其模型拟合结果见表 5.1.36。

表 5.1.36　含林分因子的乔木层地上部分生物量 BEF 模型拟合参数情况表
Table 5.1.36　The estimation parameters of BEF model including stand factors for aboveground biomass of tree layer

	参数 Parameters					
	a	a1	a2	b	b1	b2
估计值 Value	3.7603	−0.0005	−0.0701	−0.6306	0.0001	0.0163
标准差 Std.error	0.6472	0.0001	0.0280	0.1363	0.0000	0.0071
t 值 t-value	5.810	−4.977	−2.503	−4.626	5.382	2.285
p 值 p-value	<0.0001	<0.0001	0.0187	0.0001	<0.0001	0.0304

5.1.5.3　地形因子影响的 BEF 模型

1. 基本模型

将地形因子变量引入模型中，考虑参数显著性及拟合指标后，得出含地形因子的乔木层地上部分生物量 BEF 基本模型。该模型在拟合指标上均优于不考虑地形因子的一般回归模型，且二者之间的差异性检验显著。该模型与一般回归模型的拟合指标比较见表 5.1.37，模型形式见公式（5.1.8）。

表 5.1.37　含地形因子的乔木层地上部分生物量 BEF 基本模型拟合比较
Table 5.1.37　The comparation of the models including topographic factors for aboveground biomass BEF of tree layer

模型形式 Model forms	logLik	AIC	BIC	LRT	p 值 p-value
一般回归模型 The ordinary model	51.189	−96.377	−91.888		
含地形因子回归模型 The model including topographic factors	53.408	−98.816	−92.830	4.439	0.0351

$$y = (a + a1 \cdot \text{GASP}) \cdot H_m^b \tag{5.1.8}$$

2. 方差协方差结构分析

从表 5.1.38 中可以看出，在基本模型基础上，考虑方差结构后，指数函数形式的模型不能收敛，而幂函数形式的方差方程不能显著提高模型精度（p 值为 0.0722），但该模型 logLik 值和 AIC 值均优于原模型，仅 BIC 值略高。考虑空间自相关的协方差结构后，Gaussian、Spherical 和指数函数 3 种空间自相关方程模型均不能显著提高模型精度，且 3 个模型除 logLik 值大于原模型外，其余指标均不及原模型。

表 5.1.38　含地形因子的乔木层地上部分生物量 BEF 模型比较
Table 5.1.38　The comparison of BEF models including topographic factors for aboveground biomass of tree layer

序号 No.	方差结构 Variance structure	协方差结构 Covariance structure	logLik	AIC	BIC	LRT	p 值 p-value
1	无	无	53.408	−98.816	−92.830		
2	Power	无	55.024	−100.048	−92.566	3.232	0.0722
3	Exponential	无	不能收敛 No convergence				
4	无	Gaussian	53.760	−97.520	−90.037	0.703	0.4017
5	无	Spherical	53.758	−97.516	−90.034	0.700	0.4027
6	无	Exponential	53.793	−97.585	−90.103	0.769	0.3806

可见，考虑方差和协方差结构后模型精度均未显著提高，且 AIC 和 BIC 指标均不及普通模型，但考虑幂函数的方差结构的模型与原模型的差异性检验接近 0.05，且该模型具有较高的 logLik 值和较低的 AIC 值，因此以考虑幂函数方差结构的模型作为最终模型，其模型拟合结果见表 5.1.39。

表 5.1.39　含地形因子的乔木层地上部分生物量 BEF 模型拟合参数情况表
Table 5.1.39　The estimation parameters of BEF model including topographic factors for aboveground biomass of tree layer

	参数 Parameters		
	a	a1	b
估计值 Value	1.7244	−0.0183	−0.1019
标准差 Std.error	0.1306	0.0073	0.0254
t 值 t-value	13.208	−2.515	−4.005
p 值 p-value	<0.0001	0.0175	0.0004

5.1.5.4　气候因子影响的 BEF 模型

将年降雨量和年均温代入模型后，不同参数组合的模型参数 t 检验均不显著，因此不构建气候因子的 BEF 模型。

5.1.5.5　模型评价及检验

模型评价和检验情况见表 5.1.40 和 5.1.41。

表 5.1.40　乔木层地上部分生物量 BEF 模型拟合指标比较

Table 5.1.40　The comparison of fitting indices among the BEF models for aboveground biomass of tree layer

模型形式 Model forms	logLik	AIC	BIC	LRT	p 值 p-value
一般回归模型 The ordinary model	51.189	−96.377	−91.888		
考虑协方差结构的回归模型 The model considering the covariance structure	53.002	−98.004	−92.018	3.627	0.0568
含林分因子的回归模型 The model including stand factors	57.819	−101.639	−91.163	13.261	0.0101
含地形因子的回归模型 The model including topographic factors	55.024	−100.048	−92.566	7.671	0.0216

表 5.1.41　乔木层地上部分生物量 BEF 模型检验指标比较

Table 5.1.41　The comparison of validation indices among the BEF models for aboveground biomass of tree layer

模型形式 Model forms	总相对误差 RS	平均相对误差 EE	绝对平均相对误差 RMA	预估精度 P
一般回归模型 The ordinary model	0.63	0.62	4.10	96.82
考虑协方差结构的回归模型 The model considering the covariance structure	0.67	0.66	4.11	96.82
含林分因子的回归模型 The model including stand factors	22.06	22.26	22.26	77.20
含地形因子的回归模型 The model including topographic factors	1.37	1.35	3.00	97.04

从模型拟合情况看（表 5.1.40），含林分因子的回归模型和含地形因子的回归模型均显著优于一般回归模型，且仅引入地形因子模型在各项指标上均优于一般回归模型；含林分因子的回归模型具有最大的 logLik 值和最小的 AIC 值，但其 BIC 值也最大；考虑协方差结构的基本模型优于普通模型，但二者差异性检验不显著，但其差异性检验的 p 值接近 0.05。

从模型独立性检验看（表 5.1.41），一般回归模型具有最低的总相对误差和平均相对误差值；而考虑地形因子的模型预估精度最高，绝对平均相对误差值最低；含林分因子的回归模型各项指标均最差。

5.1.6　乔木层根系生物量 BEF 模型构建

5.1.6.1　基本模型构建

从表 5.1.42 中可以看出，在基本模型基础上，考虑方差结构，仅指数函数形式的方差方程能显著提高模型精度（p 值为 0.0503），且该模型的 logLik 值最大，AIC 和 BIC 值均最小，因此，采用指数函数形式作为其方差方程。考虑空间自相关的协方差结构后，Gaussian、Spherical 和指数函数 3 种空间自相关方程模型均能极显著提高模型精度，且以 Spherical 形式的模型在 logLik 值最高，AIC 和 BIC 值最低，Gaussian 形式的模型次之，指数形式较差。

表 5.1.42　乔木层根系生物量 BEF 模型比较

Table 5.1.42　The comparison of BEF models for root biomass of tree layer

序号 No.	方差结构 Variance structure	协方差结构 Covariance structure	logLik	AIC	BIC	LRT	p 值 p-value
1	无	无	59.712	−113.425	−108.935		
2	Power	无	61.143	−114.286	−108.300	2.862	0.0907
3	Exponential	无	61.628	−115.255	−109.269	3.831	0.0503
4	无	Gaussian	68.950	−129.900	−123.914	18.476	<0.0001
5	无	Spherical	69.561	−131.122	−125.136	19.698	<0.0001
6	无	Exponential	67.499	−126.999	−121.013	15.574	0.0001
7	Exponential	Spherical	69.527	−129.055	−121.572	19.630	0.0001

综合考虑指数函数的方差结构和 Spherical 协方差结构后，模型也能显著提高模型精度，但拟合指标均不及仅考虑 Spherical 协方差结构的模型。因此，以仅考虑 Spherical 协方差结构的模型作为最终模型，其模型拟合结果见表 5.1.43。

表 5.1.43　乔木层根系生物量 BEF 模型拟合参数表

Table 5.1.43　The estimation parameters of root BEF of tree layer

模型形式 Model forms	a	b
一般回归模型 The ordinary model	1.3915±0.4362	−0.6305±0.1164
考虑协方差结构的回归模型 The model considering the covariance structure	1.8585±0.4341	−0.7393±0.0894

5.1.6.2　林分因子影响的 BEF 模型

1. 基本模型

将林分因子变量引入模型中，考虑模型显著性及拟合指标后，得出含林分因子的乔木层根系生物量 BEF 基本模型。该模型在拟合指标上除 BIC 值外均优于不考虑林分因子的一般回归模型，且二者之间的差异性检验显著。该模型与一般回归模型的拟合指标比较见表 5.1.44，模型形式见公式（5.1.9）。

表 5.1.44　含林分因子的乔木层根系生物量 BEF 基本模型拟合比较

Table 5.1.44　The comparation of the models including stand factors for root biomass BEF of tree layer

模型形式 Model forms	logLik	AIC	BIC	LRT	p 值 p-value
一般回归模型 The ordinary model	59.712	−113.425	−108.935		
含林分因子回归模型 The model including stand factors	64.512	−117.025	−108.046	9.600	0.0233

$$y = (a + a1 \cdot \text{SDI}) \cdot H_m^{b+b1 \cdot \text{SDI} + b2 \cdot \text{SI}} \tag{5.1.9}$$

2. 方差协方差结构分析

从表 5.1.45 中可以看出，在基本模型基础上，考虑方差结构，幂函数形式和指数函数形式的方差结构模型除 logLik 值大于原模型外，AIC 和 BIC 值均不及原模型，且两个模型与原模型差异均不显著。考虑空间自相关的协方差结构后，Gaussian、Spherical 和指数函数 3 种空间自相关方程模型均能显著提高模型精度，且 Gaussian 和指数函数能极显著提高模型精度，其中以 Gaussian 形式的模型在 logLik 值最高，AIC 和 BIC 值最低。

表 5.1.45　含林分因子的乔木层根系生物量 BEF 模型比较

Table 5.1.45　The comparation of BEF models including stand factors for root biomass of tree layer

序号 No.	方差结构 Variance structure	协方差结构 Covariance structure	logLik	AIC	BIC	LRT	p 值 p-value
1	无	无	64.512	−117.025	−108.046		
2	Power	无	64.590	−115.179	−104.704	0.155	0.6941
3	Exponential	无	64.719	−115.439	−104.963	0.414	0.5199
4	无	Gaussian	74.316	−134.631	−124.156	19.607	<0.0001
5	无	Spherical	66.803	−119.605	−109.130	4.581	0.0323
6	无	Exponential	68.735	−123.470	−112.995	8.446	0.0037

由于方差结构形式不能显著提高模型精度，因此仅考虑 Gaussian 协方差结构模型。该模型极显著提高模型精度，其模型拟合结果见表 5.1.46。

表 5.1.46　含林分因子的乔木层根系生物量 BEF 模型拟合参数情况表

Table 5.1.46　The estimation parameters of BEF model including stand factors for root biomass of tree layer

	参数 Parameters				
	a	a1	b	b1	b2
估计值 Value	3.4625	−0.0007	−0.6344	0.0001	0.0067
标准差 Std.error	0.7827	0.0002	0.0689	0.0000	0.0023

续表

	参数 Parameters				
	a	*a1*	*b*	*b1*	*b2*
t 值 *t*-value	4.424	−3.324	−9.207	4.379	2.995
p 值 *p*-value	0.0001	0.0025	<0.0001	0.0002	0.0057

5.1.6.3　地形因子影响的 BEF 模型

1. 基本模型

　　将地形因子变量引入模型中，考虑模型显著性及拟合指标后，得出含地形因子的乔木层根系生物量 BEF 基本模型。该模型在拟合指标上均优于不考虑地形因子的一般回归模型，且二者之间的差异性检验显著。该模型与一般回归模型的拟合指标比较见表 5.1.47，模型形式见公式（5.1.10）。

表 5.1.47　含地形因子的乔木层根系生物量 BEF 基本模型比较

Table 5.1.47　The comparison of the basic models including topographic factors for root biomass BEF of tree layer

模型形式 Model forms	logLik	AIC	BIC	LRT	*p* 值 *p*-value
一般回归模型 The ordinary model	59.712	−113.425	−108.935		
含地形因子回归模型 The model including topographic factors	65.515	−123.030	−117.044	11.606	0.0007

$$y = (a + a1 \cdot \text{GASP}) \cdot H_m^b \qquad (5.1.10)$$

2. 方差协方差结构分析

　　从表 5.1.48 中可以看出，在基本模型基础上，考虑方差结构，幂函数和指数函数形式的方差方程均不能提高模型精度，两个模型中除指数函数形式模型 logLik 值较大外，其余指标均不及不考虑方差结构的模型。考虑空间自相关的协方差结构后，Gaussian、Spherical 和指数函数 3 种空间自相关方程模型中除 Spherical 形式外均能极显著提高模型精度，其中以指数函数形式的模型在 logLik 值最高，AIC 和 BIC 值最低。

　　由于考虑幂函数和指数函数的方差结构均不能提高模型精度，因此最终模型仅考虑指数形式的协方差结构。该模型中参数 *a1* 的 *t* 检验不显著（*p* 值为 0.1055），但由于模型拟合指标极显著优于原模型，因此仍以该模型为最终模型，其模型拟合结果见表 5.1.49。

表 5.1.48　含地形因子的乔木层根系生物量 BEF 模型比较

Table 5.1.48　The comparison of BEF models including topographic factors for root biomass of tree layer

序号 No.	方差结构 Variance structure	协方差结构 Covariance structure	logLik	AIC	BIC	LRT	p 值 p-value
1	无	无	65.515	−123.030	−117.044		
2	Power	无	66.256	−122.512	−115.029	1.482	0.2235
3	Exponential	无	66.167	−122.333	−114.851	1.303	0.2537
4	无	Gaussian	69.476	−128.953	−121.470	7.923	0.0049
5	无	Spherical	67.214	−124.427	−116.945	3.397	0.0653
6	无	Exponential	69.702	−129.404	−121.922	8.374	0.0038

表 5.1.49　含地形因子的乔木层根系生物量 BEF 模型拟合参数情况表

Table 5.1.49　The estimation parameters of BEF model including topographic factors for root biomass of tree layer

	参数 Parameters		
	a	a1	b
估计值 Value	2.1140	−0.0509	−0.7367
标准差 Std.error	0.6796	0.0305	0.1167
t 值 t-value	3.111	−1.669	−6.312
p 值 p-value	0.0041	0.1055	<0.0001

5.1.6.4　气候因子影响的 BEF 模型

将年降雨量和年均温代入模型后，不同参数组合的模型参数 t 检验均不显著，因此不构建气候因子的 BEF 模型。

5.1.6.5　模型评价及检验

从模型拟合情况看（表 5.1.50），考虑协方差结构的模型和引入环境因子的模型均极显著优于普通模型；其中含林分因子的回归模型具有最大的 logLik 值和最小的 AIC 值，而考虑协方差的基本模型具有最小的 BIC 值；含地形因子的回归模型仅在 logLik 值上优于仅考虑协方差结构的基本模型，但其 AIC 和 BIC 值均较高。

从模型独立性检验看（表 5.1.51），考虑协方差后的基本模型具有最低的总相对误差绝对值，一般回归模型具有最低平均相对误差绝对值；而考虑地形因子的模型预估精度最高，绝对平均相对误差值最低；含林分因子模型各项指标均最差。

表 5.1.50　乔木层根系生物量 BEF 模型拟合指标比较

Table 5.1.50　The comparison of fitting indices among the BEF models for root biomass of tree layer

模型形式 Model forms	logLik	AIC	BIC	LRT	p 值 p-value
一般回归模型 The ordinary model	59.712	−113.425	−108.935		
考虑协方差结构的回归模型 The model considering the covariance structure	69.561	−131.122	−125.136	19.698	<0.0001
含林分因子的回归模型 The model including stand factors	74.316	−134.631	−124.156	29.207	<0.0001
含地形因子的回归模型 The model including topographic factors	69.702	−129.404	−121.922	19.980	0.0001

表 5.1.51　乔木层根系生物量 BEF 模型检验指标比较

Table 5.1.51　The comparison of validation indices among the BEF models for root biomass of tree layer

模型形式 Model forms	总相对误差 RS	平均相对误差 EE	绝对平均相对误差 RMA	预估精度 P
一般回归模型 The ordinary model	−0.69	−0.38	15.39	87.66
考虑协方差结构的回归模型 The model considering the covariance structure	−0.27	0.42	16.04	87.39
含林分因子的回归模型 The model including stand factors	−4.79	−4.78	17.78	83.93
含地形因子的回归模型 The model including topographic factors	2.36	2.09	12.44	89.22

5.1.7　乔木层总生物量 BEF 模型构建

5.1.7.1　基本模型构建

从表 5.1.52 中可以看出，在基本模型基础上，考虑方差结构，指数函数模型不能收敛，幂函数形式的方差方程不能显著提高模型精度（p 值为 0.0785）。考虑空间自相关的协方差结构后，Gaussian、Spherical 和指数函数 3 种空间自相关方程模型均能极显著提高模型精度，且以 Spherical 形式的模型在 logLik 值最高，AIC 和 BIC 值最低，Gaussian 形式的模型次之，指数形式较差。

表 5.1.52　乔木层总生物量 BEF 模型比较

Table 5.1.52　The comparation of BEF models for total biomass of tree layer

序号 No.	方差结构 Variance structure	协方差结构 Covariance structure	logLik	AIC	BIC	LRT	p 值 p-value
1	无	无	33.512	−61.024	−56.534		
2	Power	无	35.060	−62.119	−56.133	3.095	0.0785
3	Exponential	无			不能收敛 No convergence		
4	无	Gaussian	37.897	−67.795	−61.809	8.770	0.0031
5	无	Spherical	38.630	−69.261	−63.275	10.237	0.0014
6	无	Exponential	37.875	−67.751	−61.765	8.727	0.0031

综合考虑指数函数的方差结构和 Spherical 协方差结构后，模型也能显著提高模型精度，但拟合指标除 logLik 值略高外，AIC 和 BIC 值均不及仅考虑 Spherical 协方差结构的模型。因此，以仅考虑 Spherical 协方差结构的模型作为最终模型，其模型拟合结果见表 5.1.53。

表 5.1.53　乔木层总生物量 BEF 模型拟合参数表

Table 5.1.53　The estimation parameters of total biomass BEF of tree layer

模型形式 Model forms	a	b
一般回归模型 The ordinary model	2.3157±0.2720	−0.1636±0.0427
考虑协方差结构的回归模型 The model considering the covariance structure	2.5307±0.3520	−0.1974±0.0505

5.1.7.2　林分因子影响的 BEF 模型

1. 基本模型

将林分因子变量引入模型中，考虑参数显著性及拟合指标后，得出含林分因子的乔木层总生物量 BEF 基本模型。该模型在拟合指标上均优于不考虑林分因子的一般回归模型，且二者之间的差异性检验极显著。该模型与一般回归模型的拟合指标比较见表 5.1.54，模型形式见公式（5.1.11）。

表 5.1.54　含林分因子的乔木层总生物量 BEF 基本模型比较

Table 5.1.54　The comparison of the models including stand factors for total biomass BEF of tree layer

模型形式 Model forms	logLik	AIC	BIC	LRT	p 值 p-value
一般回归模型 The ordinary model	33.512	−61.024	−56.534		
含林分因子回归模型 The model including stand factors	39.346	−66.692	−57.713	11.668	0.0086

$$y = (a + a1 \cdot \text{SDI} + a2 \cdot \text{SI}) \cdot H_m^{b+b1 \cdot \text{SDI}} \qquad (5.1.11)$$

2. 方差协方差结构分析

从表 5.1.55 中可以看出，在基本模型基础上，考虑方差结构，幂函数形式和指数函数形式的方差结构模型除 logLik 值大于原模型外，AIC 和 BIC 值均不及原模型，且两个模型与原模型差异均不显著。考虑空间自相关的协方差结构后，Gaussian、Spherical 和指数函数 3 种空间自相关方程模型仅 Spherical 形式能显著提高模型精度，该模型 logLik 值最高，AIC 和 BIC 值最低。

表 5.1.55　含林分因子的乔木层总生物量 BEF 模型比较

Table 5.1.55　The comparison of BEF models including stand factors for total biomass of tree layer

序号 No.	方差结构 Variance structure	协方差结构 Covariance structure	logLik	AIC	BIC	LRT	p 值 p-value
1	无	无	39.346	−66.692	−57.713		
2	Power	无	39.637	−65.273	−54.798	0.581	0.4458
3	Exponential	无	39.666	−65.332	−54.856	0.640	0.4237
4	无	Gaussian	40.870	−67.739	−57.264	3.047	0.0809
5	无	Spherical	41.275	−68.550	−58.075	3.859	0.0495
6	无	Exponential	40.343	−66.686	−56.210	1.994	0.1579
7[*]	无	Spherical	40.783	−69.566	−60.587	3.010	0.0509

* 表示该模型为剔除不显著参数 a2 后的模型

* is the model removing no significant parameter a2

由于方差结构形式不能显著提高模型精度，因此仅考虑 Spherical 协方差结构模型，该模型极显著提高模型精度。但该模型中 a2 参数检验不显著（p 值为 0.4039），因此剔除该参数构建新模型。新模型 AIC 和 BIC 值均较小，但 logLik 值也略小于原模型，不过该模型参数均显著，因此仍以该模型为最终模型。其模型形式见公式（5.1.12），拟合结果见表 5.1.56：

$$y = (a + a1 \cdot \text{SDI}) \cdot H_m^{b+b1 \cdot \text{SDI}} \qquad (5.1.12)$$

表 5.1.56　含林分因子的乔木层总生物量 BEF 模型拟合参数情况表
Table 5.1.56　The estimation parameters of BEF model including stand factors for total biomass of tree layer

	参数 Parameters			
	a	*a1*	*b*	*b1*
估计值 Value	4.2757	−0.0079	−0.4688	0.0001
标准差 Std.error	0.7975	0.0002	0.0991	0.0000
t 值 *t*-value	5.362	−3.460	−4.730	3.948
p 值 *p*-value	<0.0001	0.0017	0.0001	0.0005

5.1.7.3　地形因子影响的 BEF 模型

1. 基本模型

将地形因子变量引入模型中，考虑模型显著性及拟合指标后，得出含地形因子的乔木层总生物量 BEF 基本模型。该模型在拟合指标上均优于不考虑地形因子的一般回归模型，且二者之间的差异性检验显著。该模型与一般回归模型的拟合指标比较见表 5.1.57，含地形因子的模型形式见公式（5.1.13）。

表 5.1.57　含地形因子的乔木层总生物量 BEF 基本模型比较
Table 5.1.57　The comparation of the basic models including topographic factors for total biomass BEF of tree layer

模型形式 Model forms	logLik	AIC	BIC	LRT	*p* 值 *p*-value
一般回归模型 The ordinary model	33.512	−61.024	−56.534		
含地形因子回归模型 The model including topographic factors	38.854	−67.707	−60.225	10.683	0.0048

$$y = (a + a1 \cdot \text{GASP}) \cdot H_m^{b+b1 \cdot \text{GSLO}} \qquad (5.1.13)$$

2. 方差协方差结构分析

从表 5.1.58 中可以看出，在基本模型基础上，考虑方差结构后，幂函数和指数函数形式的方差方程均不能提高模型精度，两个模型中除指数函数形式模型 logLik 值较大外，其余指标均不及不考虑方差结构的模型。考虑空间自相关的协方差结构后，Gaussian、Spherical 和指数函数 3 种空间自相关方程模型中除

Gaussian 形式外均能显著提高模型精度，其中以 Spherical 函数形式的模型在 logLik 值最高，AIC 和 BIC 值最低。

表 5.1.58　含地形因子的乔木层总生物量 BEF 模型比较

Table 5.1.58　The comparation of BEF models including topographic factors for total biomass of tree layer

序号 No.	方差结构 Variance structure	协方差结构 Covariance structure	logLik	AIC	BIC	LRT	p 值 p-value
1	无	无	38.854	−67.707	−60.225		
2	Power	无	39.667	−67.334	−58.355	1.627	0.2021
3	Exponential	无	39.682	−67.365	−58.386	1.658	0.1979
4	无	Gaussian	40.753	−69.507	−60.527	3.799	0.0513
5	无	Spherical	41.348	−70.697	−61.718	4.990	0.0255
6	无	Exponential	41.049	−70.098	−61.119	4.391	0.0361

　　由于考虑幂函数和指数函数的方差结构均不能提高模型精度，因此最终模型仅考虑 Spherical 形式的协方差结构，该模型中参数 $a1$ 的 t 检验不显著（p 值为 0.1300），而指数函数形式协方差结构模型的参数均显著或接近显著（其中 $a1$ 和 $b1$ 两个参数 t 检验的 p 值分别为 0.0545 和 0.0599），且指数函数形式协方差模型也显著优于原模型，拟合指标也与 Spherical 相差不大，因此以指数函数形式的协方差结构模型为最终模型，其模型拟合结果见表 5.1.59。

表 5.1.59　含地形因子的乔木层总生物量 BEF 模型拟合参数情况表

Table 5.1.59　The estimation parameters of BEF model including topographic factors for total biomass of tree layer

	参数 Parameters			
	a	$a1$	b	$b1$
估计值 Value	2.6193	−0.0272	−0.1692	−0.0065
标准差 Std.error	0.3604	0.0136	0.0490	0.0033
t 值 t-value	7.268	−2.004	−3.453	−1.958
p 值 p-value	<0.0001	0.0545	0.0017	0.0599

5.1.7.4　气候因子影响的 BEF 模型

　　将年降雨量和年均温代入模型后，尝试不同参数组合情况下，模型参数的 t 检验均不显著，因此不构建气候因子的 BEF 模型。

5.1.7.5　模型评价及检验

　　从模型的拟合情况看（表 5.1.60），考虑协方差结构的模型和引入环境因子的模型均极显著优于普通模型；其中含地形因子的回归模型具有最大的 logLik 值和最小的 AIC 值，而考虑协方差的基本模型具有最小的 BIC 值；含林分因子的回归模型除 BIC 值外，AIC 和 logLik 值优于仅考虑协方差结构的基本模型。

表 5.1.60　乔木层总生物量 BEF 模型拟合指标比较

Table 5.1.60　The comparison of fitting indices among the BEF models for total biomass of tree layer

模型形式 Model forms	logLik	AIC	BIC	LRT	p 值 p-value
一般回归模型 The ordinary model	33.512	−61.024	−56.534		
考虑协方差结构的回归模型 The model considering the covariance structure	38.630	−69.261	−63.275	10.237	0.0014
含林分因子的回归模型 The model including stand factors	40.783	−69.566	−60.587	14.542	0.0023
含地形因子的回归模型 The model including topographic factors	41.049	−70.098	−61.119	15.074	0.0018

　　通过对模型进行独立性检验可以看出（表 5.1.61），一般回归模型具有最低的总相对误差绝对值和平均相对误差绝对值；而考虑地形因子的模型预估精度最高，绝对平均相对误差值最低；含林分因子的回归模型各项指标均最差。

表 5.1.61　乔木层总生物量 BEF 模型检验指标

Table 5.1.61　The comparation of validation indices among the BEF models for total biomass of tree layer

模型形式 Model forms	总相对误差 RS	平均相对误差 EE	绝对平均相对误差 RMA	预估精度 P
一般回归模型 The ordinary model	0.34	0.34	5.83	95.46
考虑协方差结构的回归模型 The model considering the covariance structure	0.65	0.68	5.97	95.41
含林分因子的回归模型 The model including stand factors	3.64	3.68	7.85	90.04
含地形因子的回归模型 The model including topographic factors	1.57	1.57	5.70	95.75

5.1.8　林分地上部分生物量 BEF 模型构建

5.1.8.1　基本模型构建

从表 5.1.62 中可以看出，在基本模型基础上，考虑方差结构，幂函数形式的模型不能收敛，指数函数形式的方差方程不能显著提高模型精度，该模型的 logLik 值较大，但 AIC 和 BIC 值也较大。考虑空间自相关的协方差结构后，Gaussian、Spherical 和指数函数 3 种空间自相关方程模型均不能显著提高模型精度，且以 Spherical 形式的模型在 logLik 值最高，AIC 和 BIC 值最低；Gaussian 形式的模型次之，指数形式较差；但 3 个空间自相关方程在 BIC 值上均不及原模型。

表 5.1.62　林分地上部分生物量 BEF 模型比较

Table 5.1.62　The comparation of BEF models for aboveground biomass of stand

序号 No.	方差结构 Variance structure	协方差结构 Covariance structure	logLik	AIC	BIC	LRT	p 值 p-value
1	无	无	41.148	−76.296	−71.807		
2	Power	无	不能收敛 No convergence				
3	Exponential	无	41.639	−75.278	−69.292	0.981	0.3219
4	无	Gaussian	42.846	−77.693	−71.707	3.396	0.0653
5	无	Spherical	42.881	−77.762	−71.776	3.466	0.0627
6	无	Exponential	42.433	−76.865	−70.879	2.569	0.1090

由于考虑方差结构和协方差结构均不能显著提高模型精度，且在 BIC 上均不及原模型，但考虑 Spherical 形式协方差结构的模型具有较大的 logLik 值和较小的 AIC 值，因此将该模型作为最终模型，其模型拟合结果见表 5.1.63。

表 5.1.63　林分地上部分生物量 BEF 模型拟合参数情况表

Table 5.1.63　The estimation parameters of aboveground biomass BEF of stand

模型形式 Model forms	a	b
一般回归模型 The ordinary model	1.8058±0.1915	−0.1197±0.0385
考虑协方差结构的回归模型 The model considering the covariance structure	1.8288±0.2199	−0.1244±0.0436

5.1.8.2　林分因子影响的 BEF 模型

1. 基本模型

　　将林分因子变量引入模型中，考虑模型参数显著性及拟合指标后，得出含林分因子的林分地上部分生物量 BEF 基本模型。该模型在拟合指标上 logLik 值较大，但 AIC 和 BIC 值也较高，二者之间的差异性检验不显著。该模型与一般回归模型的拟合指标比较见表 5.1.64，模型形式见公式（5.1.14）。

表 5.1.64　含林分因子的林分地上部分生物量 BEF 基本模型比较

Table 5.1.64　The comparison of the models including stand factors for aboveground biomass BEF of stand

模型形式 Model forms	logLik	AIC	BIC	LRT	p 值 p-value
一般回归模型 The ordinary model	41.148	−76.296	−71.807		
含林分因子回归模型 The model including stand factors	44.708	−75.415	−64.940	7.119	0.1298

$$y = (a + a1 \cdot \mathrm{SDI} + a2 \cdot \mathrm{SI}) \cdot H_m^{b + b1 \cdot \mathrm{SDI} + b2 \cdot \mathrm{SI}} \qquad （5.1.14）$$

2. 方差协方差结构分析

　　从表 5.1.65 中可以看出，在基本模型基础上，考虑方差结构，幂函数和指数函数形式的方差方程均不能显著提高模型精度，且两个模型的 logLik 值较大，AIC 和 BIC 值也较大。考虑空间自相关的协方差结构后，Gaussian、Spherical 和指数函数 3 种空间自相关方程模型均不能显著提高模型精度，且除 Gaussian 形式的 logLik 值大于原模型外，其余指标均不及原模型。

表 5.1.65　含林分因子的林分地上部分生物量 BEF 模型比较

Table 5.1.65　The comparison of BEF models including stand factors for aboveground biomass of stand

序号 No.	方差结构 Variance structure	协方差结构 Covariance structure	logLik	AIC	BIC	LRT	p 值 p-value
1	无	无	44.708	−75.415	−64.940		
2	Power	无	44.743	−73.485	−61.513	0.070	0.7911
3	Exponential	无	44.736	−73.473	−61.501	0.058	0.8100
4	无	Gaussian	44.866	−73.731	−61.759	0.316	0.5738
5	无	Spherical	44.483	−72.966	−60.994	0.449	0.5029
6	无	Exponential	43.645	−71.289	−59.317	2.126	0.1448

由于考虑方差和协方差结构后模型精度均未显著提高，且 AIC 和 BIC 指标均不及含地形因子的一般回归模型，因此以一般回归模型作为最终模型，其模型拟合结果见表 5.1.66。

表 5.1.66　含林分因子的林分地上部分生物量 BEF 模型拟合参数情况表

Table 5.1.66　The estimation parameters of BEF model including stand factors for aboveground biomass of stand

	参数 Parameters					
	a	$a1$	$a2$	b	$b1$	$b2$
估计值 Value	4.2147	−0.0006	−0.0850	−0.6570	0.0001	0.0188
标准差 Std.error	0.9453	0.0001	0.0382	0.1771	0.0000	0.0090
t 值 t-value	4.458	−3.800	−0.224	−3.710	3.825	2.104
p 值 p-value	0.0001	0.0008	0.0347	0.0009	0.0007	0.0448

5.1.8.3　地形因子影响的 BEF 模型

1. 基本模型

将地形因子变量引入模型中，考虑模型参数显著性及拟合指标后，得出含地形因子的林分地上部分生物量 BEF 基本模型。该模型在拟合指标上均优于不考虑地形因子的一般回归模型，且二者之间的差异性检验显著。该模型与一般回归模型的拟合指标比较见表 5.1.67，模型形式见公式（5.1.15）。

表 5.1.67　含地形因子的林分地上部分生物量 BEF 基本模型比较

Table 5.1.67　The comparison of the basic models including topographic factors for aboveground biomass BEF of stand

模型形式 Model forms	logLik	AIC	BIC	LRT	p 值 p-value
一般回归模型 The ordinary model	41.148	−76.296	−71.807		
含地形因子回归模型 The model including topographic factors	43.249	−78.499	−72.512	4.202	0.0404

$$y = a \cdot H_m^{b + b1 \cdot \text{GASP}} \qquad (5.1.15)$$

2. 方差协方差结构分析

从表 5.1.68 中可以看出，在基本模型基础上，考虑方差结构后，幂函数和指数函数形式的方差方程均不能显著提高模型精度，两个模型虽然 logLik 值较大，但其 AIC 和 BIC 值也较大，因此，不考虑其方差结构形式。考虑空间自相关的协方差结构后，Gaussian、Spherical 和指数函数 3 种空间自相关方程模型均不能显著提高模型精度，且除 logLik 值大于原模型外，其余指标均不及原模型。

表 5.1.68　含地形因子的林分地上部分生物量 BEF 模型比较

Table 5.1.68　The comparison of BEF models including topographic factors for aboveground biomass of stand

序号 No.	方差结构 Variance structure	协方差结构 Covariance structure	logLik	AIC	BIC	LRT	p 值 p-value
1	无	无	43.249	−78.499	−72.512		
2	Power	无	43.430	−76.859	−69.377	0.361	0.5481
3	Exponential	无	43.449	−76.899	−69.416	0.400	0.5270
4	无	Gaussian	44.132	−78.263	−70.781	1.765	0.1840
5	无	Spherical	44.143	−78.286	−70.803	1.787	0.1812
6	无	Exponential	43.900	−77.799	−70.317	1.301	0.2540

由于考虑方差和协方差结构后模型精度均未显著提高，且 AIC 和 BIC 指标均不及普通模型，因此以普通模型作为最终模型，其模型拟合结果见表 5.1.69。

表 5.1.69　含地形因子的林分地上部分生物量 BEF 模型拟合参数情况表

Table 5.1.69 The estimation parameters of BEF model including topographic factors for aboveground biomass of stand

	参数 Parameters		
	a	b	$b1$
估计值 Value	2.1850	−0.1671	−0.0056
标准差 Std.error	0.3014	0.0436	0.0027
t 值 t-value	7.249	−3.831	−2.046
p 值 p-value	<0.0001	0.0006	0.0496

5.1.8.4　气候因子影响的 BEF 模型

将年降雨量和年均温代入模型后，尝试不同参数组合情况下，模型参数的 t 检验均不显著，因此不构建气候因子的 BEF 模型。

5.1.8.5　模型评价及检验

从模型拟合情况看（表 5.1.70），仅引入地形因子模型在各项指标上均优于一般回归模型，且二者差异性显著；林分因子模型具有最大的 logLik 值，但其 AIC

和 BIC 值最大；考虑协方差结构的基本模型在 logLik 值和 AIC 值上也优于普通模型，但其 BIC 值略大于普通模型。

表 5.1.70　林分地上部分生物量 BEF 模型拟合指标比较

Table 5.1.70　The comparison of fitting indices among the BEF models for aboveground biomass of stand

模型形式 Model forms	logLik	AIC	BIC	LRT	p 值 p-value
一般回归模型 The ordinary model	41.148	−76.296	−71.807		
考虑协方差结构的回归模型 The model considering the covariance structure	42.881	−77.762	−71.776	3.466	0.0627
含林分因子的回归模型 The model including stand factors	44.708	−75.415	−64.940	7.119	0.1298
含地形因子的回归模型 The model including topographic factors	43.249	−78.499	−72.512	4.202	0.0404

从模型独立性检验看（表 5.1.71），一般回归模型具有最低的总相对误差绝对值和平均相对误差绝对值；而考虑协方差结构的基本模型预估精度最高，绝对平均相对误差值最低；两类环境因子模型中，含地形因子的回归模型各项指标均优于含林分因子的回归模型，含林分因子的回归模型在所有模型中表现最差。

表 5.1.71　林分地上部分生物量 BEF 模型检验指标比较

Table 5.1.71　The comparison of validation indices among the BEF models for aboveground biomass of stand

模型形式 Model forms	总相对误差 RS	平均相对误差 EE	绝对平均相对误差 RMA	预估精度 P
一般回归模型 The ordinary model	1.53	1.51	4.38	96.34
考虑协方差结构的回归模型 The model considering the covariance structure	1.54	1.52	4.37	96.35
含林分因子的回归模型 The model including stand factors	6.73	7.27	7.17	92.51
含地形因子的回归模型 The model including topographic factors	4.61	4.62	4.89	95.05

5.1.9　林分根系生物量 BEF 模型构建

5.1.9.1　基本模型构建

从表 5.1.72 中可以看出，在基本模型基础上，考虑方差结构后，仅指数函数形式的方差方程能显著提高模型精度，且该模型的 logLik 值最大，AIC 和 BIC 值均最小，因此，采用指数函数形式作为其方差方程。考虑空间自相关的协方差结构后，Gaussian、Spherical 和指数函数 3 种空间自相关方程模型均能极显著提高模型精度，且以 Gaussian 形式的模型在 logLik 值最高，AIC 和 BIC 值最低；Spherical 形式的模型次之，指数形式较差。

表 5.1.72　林分根系生物量 BEF 模型比较

Table 5.1.72　The comparation of BEF models for aboveground biomass of stand

序号 No.	方差结构 Variance structure	协方差结构 Covariance structure	logLik	AIC	BIC	LRT	p 值 p-value
1	无	无	58.706	−111.413	−106.923		
2	Power	无	59.419	−110.838	−104.852	1.426	0.2325
3	Exponential	无	60.633	−113.266	−107.280	3.853	0.0496
4	无	Gaussian	68.199	−128.398	−122.412	18.985	<0.0001
5	无	Spherical	66.489	−124.978	−118.992	15.565	0.0001
6	无	Exponential	65.831	−123.662	−117.676	14.249	0.0002
7	Exponential	Gaussian	68.328	−126.655	−119.173	19.243	<0.0001

综合考虑指数函数的方差结构和 Gaussian 协方差结构后，也能显著提高模型精度，虽然其 logLik 值大于仅考虑 Gaussian 协方差结构的模型，但其 AIC 和 BIC 值较大。因此，以仅考虑 Gaussian 协方差结构的模型作为最终模型，其模型拟合结果见表 5.1.73。

表 5.1.73　林分根系生物量 BEF 模型拟合参数情况表

Table 5.1.73　The estimation parameters of root biomass BEF of stand

模型形式 Model forms	a	b
一般回归模型 The ordinary model	1.4200±0.4297	−0.6137±0.1123
考虑协方差结构的回归模型 The model considering the covariance structure	1.4547±0.3125	−0.6240±0.0819

5.1.9.2　林分因子影响的 BEF 模型

1. 基本模型

将林分因子变量引入模型中，考虑参数显著性及拟合指标后，得出含林分因子的林分根系生物量 BEF 基本模型。该模型在拟合指标上除 BIC 值外均优于不考虑林分因子的一般回归模型，且二者之间的差异性检验显著。该模型与一般回归模型的拟合指标比较见表 5.1.74，模型形式见公式（5.1.16）。

表 5.1.74　含林分因子的林分根系生物量 BEF 基本模型比较

Table 5.1.74　The comparison of the basic models including stand factors for root biomass BEF of stand

模型形式 Model forms	logLik	AIC	BIC	LRT	p 值 p-value
一般回归模型 The ordinary model	58.706	−111.413	−106.923		
含林分因子回归模型 The model including stand factors	63.598	−115.195	−106.216	9.783	0.0205

$$y = (a + a1 \cdot \text{SDI} + a2 \cdot \text{SI}) \cdot H_m^{b+b1 \cdot \text{SDI}} \qquad (5.1.16)$$

2. 方差协方差结构分析

从表 5.1.75 中可以看出，在基本模型基础上，考虑方差结构后，幂函数形式的方差结构模型 3 个指标均不及原模型。考虑空间自相关的协方差结构后，Gaussian、Spherical 和指数函数 3 种空间自相关方程模型均能显著提高模型精度，且前两个结构能极显著提高模型精度，其中以 Gaussian 形式的模型在 logLik 值最高，AIC 和 BIC 值最低；Spherical 形式的模型次之，指数形式较差。

表 5.1.75　含林分因子的林分根系生物量 BEF 模型比较

Table 5.1.75　The comparison of BEF models including stand factors for aboveground biomass of stand

序号 No.	方差结构 Variance structure	协方差结构 Covariance structure	logLik	AIC	BIC	LRT	p 值 p-value
1	无	无	63.598	−115.195	−106.216		
2	Power	无	59.419	−104.838	−94.363	1.710	0.1910
3	Exponential	无	63.939	−113.878	−103.402	0.682	0.4087
4	无	Gaussian	70.416	−126.832	−116.356	13.637	0.0002
5	无	Spherical	67.904	−121.808	−111.332	8.613	0.0033
6	无	Exponential	66.767	−119.535	−109.059	6.339	0.0118
7	Exponential	Gaussian	70.455	−124.909	−112.937	13.714	0.0011
8*	无	Gaussian	69.252	−128.503	−121.021	11.308	0.0008

* 表示该模型为剔除不显著参数 a1 和 b1 后的模型

* is the model removing no significant parameters a1，b1

综合考虑指数函数的方差结构和 Gaussian 协方差结构后，模型也能显著提高模型精度，虽然其 logLik 值大于仅考虑 Gaussian 协方差结构的模型，但其 AIC 和 BIC 值较大。因此，以仅考虑 Gaussian 协方差结构的模型作为最终模型，但该

模型中参数 *a1* 和 *b1* 不显著,因此剔除该变量拟合新模型,新模型具有最小的 AIC 和 BIC 值，且该模型与林分因子的基本模型差异极显著。新模型形式见公式（5.1.17），其模型拟合结果见表 5.1.76。

$$y = (a + a1 \cdot \mathrm{SI}) \cdot H_m^b \qquad (5.1.17)$$

表 5.1.76　含林分因子的林分根系生物量 BEF 模型拟合参数情况表

Table 5.1.76　The estimation parameters of BEF model including stand factors for root biomass of stand

	参数 Parameters		
	a	*a1*	*b*
估计值 Value	1.2049	0.0191	−0.6344
标准差 Std.error	0.2498	0.0113	0.0.689
t 值 *t*-value	4.825	1.697	−9.207
p 值 *p*-value	<0.0001	0.0501	<0.0001

5.1.9.3　地形因子影响的 BEF 模型

1. 基本模型

将地形因子变量引入模型中，考虑模型参数显著性及拟合指标后，得出含地形因子的林分根系生物量 BEF 基本模型。该模型在拟合指标上均优于不考虑地形因子的一般回归模型，且二者之间的差异性检验显著。该模型与一般回归模型的拟合指标比较见表 5.1.77，模型形式见公式（5.1.18）。

表 5.1.77　含地形因子的林分根系生物量 BEF 基本模型比较

Table 5.1.77　The comparation of the basic models including topographic factors for root biomass BEF of stand

模型形式 Model forms	logLik	AIC	BIC	LRT	*p* 值 *p*-value
一般回归模型 The ordinary model	58.706	−111.413	−106.923		
含地形因子回归模型 The model including topographic factors	62.850	−117.701	−111.715	8.288	0.0040

$$y = (a + a1 \cdot \mathrm{GASP}) \cdot H_m^b \qquad (5.1.18)$$

2. 方差协方差结构分析

从表 5.1.78 中可以看出，在基本模型基础上，考虑方差结构后，幂函数和指数函数形式的方差方程均不能显著提高模型精度，两个模型中除指数函数形式模型 logLik 值较大外，其余指标均不及不考虑方差结构的模型。考虑空间自相关的协方差结构后，Gaussian、Spherical 和指数函数 3 种空间自相关方程模型均能极显著提高模型精度，其中以 Gaussian 形式的模型在 logLik 值最高，AIC 和 BIC 值最低；指数形式的模型性次之，Spherical 形式较差。

表 5.1.78　含地形因子的林分根系生物量 BEF 模型比较

Table 5.1.78　The comparation of BEF models including topographic factors for root biomass of stand

序号 No.	方差结构 Variance structure	协方差结构 Covariance structure	logLik	AIC	BIC	LRT	p 值 p-value
1	无	无	62.850	−117.701	−111.715		
2	Power	无	59.419	−108.838	−101.356	6.862	0.0088
3	Exponential	无	63.128	−116.256	−108.773	0.555	0.4562
4	无	Gaussian	68.230	−126.460	−118.977	10.759	0.0010
5	无	Spherical	67.151	−124.303	−116.820	8.602	0.0034
6	无	Exponential	67.223	−124.446	−116.963	8.745	0.0031

由于考虑幂函数和指数函数的方差结构均不能显著提高模型精度，因此最终模型仅考虑综合 Gaussian 协方差结构，并以考虑 Gaussian 协方差结构的模型作为最终模型。该模型中参数 $a1$ 的 t 检验不显著，但由于模型拟合指标极显著优于原模型，因此仍以该模型为最终模型，其模型拟合结果见表 5.1.79。

表 5.1.79　含地形因子的林分根系生物量 BEF 模型拟合参数情况表

Table 5.1.79　The estimation parameters of BEF model including topographic factors for root biomass of stand

	参数 Parameters		
	a	$a1$	b
估计值 Value	1.3900	0.0232	−0.6397
标准差 Std.error	0.4119	0.0158	0.1065
t 值 t-value	3.375	1.471	−6.007
p 值 p-value	0.0021	0.1518	<0.0001

5.1.9.4　气候因子影响的 BEF 模型

将年降雨量和年均温代入模型后，不同参数组合的模型参数 t 检验均不显著，因此不构建气候因子的 BEF 模型。

5.1.9.5　模型评价及检验

从模型拟合情况看（表 5.1.80），考虑协方差结构的模型和引入环境因子的模型均极显著优于一般回归模型；其中含林分因子的回归模型具有最大的 logLik 值和最小的 AIC 值，而考虑协方差的基本模型具有最小的 BIC 值；含地形因子的回归模型仅在 logLik 值上优于仅考虑协方差结构的基本模型，但其 AIC 和 BIC 值均较高。

表 5.1.80　林分根系生物量 BEF 模型拟合指标比较

Table 5.1.80　The comparison of fitting indices among the BEF models for root biomass of stand

模型形式 Model forms	logLik	AIC	BIC	LRT	p 值 p-value
一般回归模型 The ordinary model	58.706	−111.413	−106.923		
考虑协方差结构的回归模型 The model considering the covariance structure	68.199	−128.398	−122.412	18.985	<0.0001
含林分因子的回归模型 The model including stand factors	69.252	−128.503	−121.021	21.091	<0.0001
含地形因子的回归模型 The model including topographic factors	68.230	−126.460	−118.977	19.047	0.0001

从模型独立性检验看（表 5.1.81），一般回归模型具有最低平均相对误差绝对值和绝对平均相对误差值，且该模型预估精度最高；考虑协方差结构的基本模型所有指标均不及一般回归模型；含地形因子的回归模型总相对误差值为所有模型中最低。两类环境因子模型在总相对误差和平均相对误差上均低于考虑协方差结构的基本模型，但其模型绝对平均相对误差较高，预估精度较低。两类环境因子模型中，含地形因子的回归模型总相对误差和绝对平均相对误差值较低，但其平均相对误差较高，且预估精度较低。

表 5.1.81　林分根系生物量 BEF 模型检验指标比较

Table 5.1.81　The comparison of validation indices among the BEF models for root biomass of stand

模型形式 Model forms	总相对误差 RS	平均相对误差 EE	绝对平均相对误差 RMA	预估精度 P
一般回归模型 The ordinary model	2.76	3.08	14.69	87.96
考虑协方差结构的回归模型 The model considering the covariance structure	3.13	3.49	14.84	87.86

续表

模型形式 Model forms	总相对误差 RS	平均相对误差 EE	绝对平均相对误差 RMA	预估精度 P
含林分因子的回归模型 The model including stand factors	2.76	3.16	16.16	85.89
含地形因子的回归模型 The model including topographic factors	2.06	3.22	17.39	85.54

5.1.10　林分总生物量 BEF 模型构建

5.1.10.1　基本模型构建

从表 5.1.82 中可以看出，在基本模型基础上，考虑方差结构后，幂函数和指数函数形式的方差方程均不能显著提高模型精度，而两类方差结构形式函数中，指数函数形式的 logLik 值最大，AIC 较小，但 BIC 值较大。考虑空间自相关的协方差结构后，Gaussian、Spherical 和指数函数 3 种空间自相关方程模型均能显著提高模型精度，且以 Gaussian 形式的模型在 logLik 值最高，AIC 和 BIC 值最低；Spherical 形式次之，指数形式的模型较差。

表 5.1.82　林分总生物量 BEF 模型比较
Table 5.1.82　The comparation of BEF models for total biomass of stand

序号 No.	方差结构 Variance structure	协方差结构 Covariance structure	logLik	AIC	BIC	LRT	p 值 p-value
1	无	无	28.214	−50.428	−45.939		
2	Power	无	29.297	−50.594	−44.608	2.165	0.1412
3	Exponential	无	29.444	−50.889	−44.902	2.460	0.1168
4	无	Gaussian	32.284	−56.567	−50.581	8.139	0.0043
5	无	Spherical	32.190	−56.380	−50.394	7.952	0.0048
6	无	Exponential	31.546	−55.092	−49.106	6.663	0.0098
7	Exponential	Gaussian	32.297	−54.594	−47.111	8.165	0.0169

综合考虑指数函数的方差结构和 Gaussian 协方差结构后，模型也能显著提高模型精度，但其 logLik 值虽然大于仅考虑 Gaussian 协方差结构的模型，但其 AIC 和 BIC 较大。因此，以仅考虑 Gaussian 协方差结构的模型作为最终模型，其模型拟合结果见表 5.1.83。

表 5.1.83　林分总生物量 BEF 模型拟合参数情况表

Table 5.1.83　The estimation parameters of total biomass BEF of stand

模型形式 Model forms	a	b
一般回归模型 The ordinary model	2.7071 ± 0.3521	-0.1995 ± 0.0474
考虑协方差结构的回归模型 The model considering the covariance structure	2.8017 ± 0.3823	-0.2124 ± 0.0501

5.1.10.2　林分因子影响的 BEF 模型

1. 基本模型

　　将林分因子变量引入模型中，考虑模型参数显著性及拟合指标后，得出含林分因子的林分总生物量 BEF 基本模型。该模型在拟合指标上除 BIC 外均优于不考虑林分因子的一般回归模型，二者之间的差异性检验的 p 值接近 0.05。该模型与一般回归模型的拟合指标比较见表 5.1.84，含林分因子的模型形式见公式（5.1.19）。

表 5.1.84　含林分因子的林分总生物量 BEF 基本模型比较

Table 5.1.84　The comparison of the basic models including stand factors total biomass BEF of stand

模型形式 Model forms	logLik	AIC	BIC	LRT	p 值 p-value
一般回归模型 The ordinary model	28.214	-50.428	-45.939		
含林分因子回归模型 The model including stand factors	32.844	-51.688	-41.212	9.260	0.0549

$$y = (a + a1 \cdot \text{SDI} + a2 \cdot \text{SI}) \cdot H_m^{b+b1 \cdot \text{SDI} + b2 \cdot \text{SI}} \qquad (5.1.19)$$

2. 方差协方差结构分析

　　从表 5.1.85 中可以看出，在基本模型基础上，考虑方差结构，幂函数和指数函数形式的方差方程不能显著提高模型精度。考虑空间自相关的协方差结构后，Gaussian、Spherical 和指数函数 3 种空间自相关方程除指数函数外，另两个模型均能显著提高模型精度，其中以 Gaussian 形式的模型在 logLik 值最高，AIC 和 BIC 值最低；Spherical 形式模型性次之，指数函数形式的较差。

　　综合考虑指数函数的方差结构和 Gaussian 协方差结构后，模型能提高模型精度（差异性检验 p 值接近 0.05），虽然其 logLik 值大于仅考虑 Gaussian 协方

表 5.1.85　含林分因子的林分总生物量 BEF 模型比较

Table 5.1.85　The comparison of BEF models including stand factors for total biomass of stand

序号 No.	方差结构 Variance structure	协方差结构 Covariance structure	logLik	AIC	BIC	LRT	p 值 p-value
1	无	无	32.844	−51.688	−41.212		
2	Power	无	32.850	−49.701	−37.728	0.013	0.9107
3	Exponential	无	32.865	−49.730	−37.758	0.042	0.8380
4	无	Gaussian	35.433	−54.867	−42.895	5.179	0.0229
5	无	Spherical	35.197	−54.394	−42.422	4.706	0.0301
6	无	Exponential	34.318	−52.635	−40.663	2.947	0.0860
7	Exponential	Gaussian	35.797	−53.594	−40.125	5.906	0.0522
8[*]	无	Gaussian	34.124	−56.249	−47.270	2.561	0.1096

* 表示该模型为剔除不显著参数 $a2$ 和 $b2$ 后的模型

* is the model removing no significant parameters $a2$，$b2$

差结构的模型，但其 AIC 和 BIC 值较大。不过该模型中参数 $a2$ 和 $b2$ 不显著，因此剔除两个变量进行拟合，且考虑 Gaussian 协方差结构，剔除后的模型在 logLik 值上较小，但 AIC 和 BIC 值优于原模型。因此，以 Gaussian 协方差结构且参数显著的模型作为最终模型。新模型形式见公式（5.1.20），其模型拟合结果见表 5.1.86。

$$y = (a + a1 \cdot \text{SDI}) \cdot H_m^{b+b1 \cdot \text{SDI}} \quad (5.1.20)$$

表 5.1.86　含林分因子的林分总生物量 BEF 模型拟合参数情况表

Table 5.1.86　The estimation parameters of BEF model including stand factors for total biomass of stand

	参数 Parameters			
	a	$a1$	b	$b1$
估计值 Value	3.993 4	−0.000 7	−0.377 2	0.000 1
标准差 Std.error	0.868 1	0.000 3	0.113 9	0.000 03
t 值 t-value	4.600	−2.699	−3.312	2.593
p 值 p-value	0.000 1	0.011 5	0.002 5	0.014 8

5.1.10.3　地形因子影响的 BEF 模型

1. 基本模型

将地形因子变量引入模型中，考虑参数显著性及拟合指标后，得出含地形因

子的林分总生物量 BEF 基本模型。该模型在拟合指标上均优于不考虑地形因子的
一般回归模型，且二者之间的差异性检验极显著。该模型与一般回归模型的拟合
指标比较见表 5.1.87，模型形式见公式（5.1.21）。

表 5.1.87　含地形因子的林分总生物量 BEF 基本模型比较

Table 5.1.87　The comparation of the basic models including topographic factors for total
biomass BEF of stand

模型形式 Model forms	logLik	AIC	BIC	LRT	p 值 p-value
一般回归模型 The ordinary model	28.214	−50.428	−45.939		
含地形因子回归模型 The model including topographic factors	34.285	−56.569	−47.590	12.141	0.0060

$$y = (a + a1 \cdot \text{GASP} + a2 \cdot \text{GSLO}) \cdot H_m^{b+b1 \cdot \text{GALT}} \qquad （5.1.21）$$

2. 方差协方差结构分析

从表 5.1.88 中可以看出，在基本模型基础上，考虑方差结构，幂函数和指数
函数形式的方差方程均不能显著提高模型精度，两个模型虽然 logLik 值较大，但
其 AIC 和 BIC 值也较大，因此，不考虑其误差结构形式。考虑空间自相关的协方
差结构后，Gaussian、Spherical 和指数函数 3 种空间自相关方程模型除指数形式
外均能极显著提高模型精度，其中以 Gaussian 形式的模型在 logLik 值最高，AIC
和 BIC 值最低；Spherical 形式模型次之，指数函数形式的较差。

表 5.1.88　含地形因子的林分总生物量 BEF 模型比较

Table 5.1.88　The comparation of BEF models including topographic factors for total biomass
of stand

序号 No.	方差结构 Variance structure	协方差结构 Covariance structure	logLik	AIC	BIC	LRT	p 值 p-value
1	无	无	34.285	−56.569	−47.590		
2	Power	无	34.928	−55.856	−45.381	1.287	0.2566
3	Exponential	无	34.938	−55.875	−45.400	1.306	0.2530
4	无	Gaussian	36.397	−58.793	−48.318	4.224	0.0399
5	无	Spherical	36.327	−58.653	−48.178	4.084	0.0433
6	无	Exponential	35.748	−57.497	−47.021	2.928	0.0871
7[*]	无	Gaussian	34.839	−59.678	−52.195	1.109	0.2933

* 表示该模型为剔除不显著参数 *a2* 和 *b1* 后的模型

* is the model removing no significant parameters *a2*，*b1*

由于考虑幂函数和指数函数的方差结构均不能提高模型精度，因此最终模型

仅考虑综合 Gaussian 协方差结构，并以考虑 Gaussian 协方差结构的模型作为最终模型。但由于参数 *a2* 和 *b1* 均不显著，因此剔除两个参数对应变量构建新模型，新模型具有较低的 AIC 和 BIC 值，不过其 logLik 值也较低，但其参数具有统计学意义，因此选取新模型作为最终模型。新模型形式见公式（5.1.22），模型拟合结果见表 5.1.89。

$$y = (a + a1 \cdot \text{GASP}) \cdot H_m^b \qquad (5.1.22)$$

表 5.1.89　含地形因子的林分总生物量 BEF 模型拟合参数表

Table 5.1.89　The estimation parameters of BEF model including topographic factors for total biomass of stand

	参数 Parameters		
	a	*a1*	*b*
估计值 Value	2.7934	−0.0564	−0.1882
标准差 Std.error	0.3581	0.0234	0.0472
t 值 *t*-value	7.774	−2.412	−3.986
p 值 *p*-value	<0.0001	0.0222	0.0024

5.1.10.4　气候因子影响的 BEF 模型

将年降雨量和年均温代入模型后，不同参数组合模型参数 *t* 检验均不显著，因此不构建气候因子的 BEF 模型。

5.1.10.5　模型评价及检验

林分总生物量 BEF 模型拟合及独立性检验结果见表 5.1.90 和 5.1.91。

表 5.1.90　林分总生物量 BEF 模型拟合指标比较

Table 5.1.90　The comparation of fitting indices among the BEF models for total biomass of stand

模型形式 Model forms	logLik	AIC	BIC	LRT	*p* 值 *p*-value
一般回归模型 The ordinary model	28.214	−50.428	−45.939		
考虑协方差结构的回归模型 The model considering the covariance structure	32.284	−56.567	−50.581	8.139	0.0043
含林分因子的回归模型 The model including stand factors	34.124	−56.249	−47.270	11.820	0.0080
含地形因子的回归模型 The model including topographic factors	34.839	−59.678	−52.195	13.250	0.0013

表 5.1.91　林分总生物量 BEF 模型检验指标比较

Table 5.1.91　The comparation of validation indices among the BEF models for total biomass of stand

模型形式 Model forms	总相对误差 RS	平均相对误差 EE	绝对平均相对误差 RMA	预估精度 P
一般回归模型 The ordinary model	1.69	1.66	5.96	95.23
考虑协方差结构的回归模型 The model considering the covariance structure	1.76	1.75	5.93	95.23
含林分因子的回归模型 The model including stand factors	10.40	10.36	10.88	90.98
含地形因子的回归模型 The model including topographic factors	9.03	9.01	9.53	91.60

　　从模型拟合情况看（表 5.1.90），考虑协方差结构的模型和引入环境因子的模型均极显著优于普通模型；其中含地形因子的回归模型表现最好，该模型具有最高的 logLik 值，最低的 AIC 和 BIC 值；含林分因子的回归模型比考虑协方差的基本模型具有较大的 logLik 值，但其 AIC 和 BIC 较高。

　　从模型独立性检验看（表 5.1.91），一般回归模型具有最低平均相对误差绝对值和平均相对误差值；考虑协方差结构的基本模型具有最低的绝对平均相对误差，且其预估精度和一般回归模型相等。两类环境因子模型在各项指标上均不及一般回归模型和考虑协方差结构的基本模型。两类环境因子模型中，含地形因子的回归模型表现较好，含林分因子的回归模型表现最差。

5.2　林分生物量根茎比模型构建

5.2.1　基本模型构建

1. 基本模型

　　将林分生物量根茎比表现最佳的模型公式列入表 5.2.1，并以其为基础构建林分生物量根茎比基本模型及环境灵敏型模型。

表 5.2.1　林分生物量根茎比最佳基本模型表

Table 5.2.1　The best basic model parameters of R of stand biomass

维量 Component	模型 Model	a	b	R^2
林分生物量根茎比 R of stand biomass	$y = a \cdot H_m^b$	0.7569	−0.4813	0.9845

2. 方差协方差结构分析

从表 5.2.2 中可以看出,在基本模型基础上,考虑方差结构后,指数函数和幂函数形式的方差方程在 logLik 值上均高于一般回归模型,但考虑幂函数形式的模型 AIC 和 BIC 值较高,指数函数形式模型 AIC 值最低,BIC 值较高。考虑空间自相关的协方差结构后,Gaussian、Spherical 和指数函数 3 种空间自相关方程模型均极显著提高模型精度,且其中指数函数形式的空间自相关结构模型表现最佳,具有最大的 logLik 值和最小的 AIC、BIC 值。

表 5.2.2　林分生物量根茎比模型比较

Table 5.2.2　The comparation of R models for stand biomass

序号 No.	方差结构 Variance structure	协方差结构 Covariance structure	logLik	AIC	BIC	LRT	p 值 p-value
1	无	无	74.274	−142.547	−138.058		
2	Power	无	74.950	−141.901	−135.915	1.354	0.2247
3	Exponential	无	75.742	−143.483	−137.497	2.936	0.0866
4	无	Gaussian	80.981	−153.962	−147.976	13.415	0.0002
5	无	Spherical	82.824	−157.648	−151.662	17.101	<0.0001
6	无	Exponential	82.860	−157.720	−151.734	17.173	<0.0001

由于考虑方差结构不能显著提高模型精度,但指数函数形式模型具有较高的 logLik 值和较低的 AIC 值,且指数函数形式的空间自相关协方差方程极显著提高模型精度,因此综合考虑指数函数形式的方差和协方差结构构建模型。虽然该模型能极显著提高模型精度,且具有较高的 logLik 值(83.031),但其 AIC 和 BIC 值较高,分别为−156.062 和−148.579,在 AIC 和 BIC 值上不及仅考虑指数函数形式的协方差结构的模型。因此,以仅考虑指数函数形式的协方差结构的模型为最终模型,其模型拟合结果见表 5.2.3。

表 5.2.3　林分生物量根茎比模型拟合参数情况表

Table 5.2.3　The estimation parameters of R models for stand biomass

模型形式 Model forms	a	b
一般回归模型 The ordinary model	0.7569±0.1873	−0.4813±0.0913
考虑协方差结构的回归模型 The model considering the covariance structure	0.8703±0.2314	−0.5362±0.1001

5.2.2　林分因子影响的根茎比模型

1. 基本模型

　　将林分因子变量引入模型中，考虑模型参数显著性及拟合指标后，得出含林分因子的林分生物量根茎比基本模型，该模型与一般回归模型相比差异性检验显著，该模型具有较高的 logLik 值和较低的 AIC 值，但其 BIC 值却较高。该模型与一般回归模型的拟合指标比较见表 5.2.4，含林分因子的根茎比模型形式见公式（5.2.1）。

表 5.2.4　含林分因子的林分生物量根茎比基本模型比较

Table 5.2.4　The comparison of the basic models including stand factors for *R* of stand biomass

模型形式 Model forms	logLik	AIC	BIC	LRT	*p* 值 *p*-value
一般回归模型 The ordinary model	74.274	−142.547	−138.058		
含林分因子回归模型 The model including stand factors	81.051	−150.103	−141.124	13.556	0.0036

$$y = (a + a1 \cdot \text{SDI} + a2 \cdot \text{SI}) \cdot H_m^{b + b1 \cdot \text{SDI}} \qquad (5.2.1)$$

2. 方差协方差结构分析

　　从表 5.2.5 中可以看出，在基本模型基础上，考虑方差结构，幂函数和指数函数形式的方差方程 logLik 值较高，但 AIC 和 BIC 值也较高。考虑空间自相关的协方差结构后，Gaussian、Spherical 和指数函数 3 种空间自相关方程模型均能极显著提高模型精度，尤其是 Gaussian 形式模型具有最大的 logLik 值和最小的 AIC 与 BIC 值。

表 5.2.5　含林分因子的林分生物量根茎比模型比较

Table 5.2.5　The comparison of *R* models including stand factors for stand biomass

序号 No.	方差结构 Variance structure	协方差结构 Covariance structure	logLik	AIC	BIC	LRT	*p* 值 *p*-value
1	无	无	81.051	−150.103	−141.124		
2	Power	无	81.136	−148.271	−137.796	0.169	0.6811
3	Exponential	无	81.382	−148.763	−138.288	0.661	0.4163
4	无	Gaussian	84.667	−155.334	−144.858	7.231	0.0072
5	无	Spherical	84.432	−154.863	−144.388	6.761	0.0093
6	无	Exponential	84.322	−154.644	−144.169	6.542	0.0105

由于考虑方差结构不能提高模型精度，仅考虑协方差结构模型，且 Gaussian 形式的空间自相关结构模型最佳，因此以该模型为最终模型，模型拟合结果见表 5.2.6。

表 5.2.6　含林分因子的林分生物量根茎比模型拟合参数情况表

Table 5.2.6　The estimation parameters of *R* model including stand factors for stand biomass

	参数 Parameters				
	a	*a1*	*a2*	*b*	*b1*
估计值 Value	1.6381	−0.0003	−0.0134	−0.8632	0.0002
标准差 Std.error	0.5286	0.0002	0.0068	0.1749	0.0001
t 值 *t*-value	3.0988	−2.377	−1.978	−4.936	3.788
p 值 *p*-value	0.0044	0.0245	0.0578	<0.0001	0.0007

5.2.3　地形因子影响的根茎比模型

1. 基本模型

将地形因子变量引入模型中，考虑模型显著性及拟合指标后，得出含地形因子的根茎比基本模型。该模型在拟合指标上均优于不考虑地形因子的一般回归模型，且二者之间的差异性检验显著。该模型与一般回归模型的拟合指标比较见表 5.2.7，含地形因子的根茎比模型形式见公式（5.2.2）。

表 5.2.7　含地形因子的林分生物量根茎比基本模型拟合比较

Table 5.2.7　The comparison of the basic *R* models including topographic factors for stand biomass

模型形式 Model forms	logLik	AIC	BIC	LRT	*p* 值 *p*-value
一般回归模型 The ordinary model	74.274	−142.547	−138.058		
含地形因子回归模型 The model including topographic factors	78.524	−149.049	−143.063	8.502	0.0035

$$y = a \cdot H_m^{b+b1 \cdot \text{GASP}} \qquad （5.2.2）$$

2. 方差协方差结构分析

从表 5.2.8 中可以看出，在基本模型基础上，考虑方差结构后，幂函数形式的模型不能显著提高模型精度（*p* 值为 0.2466），该模型具有较高的 logLik 值，但 AIC 和 BIC 值也较高；指数函数形式的模型极显著不及原模型。考虑空间自相关的协方差结构后，Gaussian、Spherical 和指数函数 3 种空间自相关方程模型中 Spherical 形式不能收敛，Gaussian 形式能显著提高模型精度，指数函数形式能极显著提高模型精度。

表 5.2.8　含地形因子的林分生物量根茎比模型拟合比较

Table 5.2.8　The comparison of R models including topographic factors for stand biomass

序号 No.	方差结构 Variance structure	协方差结构 Covariance structure	logLik	AIC	BIC	LRT	p 值 p-value
1	无	无	78.524	−149.049	−143.063		
2	Power	无	79.196	−148.391	−140.909	1.343	0.2466
3	Exponential	无	66.208	−122.415	−114.933	24.633	<0.0001
4	无	Gaussian	81.085	−155.731	−148.248	5.122	0.0236
5	无	Spherical	不能收敛 No convergence				
6	无	Exponential	82.865	−152.731	−148.248	8.682	0.0032

　　由于考虑方差结构后模型精度均未显著提高，而考虑 Gaussian 和指数函数形式的协方差结构的模型能显著提高模型精度，但两个模型中参数 $b1$ 不显著（p 值为 0.4684 和 0.8905），因此考虑以一般回归模型为最终模型，其模型拟合结果见表 5.2.9。

表 5.2.9　含地形因子的林分生物量根茎比模型拟合参数情况表

Table 5.2.9　The estimation parameters of R model including topographic factors for biomass

	参数 Parameters		
	a	b	$b1$
估计值 Value	0.8387	−0.4470	−0.0130
标准差 Std.error	0.1842	0.0791	0.0042
t 值 t-value	4.553	−5.653	−3.074
p 值 p-value	0.0001	<0.0001	0.0045

5.2.4　气候因子影响的根茎比模型

　　将年降雨量和年均温代入模型后，不同参数组合模型参数的 t 检验均不显著，因此不构建气候因子的林分生物量根茎比模型。

5.2.5　模型评价及检验

　　从模型拟合情况看（表 5.2.10），含林分因子的回归模型和含地形因子的回归模型均极显著优于一般回归模型；含林分因子的回归模型具有最高的 logLik 值，但其 AIC 和 BIC 值均高于含地形因子的回归模型与仅考虑协方差的基本模型；而含地形因子的回归模型 3 个指标均不及仅考虑协方差结构的基本模型。

表 5.2.10　林分生物量根茎比模型拟合指标比较

Table 5.2.10　The comparison of fitting indices among the *R* models for stand biomass

模型形式 Model forms	logLik	AIC	BIC	LRT	*p* 值 *p*-value
一般回归模型 The ordinary model	74.274	−142.547	−138.058		
考虑协方差结构的回归模型 The model considering the covariance structure	82.860	−157.720	−151.734	17.173	<0.0001
含林分因子的回归模型 The model including stand factors	84.667	−155.334	−144.858	20.786	<0.0001
含地形因子的回归模型 The model including topographic factors	78.524	−149.049	−143.063	8.502	0.0035

从模型独立性检验看（表 5.2.11），一般回归模型具有最低的总相对误差绝对值和平均相对误差绝对值；而考虑协方差结构的基本模型所有指标均不及一般回归模型。两类环境因子模型中，含地形因子的回归模型各项指标均优于含林分因子的回归模型，且该模型具有所有模型中最低的绝对平均相对误差，以及最高的预估精度；含林分因子的回归模型在所有模型中表现最差。

表 5.2.11　林分生物量根茎比模型检验指标比较

Table 5.2.11　The comparison of validation indices among the *R* models for stand biomass

模型形式 Model forms	总相对误差 RS	平均相对误差 EE	绝对平均相对误差 RMA	预估精度 *P*
一般回归模型 The ordinary model	1.17	1.46	12.08	90.01
考虑协方差结构的回归模型 The model considering the covariance structure	2.08	2.53	12.46	89.71
含林分因子的回归模型 The model including stand factors	−14.41	−13.82	17.12	82.72
含地形因子的回归模型 The model including topographic factors	2.84	2.66	8.39	92.02

5.3　讨　　论

5.3.1　模型基本形式中自变量选择

在生物量扩展因子模型构建中，选用的自变量包括材积（Brown et al.，1999）、立木蓄积（Fang et al.，2001b）、胸径（罗云建等，2007）、树高（Levy et al.，2004）、林龄（Lehtonen et al.，2004）等，就描述林分水平的林分基本指标而言，林分蓄积数据是通过林木树高和胸径等数据计算而来，本身带有一定误差，因此本研究构建 BEF 和根茎比基本模型时，自变量选取林分易测因子，如林分平均高、林分优势高、林分平均胸径和林分总胸高断面积等。通过因变量与基本林分易测因子相关性分析可以看出（表 5.3.1），所有维量的 BEF 和根茎比均与林分平均高相关系数最高，且除树枝生物量 BEF 外均显著相关，与林分优势高相关系数的变化趋势与林分平均高一致，但其相关性系数除树枝生物量 BEF 外均不及林分平均高。罗云建等（2013）分析中国森林生态系统生物量扩展系数与林分因素的关系时得出，平均树高在解释地上和乔木层生物量扩展系数时解释能力最高，可以解释总变异的 53.4%和 57.9%，这也说明林分各维量的生物量扩展因子与林分优势高的相关性最高。本研究中选择林分平均高拟合各维量 BEF 及根茎比时，基本模型相关系数均在 0.94 以上，部分达到 0.99 以上。此外，生物量扩展因子也受到其他林分因子的影响（Brown et al.，1999；Fukuda et al.，2003；Levy et al.，2004；李建华等，2007；罗云建等，2007，2013；Li et al.，2010；李江等，2010）。本研究中，林分总胸高断面积与木材生物量 BEF、树叶生物量 BEF，以及林分地上部分生物 BEF 和林分总生物量 BEF 均显著相关，但将该变量纳入模型中时，模型参数的 t 检验不显著。因此，所有模型中的自变量均仅含林分平均高。

表 5.3.1 生物量因子与林分基本变量的相关性分析
Table 5.3.1 The correlation between the BFs and the stand variables

变量 Variables	林分平均胸径 D_m	林分平均高 H_m	林分优势高 H_t	林分总胸高断面积 G_t
木材生物量 BEF BEF of wood biomass	0.5209**	0.8441**	0.8173**	0.5855**
树枝生物量 BEF BEF of branch biomass	0.1134	−0.1222	0.0413	0.1065
树叶生物量 BEF BEF of leaf biomass	−0.5775**	−0.7764**	−0.7207**	−0.4810**
乔木层地上部分生物量 BEF BEF of trees aboveground biomass	−0.1746	−0.3644*	−0.2923	−0.1365
乔木层根系生物量 BEF BEF of trees root biomass	−0.1747	−0.5996**	−0.5728**	−0.2793
乔木层总生物量 BEF BEF of total trees biomass	−0.1826	−0.5019**	−0.4499**	−0.2161
林分地上部分生物量 BEF BEF of stand aboveground biomass	−0.3835*	−0.6226**	−0.5763**	−0.3714*
林分根系生物量 BEF BEF of stand root biomass	−0.2151	−0.6226**	−0.5763**	−0.3380
林分总生物量 BEF BEF of total stand biomass	−0.3320	−0.5637**	−0.4738**	−0.3785*
根茎比 Ratio of root to shoot	−0.2132	−0.6076**	−0.5864**	−0.2833

* 表示相关性在 a=0.05 水平显著，** 表示相关性在 a=0.01 水平显著

* is the significant correlation at a=0.05，** is the significant correlation at a=0.01

此外，罗云建等（2013）总结前人研究得出，生物量扩展系数随林龄、胸径、树高等林分指标的增加而显著减小，并有趋于相对稳定的趋势；根茎比也会随林龄等逐渐减小（Kraenzel et al.，2003，Ranger & Gelhaye，2001），但在部分结论上与前人有争议（罗云建等，2013）。在各维量 BEF 模型的系数上也可以看出，除木材生物量 BEF 与 H_m 呈正相关外，其余维量的 BEF 及根茎比值均与 H_m 呈负相关，即木材生物量 BEF 随林分平均高的增加而增加，而其余维量则是随林分平均高的增加而减小，其中除树枝生物量 BEF 减小不显著外，其余维量的 BEF 均显著减小。

5.3.2　模型拟合及检验指标分析

1. 模型方差及协方差结构

所有模型考虑方差结构均不能提高模型精度，从各维量 BEF 和林分生物量根茎比拟合的残差图（图 5.3.1—图 5.3.10）可以看出，一般回归模型中异方差多不明显，因此，考虑模型方差结构后对模型精度多没有提升。而考虑空间自相关的协方差结构的回归模型较一般回归模型精度多显著提升。

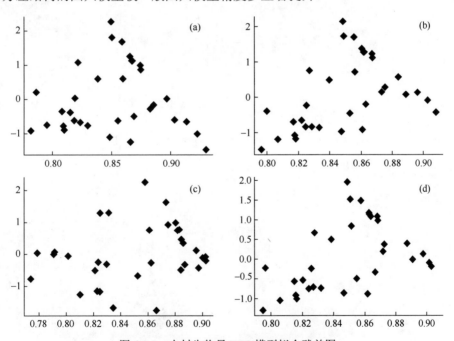

图 5.3.1　木材生物量 BEF 模型拟合残差图

Fig.5.3.1　Residuals versus BEF of stand wood biomass on the models

（a）一般回归模型，（b）考虑方差协方差结构的回归模型，（c）含林分因子的回归模型，（d）含地形因子的回归模型（图中横坐标为预估值，纵坐标为相对残差值）

（a）the ordinary model，（b）the model considering variance or correlation，（c）the model including stand factors，（d）the model including topographic factors（X-axis is the predicted value，and Y-axis is relative residual）

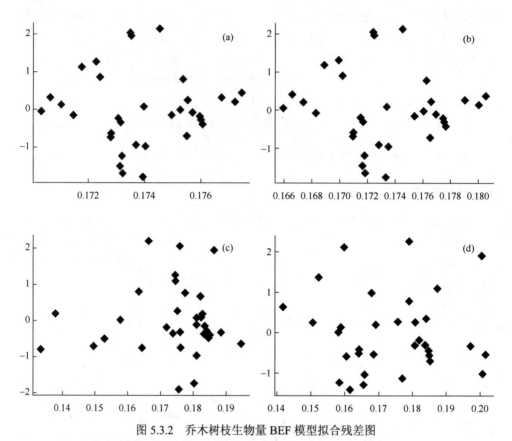

图 5.3.2　乔木树枝生物量 BEF 模型拟合残差图

Fig.5.3.2　Residuals versus BEF of branches biomass on the models

（a）—（d）说明同图 5.3.1

The note of（a）to（d）is same as fig. 5.3.1

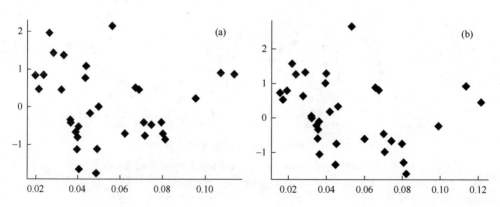

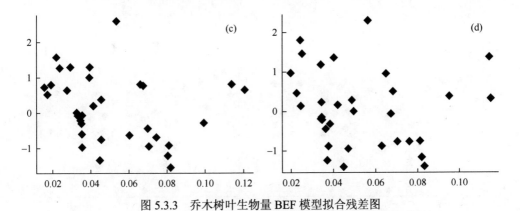

图 5.3.3　乔木树叶生物量 BEF 模型拟合残差图

Fig.5.3.3　Residuals versus BEF of leaves biomass on the models

（a）—（d）说明同图 5.3.1

The note of（a）to（d）is same as fig. 5.3.1

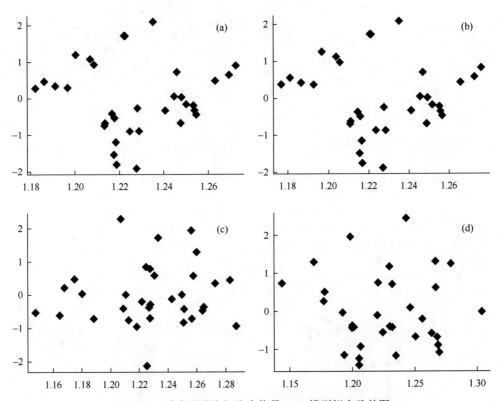

图 5.3.4　乔木层地上部分生物量 BEF 模型拟合残差图

Fig.5.3.4　Residuals versus BEF of aboveground trees biomass on the models

（a）—（d）说明同图 5.3.1

The note of（a）to（d）is same as fig. 5.3.1

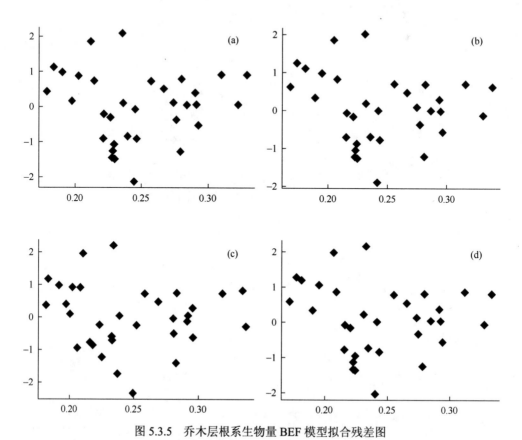

图 5.3.5　乔木层根系生物量 BEF 模型拟合残差图

Fig.5.3.5　Residuals versus BEF of trees root biomass on the models

（a）—（d）说明同图 5.3.1

The note of（a）to（d）is same as fig. 5.3.1

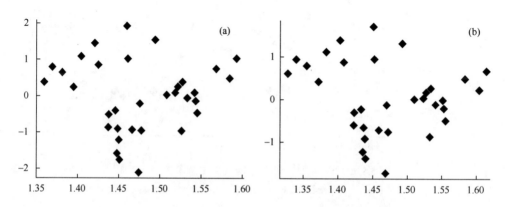

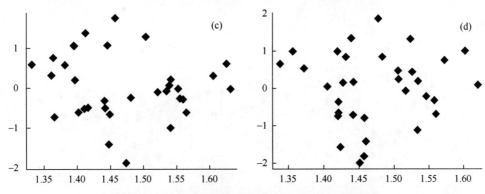

图 5.3.6　林分乔木层总生物量 BEF 模型拟合残差图

Fig.5.3.6　Residuals versus BEF of total trees biomass for the stand on the models

（a）—（d）说明同图 5.3.1

The note of（a）to（d）is same as fig. 5.3.1

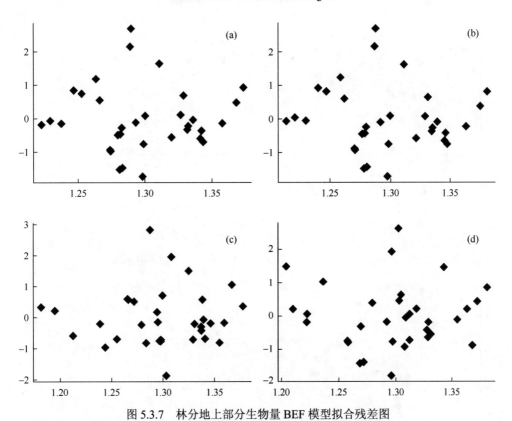

图 5.3.7　林分地上部分生物量 BEF 模型拟合残差图

Fig.5.3.7　Residuals versus BEF of aboveground stand biomass on the models

（a）—（d）说明同图 5.3.1

The note of（a）to（d）is same as fig. 5.3.1

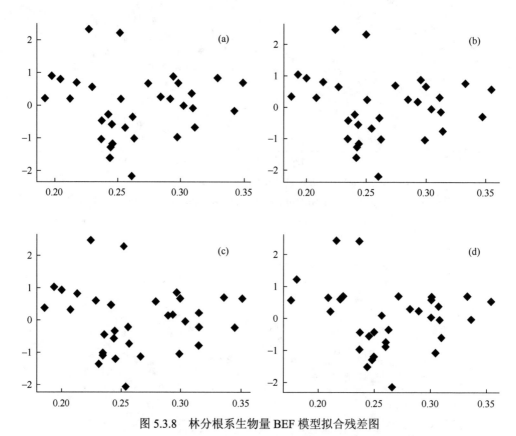

图 5.3.8　林分根系生物量 BEF 模型拟合残差图

Fig.5.3.8　Residuals versus BEF of stand root biomass on the models

（a）—（d）说明同图 5.3.1

The note of（a）to（d）is same as fig. 5.3.1

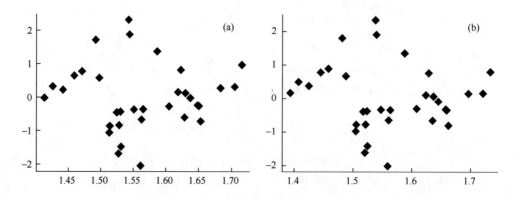

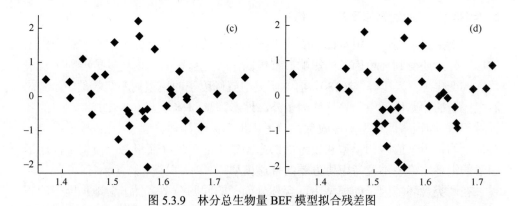

图 5.3.9　林分总生物量 BEF 模型拟合残差图

Fig.5.3.9　Residuals versus BEF of total stand biomass on the models

（a）—（d）说明同图 5.3.1

The note of（a）to（d）is same as fig. 5.3.1

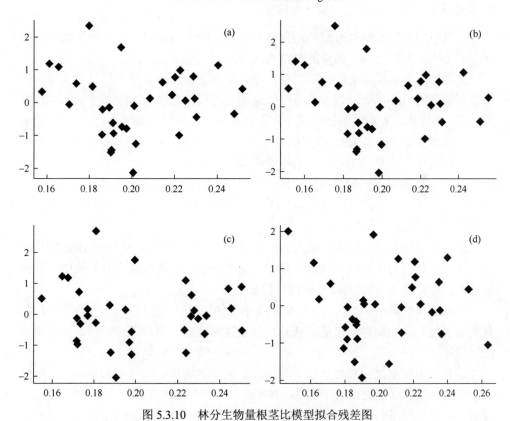

图 5.3.10　林分生物量根茎比模型拟合残差图

Fig.5.3.10　Residuals versus R of biomass for the stand on the models

（a）—（d）说明同图 5.3.1

The note of（a）to（d）is same as fig. 5.3.1

2. 含环境因子的回归模型的拟合指标

生物量扩展因子及根茎比除受到表征林木生长状态的林分平均高等林分因子的影响外，还受到环境因子的影响；气候因子等也会影响到生物量扩展因子及根茎比的变化（罗云建等，2013），但本研究中气候因子的模型均不能收敛。而考虑环境因子的回归模型中，除气候因子外，地形因子和林分因子（SDI 和 SI）的各维量 BEF 和根茎比模型均能收敛，且考虑地形因子和林分因子 BEF 模型在拟合指标上均优于一般回归模型和仅考虑协方差结构的模型；而根茎比模型中，地形因子的根茎比模型不及考虑协方差的普通模型。

在两类含环境因子的模型中，含林分因子的回归模型多优于含地形因子的回归模型，仅林分总生物量 BEF 和乔木层总生物量 BEF 的回归模型以地形因子模型为佳。

3. 含环境因子的回归模型的独立性检验

一般回归模型通常具有较高的预估精度，其中木材生物量、树枝生物量、林分根系生物量和林分总生物量的 BEF 模型的预估精度均为该维量模型中最高；而树叶生物量、乔木层地上部分生物量、乔木层根系生物量、乔木层总生物量和林分总生物量的 BEF 模型，以及林分生物量根茎比模型则以含地形因子的预估精度为最高；考虑协方差的一般回归模型在拟合林分地上部分生物量 BEF 时预估精度最高，且林分总生物量 BEF 模型和一般回归模型具有同样的最高预估精度。

总相对误差和平均相对误差的绝对值多以一般回归模型为最小，木材生物量 BEF 模型的总相对误差和平均相对误差绝对值、林分根系生物量 BEF 模型的总相对误差以含地形因子的回归模型为最小，乔木层根系生物量 BEF 模型以考虑协方差的普通模型最小。

绝对平均相对误差则多以地形因子模型最小，而在林分总生物量 BEF 模型和林分地上部分生物量 BEF 模型中，绝对平均相对误差以考虑协方差结构的回归模型最低，林分根系 BEF 则以一般回归模型为最小。

就两类环境因子模型而言，除林分根系生物量 BEF 的林分因子模型的平均相对误差和绝对平均相对误差值较低外，其余指标均以含地形因子的回归模型检验指标最好。

综合考虑模型拟合和独立性检验指标，树枝生物量、树叶生物量、乔木层地上部分生物量、乔木层根系生物量、乔木层总生物量 BEF 选择含地形因子的回归模型；木材生物量、林分地上部分生物量、林分根系生物量、林分总生物量 BEF 选择仅考虑协方差的回归模型；林分生物量根茎比选取仅考虑协方差结构的回归模型。

5.4 小　结

通过模型基本形式选择，以幂函数形式为基础，仅选取林分平均高（H_m）作为自变量拟合林分生物量 9 个维量的生物量扩展因子和林分生物量根茎比两类生物量因子模型。

（1）从模型的方差和协方差结构形式看。所有生物量因子模型均以 $y = a \cdot H_m^b$ 为基本模型，且考虑方差结构多不能提高模型精度，考虑空间自相关的协方差结构多能提高模型精度。

（2）考虑环境因子后多能提高模型拟合及预估精度，但对各维量而言，考虑不同环境因子后的模型表现各异。

（3）各维量 BEF 及根茎比模型选择。综合考虑模型拟合和独立性检验指标，树枝生物量、树叶生物量、乔木层地上部分生物量、乔木层根系生物量、乔木层总生物量 BEF 选择含地形因子的回归模型；木材生物量、林分地上部分生物量、林分根系生物量、林分总生物量 BEF 选择考虑协方差的回归模型；林分生物量根茎比则选取仅考虑协方差结构的回归模型。

第6章 思茅松单木生物量生长混合效应模型构建

6.1 基于 Richards 方程的单木生物量生长基本模型

采用 Richards 方程变式［公式（2.5.20）］对单木地上部分生物量各维量生长模型进行拟合，其参数见表 6.1.1。

表 6.1.1 单木地上部分生物量各维量生长模型拟合情况表

Table 6.1.1 The basic parameters of biomass growth models for each components

维量 Components	模型 Models	a	b	c	R^2
木材生物量 Wood biomass	公式（2.5.20）	24.4981	0.0626	10.1202	0.7643
树皮生物量 Bark biomass	公式（2.5.20）	10.2666	0.0387	3.6754	0.7782
树枝生物量 Branch biomass	公式（2.5.20）	20.3577	0.0421	3.3435	0.5253
树叶生物量 Leaf biomass	公式（2.5.20）	3.5517	0.1777	19.2059	0.6116
地上部分生物量 Aboveground biomass	公式（2.5.20）	61.7990	0.0516	6.3497	0.7632

6.2 木材生物量生长混合效应模型构建

6.2.1 基本混合效应模型

1. 混合参数选择

在考虑所有参数不同组合下，分析不同混合参数组合模型拟合的 3 个指标值，通过比较可以看出仅选取 b 参数作为混合参数的模型能收敛，且该模型能够极显著提高模型精度。该模型与无混合参数模型的比较情况见表 6.2.1。

表 6.2.1 木材生物量生长模型混合参数比较

Table 6.2.1 The mixed parameters choices of growth models for wood biomass

混合参数 Mixed parameters	logLik	AIC	BIC	LRT	p 值 p-value
无	−638.658	1285.315	1295.573		
a	不能收敛 No convergence				
b	−620.826	1251.651	1264.473	35.664	<0.0001
a、b	不能收敛 No convergence				

2. 考虑方差协方差结构

从表 6.2.2 中可以看出，考虑方差结构后，幂函数和指数函数形式的方差方程均能极显著提高模型精度，其中幂函数形式的 logLik 值最大，AIC 和 BIC 值均最小，因此，采用幂函数形式作为其方差方程。AR（1）、CAR（1）和 ARMA（1）3 种时间自相关方程形式中仅 CAR（1）能收敛，且该模型不能提高模型精度。

表 6.2.2　木材生物量生长混合模型比较

Table 6.2.2　The comparation of wood biomass growth mixed models

序号 No.	方差结构 Variance structure	协方差结构 Covariance structure	logLik	AIC	BIC	LRT	p 值 p-value
1	无	无	−620.826	1251.651	1264.473		
2	Power	无	−579.498	1201.675	1217.061	51.976	<0.0001
3	Exponential	无	−594.838	1170.995	1186.381	82.656	<0.0001
4	无	AR（1）	不能收敛 No convergence				
5	无	CAR（1）	−620.826	1253.652	1269.038	0.000	0.9874
6	无	ARMA（1）	不能收敛 No convergence				

由于时间自相关性协方差结构不能提高模型精度，因此仅考虑幂函数的方差结构模型，并以区域效应+幂函数模型作为最终模型，模型拟合结果见表 6.2.3。

表 6.2.3　木材生物量生长区域效应混合模型拟合结果

Table 6.2.3　The estimation results of mixed-effects models with random effects of region for wood biomass growth

参数 Parameters	估计值 Value	标准差 Std. error	自由度 DF	t 值 t-value	p 值 p-value
a	37.3091	5.3140	91	7.021	<0.0001
b	−0.0002	0.0181	91	−0.011	0.9917
c	2.9794	0.8118	91	3.670	0.0004
logLik		−579.498			
AIC		1170.995			
BIC		1186.381			
区组间方差协方差矩阵 D		$D=0.0137$			
异方差函数值 Heteroscedasticity value		Power=0.7987			
残差 Residual error		1.5839			

6.2.2　考虑地形因子固定效应的混合效应模型

1. 基本模型

引入海拔、坡度、坡向等级数据作为固定效应参与模型拟合，以基础混合效应模型（随机效应仅考虑 b 参数）为基础，分析不同组合的参数显著性及模型拟合指标后，选择最佳模型，该模型形式见公式（6.2.1），该模型与基础混合效应模型的拟合指标见表 6.2.4，拟合结果见表 6.2.5。

$$y = (a + a1 \cdot \text{GALT} + a2 \cdot \text{GSLO})$$

$$\cdot \left\{ \frac{1 - \exp[-(b + ub + b1 \cdot \text{GALT} + b2 \cdot \text{GSLO} + b3 \cdot \text{GASP}) \cdot t]}{1 - \exp[-(b + ub + b1 \cdot \text{GALT} + b2 \cdot \text{GSLO} + b3 \cdot \text{GASP}) \cdot t_0]} \right\}^c \quad (6.2.1)$$

式中，t——树木年龄；

t_0——基准年龄。

表 6.2.4　考虑地形因子固定效应的木材生物量生长混合效应模型比较

Table 6.2.4　The comparation of the models considering the fixed effect of topographic factors for wood biomass growth

模型形式 Model forms	logLik	AIC	BIC	LRT	p 值 p-value
地形因子+区域效应 Topographic factors+regional effect	−612.358	1244.717	1270.360		
区域效应 Regional effect	−620.826	1251.651	1264.473	16.935	0.0046

表 6.2.5　考虑地形因子固定效应的木材生物量生长混合效应模型拟合参数

Table 6.2.5　The estimation parameters of mixed-effect growth models for wood biomass considering the fixed effect of topographic factors

参数 Parameters	估计值 Value	标准差 Std. error	自由度 DF	t 值 t-value	p 值 p-value
a	28.7088	13.5402	86	2.120	0.0369
$a1$	15.9929	7.0669	86	2.263	0.0261
$a2$	−13.0121	5.8130	86	−2.238	0.0278
b	0.0075	0.0196	86	0.383	0.7025
$b1$	0.0120	0.0031	86	3.873	0.0002
$b2$	−0.0093	0.0032	86	−2.882	0.0050
$b3$	−0.0007	0.0004	86	−1.651	0.1025
c	3.5045	1.6238	86	2.158	0.0337

2. 考虑方差协方差结构

从表 6.2.6 中可以看出，考虑方差结构后，幂函数和指数函数形式的方差方程中，仅幂函数形式的模型收敛，且能极显著提高模型精度，因此，采用幂函数形式作为其方差方程。AR（1）、CAR（1）和 ARMA（1）3 种时间自相关方程形式均不能显著提高模型精度，且 3 个模型的 AIC 和 BIC 值均高于原模型，因此，不考虑时间自相关的协方差结构。

表 6.2.6　地形因子固定效应的木材生物量生长混合模型拟合比较

Table 6.2.6　The comparation of models with the fixed effect of topographic factors

序号 No.	方差结构 Variance structure	协方差结构 Covariance structure	logLik	AIC	BIC	LRT	p 值 p-value
1	无	无	−612.358	1244.717	1270.360		
2	Power	无	−569.594	1161.187	1189.395	85.529	<0.0001
3	Exponential	无			不能收敛 No convergence		
4	无	AR（1）	−612.203	1246.406	1274.614	0.311	0.5773
5	无	CAR（1）	−612.360	1246.720	1274.928	0.003	0.9643
6	无	ARMA（1）	−612.202	1246.404	1274.612	0.313	0.5763
7*	Power	无	−573.025	1162.050	1082.564	78.667	<0.0001

*表示该模型为剔除不显著参数 a2，b2 和 c3 后的模型

*is the model removing no significant parameters *a2*, *b2* and *c3*

　　由于时间自相关形式的协方差结构均不能提高模型精度，因此仅考虑幂函数形式的方差结构，但该模型中参数 *a2*、*b2* 和 *b3* 均不显著（*p* 值分别为 0.2749、0.3378 和 0.4582），因此剔除 3 个参数对应的固定效应变量进行拟合得出新模型。新模型较未剔除不显著参数模型具有较低的 BIC 值，但其 logLik 值也较低，AIC值较高。不过该模型也极显著优于仅考虑区域效应的考虑地形因子固定效应的混合效应模型。新模型形式见公式（6.2.2）。模型拟合结果见表 6.2.7。

$$y = (a + a1 \cdot \text{GALT}) \cdot \left\{ \frac{1 - \exp[-(b + ub + b1 \cdot \text{GALT}) \cdot t]}{1 - \exp[-(b + ub + b1 \cdot \text{GALT}) \cdot t_0]} \right\}^c \quad (6.2.2)$$

表 6.2.7　地形因子固定效应的木材生物量生长混合效应模型拟合结果

Table 6.2.7　The estimation results of models with the fixed effect of topographic factors

参数 Parameters	估计值 Value	标准差 Std. error	自由度 DF	t 值 t-value	p 值 p-value
a	8.6381	8.6348	89	1.000	0.3198
a1	10.7798	3.6342	89	2.966	0.0039
b	−0.0079	0.0155	89	−0.510	0.6112
b1	0.0081	0.0031	89	2.626	0.0102
c	3.6154	0.9925	89	3.643	0.0005
logLik		−573.025			
AIC		1162.050			
BIC		1082.564			
区组间方差协方差矩阵 *D*		*D*=0.0101			
异方差函数值 Heteroscedasticity value		Power=0.7416			
残差 Residual error		2.0198			

6.2.3 考虑气候因子固定效应的混合效应模型

1. 基本模型

引入年降雨量和年均温数据作为固定效应参与模型拟合，以基础混合效应模型（随机效应仅考虑 *b* 参数）为基础，分析不同组合的参数显著性及模型拟合指标后，选择的最佳模型形式见公式（6.2.3），该模型与基础混合效应模型的拟合指标比较见表 6.2.8，拟合结果见表 6.2.9。

$$y = a \cdot \left\{ \frac{1 - \exp[-(b + ub + b1 \cdot \text{TEM} + b2 \cdot \text{PRE}) \cdot t]}{1 - \exp[-(b + ub + b1 \cdot \text{TEM} + b2 \cdot \text{PRE}) \cdot t_0]} \right\}^{c + c1 \cdot \text{TEM} + c2 \cdot \text{PRE}} \quad (6.2.3)$$

表 6.2.8　考虑气候因子固定效应的木材生物量生长混合效应模型比较

Table 6.2.8　The comparison of the models considering the fixed effect of climate factors

模型形式 Model forms	logLik	AIC	BIC	LRT	*p* 值 *p*-value
气候因子+区域效应 Climate factors+regional effect	−618.758	1254.517	1278.596		
区域效应 Regional effect	−620.826	1251.651	1264.473	4.135	0.3881

表 6.2.9　考虑气候因子固定效应的木材生物量生长混合效应模型拟合参数

Table 6.2.9　The estimation parameters of mixed-effects growth models for wood biomass considering the fixed effect of climate factors

参数 Parameters	估计值 Value	标准差 Std. error	自由度 DF	*t* 值 *t*-value	*p* 值 *p*-value
a	23.9520	23.5530	87	1.017	0.3120
b	2.0710	0.2251	87	9.202	<0.0001
b1	−0.0850	0.0183	87	−4.679	<0.0001
b2	0.0003	0.0001	87	−2.113	0.0375
c	1616.5420	910.8923	87	1.775	0.0794
c1	−33.6510	19.5930	87	−1.718	0.0894
c2	−0.6550	0.3603	87	−1.819	0.0724

2. 考虑方差协方差结构

从表 6.2.10 中可以看出，考虑方差结构后，幂函数和指数函数形式的方差方程均能极显著提高模型精度，其中幂函数形式的 logLik 值最大，AIC 和 BIC 值均最小，因此，采用幂函数形式作为其方差方程。AR（1）、CAR（1）和 ARMA（1）3 种时间自相关方程形式均不能显著提高模型精度，且 3 个模型的 AIC 和 BIC 值均高于原模型，因此，不考虑时间自相关的协方差结构。

表 6.2.10　气候因子固定效应的木材生物量生长混合模型比较

Table 6.2.10　The comparison of wood biomass growth models with the fixed effect of climate factors

序号 No.	方差结构 Variance structure	协方差结构 Covariance structure	logLik	AIC	BIC	LRT	p 值 p-value
1	无	无	−618.758	1254.517	1278.596		
2	Power	无	−611.194	1242.389	1268.032	15.128	0.0001
3	Exponential	无	−614.884	1249.769	1275.412	7.748	0.0054
4	无	AR（1）	−618.716	1257.431	1283.075	0.085	0.9710
5	无	CAR（1）	−618.759	1257.518	1283.161	0.001	0.9926
6	无	ARMA（1）	−618.723	1257.445	1283.089	0.071	0.7899

由于时间自相关形式的协方差结构均不能提高模型精度，因此仅考虑幂函数形式的方差结构模型，并以该模型为基础构建气候因子影响的木材生物量混合效应模型，其模型拟合结果见表 6.2.11。

表 6.2.11　考虑气候因子固定效应的木材生物量生长混合模型拟合结果

Table 6.2.11　The estimation results of wood biomass growth models with fixed effect of climate factors

参数 Parameters	估计值 Value	标准差 Std. error	自由度 DF	t 值 t-value	p 值 p-value
a	24.9730	20.1902	87	1.237	0.2195
b	2.0250	0.2162	87	9.368	<0.0001
$b1$	−0.0780	0.0148	87	−5.311	<0.0001
$b2$	−0.0003	0.0001	87	−3.124	0.0024
c	1448.7410	741.384	87	1.954	0.0539
$c1$	−30.3680	16.0229	87	−1.895	0.0614
$c2$	−0.5840	0.2921	87	−2.000	0.0487
logLik			−611.194		
AIC			1242.389		
BIC			1268.032		
区组间方差协方差矩阵 D			$D=3.9003 \times 10^{-6}$		
异方差函数值 Heteroscedasticity value			Power=0.1685		
残差 Residual error			2.6695		

6.2.4　考虑竞争因子固定效应的混合效应模型

1. 基本模型

引入单木简单竞争指数（CI）数据作为固定效应参与模型拟合，以基础混合效应模型（随机效应仅考虑 b 参数）为基础，分析不同组合的参数显著性及模型拟合指标后，选择的最佳模型形式见公式（6.2.4），该模型与基础混合效应模型的拟合指标比较见表 6.2.12，拟合结果见表 6.2.13。

$$y = a \cdot \left\{ \frac{1 - \exp[-(b + ub + b1 \cdot \mathrm{CI} + b2 \cdot \mathrm{CI}^2) \cdot t]}{1 - \exp[-(b + ub + b1 \cdot \mathrm{CI} + b2 \cdot \mathrm{CI}^2) \cdot t_0]} \right\}^{c + c1 \cdot \mathrm{CI} + c2 \cdot \mathrm{CI}^2} \tag{6.2.4}$$

表 6.2.12　考虑竞争因子固定效应的木材生物量生长混合效应模型比较

Table 6.2.12　The comparison of the models considering the fixed effect of competition factors

模型形式 Model forms	logLik	AIC	BIC	LRT	p 值 p-value
竞争因子+区域效应 Competition factors+regional effect	−604.383	1226.765	1249.844		
区域效应 Regional effect	−620.826	1251.651	1264.473	32.886	<0.0001

表 6.2.13　考虑竞争因子固定效应的木材生物量生长混合效应模型拟合参数

Table 6.2.13　The estimation parameters of mixed-effects growth models for wood biomass considering the fixed effect of competition factors

参数 Parameters	估计值 Value	标准差 Std. error	自由度 DF	t 值 t-value	p 值 p-value
a	29.714 3	17.903 2	87	1.660	0.100 6
b	0.059 8	0.020 4	87	2.931	0.004 3
$b1$	−0.001 4	0.000 7	87	−1.881	0.063 3
$b2$	0.000 02	0.000 01	87	1.758	0.082 2
c	10.487 6	5.700 0	87	1.840	0.069 2
$c1$	−0.273 9	0.177 2	87	−1.546	0.125 8
$c2$	0.003 6	0.002 7	87	1.355	0.178 8

2. 考虑方差协方差结构

从表 6.2.14 中可以看出，考虑方差结构后，幂函数和指数函数形式的方差方程均能极显著提高模型精度，其中幂函数形式的 logLik 值最大，AIC 和 BIC 值均最小，因此，采用幂函数形式作为其方差方程。AR（1）、CAR（1）和 ARMA（1）3 种时间自相关方程形式均不能收敛，因此，不考虑时间自相关的协方差结构。

表 6.2.14　考虑竞争因子固定效应的木材生物量生长混合模型比较

Table 6.2.14　The comparison of wood biomass growth models with the fixed effect of
competition factors

序号 No.	方差结构 Variance structure	协方差结构 Covariance structure	logLik	AIC	BIC	LRT	p 值 p-value
1	无	无	−604.383	1226.765	1249.844		
2	Power	无	−563.351	1146.702	1172.346	82.063	<0.0001
3	Exponential	无	−572.668	1165.336	1190.980	63.429	<0.0001
4	无	AR（1）	不能收敛 No convergence				
5	无	CAR（1）	不能收敛 No convergence				
6	无	ARMA（1）	不能收敛 No convergence				
7*	Power	无	−560.592	1139.183	1162.262	87.583	<0.0001

*表示该模型为剔除不显著参数 b1 后的模型

*is the model removing no significant parameter b1

　　由于时间自相关形式的协方差结构均不能收敛，因此仅考虑模型的幂函数形式的方差结构，但模型中参数 b1 不显著（p 值为 0.1193），因此剔除该参数对应变量拟合新模型。新模型显著优于剔除不显著参数前的模型（二者 LRT 差异性检验 p 值为 0.0188），该模型具有最佳的拟合指标值，因此以新模型为竞争因子最终模型。其模型形式见公式（6.2.5），模型拟合结果见表 6.2.15。

$$y = a \cdot \left\{ \frac{1 - \exp[-(b + ub + b1 \cdot \mathrm{CI}^2) \cdot t]}{1 - \exp[-(b + ub + b1 \cdot \mathrm{CI}^2) \cdot t_0]} \right\}^{c + c1 \cdot \mathrm{CI} + c2 \cdot \mathrm{CI}^2} \tag{6.2.5}$$

表 6.2.15　考虑竞争因子固定效应的木材生物量生长混合模型拟合结果

Table 6.2.15　The estimation results of wood biomass growth models with the fixed effect of
competition factors

参数 Parameters	估计值 Value	标准差 Std. error	自由度 DF	t 值 t-value	p 值 p-value
a	38.8929	5.5585	88	6.9970	<0.0001
b	0.0316	0.0154	88	2.0553	0.0428
b1	−0.00001	0.0000	88	−2.6702	0.0090
c	5.8354	1.5997	88	3.6479	0.0004
c1	−0.0617	0.0168	88	−3.6830	0.0004
c2	0.0001	0.0000	88	3.7058	0.0004
logLik		−560.592			
AIC		1139.183			
BIC		1162.262			
区组间方差协方差矩阵 D		D=0.0095			
异方差函数值 Heteroscedasticity value		Power=0.7522			
残差 Residual error		1.7056			

6.2.5 模型检验与评价

从模型拟合情况看（表6.2.16），混合效应模型的拟合效果均优于一般回归模型；考虑环境因子固定效应的混合效应模型中，除含气候因子模型不及普通混合效应模型外，其余均优于普通混合效应模型，且以竞争因子模型具有最高的 logLik 值和最低的 AIC 值，含地形因子模型则具有最低 BIC 值。从整体上看，各类环境因子混合效应模型中，含竞争因子模型表现最好，含地形因子模型次之，含气候因子模型最差。

表 6.2.16 木材生物量生长模型拟合指标比较

Table 6.2.16 The comparison of fitting indices among the wood biomass growth models

模型形式 Model forms	logLik	AIC	BIC	LRT	p 值 p-value
一般回归模型 The ordinary model	−638.658	1285.315	1295.573		
区域效应混合模型 Mixed model including regional effect	−579.498	1201.675	1217.061	118.320	<0.0001
地形因子+区域效应混合模型 Mixed model including topographic factors and regional effect	−573.025	1162.050	1082.564	131.266	<0.0001
气候因子+区域效应混合模型 Mixed model including climate factors and regional effect	−611.194	1242.389	1268.032	54.926	<0.0001
竞争因子+区域效应混合模型 Mixed model including competition factors and regional effect	−560.592	1139.183	1162.262	156.133	<0.0001

从模型独立性检验看（表6.2.17），区域效应混合模型在各项指标均优于一般回归模型；考虑环境因子的混合效应模型也均优于普通区域效应混合效应模型。3类环境因子混合效应模型中，以含竞争因子模型表现最好，含地形因子模型次之，含气候因子模型最差。

表 6.2.17 木材生物量生长模型检验结果

Table 6.2.17 The comparison of validation indices among the wood biomass growth models

模型形式 Model forms	总相对误差 RS	平均相对误差 EE	绝对平均相对误差 RMA	预估精度 P
一般回归模型 The ordinary model	7.14	49.89	97.78	86.16
区域效应混合模型 Mixed model including regional effect	6.48	3.76	48.66	88.70
地形因子+区域效应混合模型 Mixed model including topographic factors and regional effect	5.66	3.60	47.09	89.71
气候因子+区域效应混合模型 Mixed model including climate factors and regional effect	5.79	3.74	48.04	88.94
竞争因子+区域效应混合模型 Mixed model including competition factors and regional effect	4.32	2.63	42.65	89.78

6.3 树皮生物量生长混合效应模型构建

6.3.1 基本混合效应模型

1. 混合参数选择

在考虑所有不同参数组合下，分析不同混合参数组合模型拟合的 3 个指标值，通过比较可以看出仅选取 a 参数作为混合参数的模型效果最好。该模型与无混合参数模型的比较情况见表 6.3.1。

表 6.3.1 树皮生物量生长模型混合参数比较

Table 6.3.1 The mixed parameters choices of growth models for bark biomass

混合参数 Mixed parameters	logLik	AIC	BIC	LRT	p 值 p-value
无	−436.077	880.154	890.411		
a	−418.936	847.873	860.695	34.281	<0.0001
b		不能收敛 No convergence			
c		不能收敛 No convergence			
a、b	−418.936	849.873	865.259	34.281	<0.0001
a、c	−418.936	849.873	865.259	34.281	<0.0001
b、c		不能收敛 No convergence			
a、b、c	−418.936	851.873	869.823	34.281	<0.0001

2. 考虑方差协方差结构

从表 6.3.2 中可以看出，考虑方差结构后，幂函数和指数函数形式的方差方程均能极显著提高模型精度，其中幂函数形式的 logLik 值最大，AIC 和 BIC 值均最小，因此，采用幂函数形式作为其方差方程。AR（1）、CAR（1）和 ARMA（1）3 种时间自相关方程形式均不能显著提高模型精度，3 种形式的模型除 logLik 值较大外，AIC 和 BIC 值均较小，因此，不考虑其时间自相关的协方差结构。

表 6.3.2 树皮生物量生长混合模型比较

Table 6.3.2 The comparation of wood biomass growth mixed models

序号 No.	方差结构 Variance structure	协方差结构 Covariance structure	logLik	AIC	BIC	LRT	p 值 p-value
1	无	无	−418.936	847.873	860.695		
2	Power	无	−393.314	798.628	814.014	51.245	<0.0001
3	Exponential	无	−399.854	811.707	827.093	38.165	<0.0001
4	无	AR（1）	−418.926	849.853	865.239	0.020	0.8878
5	无	CAR（1）	−418.930	849.860	865.246	0.013	0.9090
6	无	ARMA（1）	−418.926	849.851	865.237	0.022	0.8829

由于时间自相关性协方差结构不能提高模型精度，因此仅考虑幂函数的方差结构模型，并选用区域效应+幂函数模型作为最终模型，其模型拟合结果见表 6.3.3。

表 6.3.3　树皮生物量生长区域效应混合模型拟合结果

Table 6.3.3　The estimation results of mixed-effects growth models for bark biomass

参数 Parameters	估计值 Value	标准差 Std. error	自由度 DF	t 值 t-value	p 值 p-value
a	9.7941	2.3526	91	4.161	0.0001
b	0.0112	0.0135	91	0.833	0.4068
c	2.5368	0.6939	91	3.656	0.0004
logLik			−393.314		
AIC			798.628		
BIC			814.014		
区组间方差协方差矩阵 D			$D=3.3360$		
异方差函数值 Heteroscedasticity value			Power=0.7092		
残差 Residual error			1.3570		

6.3.2　考虑地形因子固定效应的混合效应模型

1. 基本模型

引入海拔、坡度、坡向等级数据作为固定效应参与模型拟合，以基础混合效应模型（随机效应仅考虑 a 参数）为基础，分析不同组合的参数显著性及模型拟合指标后，选择的最佳模型形式见公式（6.3.1），该模型与基础混合效应模型拟合指标比较见表 6.3.4，模型拟合结果见表 6.3.5。

$$y = (a + ua + a1 \cdot \text{GALT} + a2 \cdot \text{GSLO} + a3 \cdot \text{GASP})$$
$$\cdot \left\{ \frac{1 - \exp[-(b + b1 \cdot \text{GASP}) \cdot t]}{1 - \exp[-(b + b1 \cdot \text{GASP}) \cdot t_0]} \right\}^{c + c1 \cdot \text{GALT} + c2 \cdot \text{GSLO} + c3 \cdot \text{GASP}} \tag{6.3.1}$$

式中，ua——随机效应参数。

表 6.3.4　考虑地形因子固定效应的树皮生物量生长混合效应模型比较

Table 6.3.4　Comparison of the models considering the fixed effect of topographic factors for bark biomass

模型形式 Model forms	logLik	AIC	BIC	LRT	p 值 p-value
地形因子+区域效应 Topographic factors+regional effect	−410.680	845.360	876.133		
区域效应 Regional effect	−418.936	847.873	860.695	16.513	0.0208

表 6.3.5　考虑地形因子固定效应的树皮生物量生长混合效应模型拟合参数

Table 6.3.5　The estimation parameters of mixed-effect growth models for bark biomass considering topographic factors

参数 Parameters	估计值 Value	标准差 Std. error	自由度 DF	t 值 t-value	p 值 p-value
a	14.6910	7.4861	84	1.962	0.0530
$a1$	−1.2958	1.0440	84	−1.241	0.2180
$a2$	1.0242	0.7816	84	1.310	0.1937
$a3$	−0.5626	0.4366	84	−1.289	0.2011
b	0.0315	0.0206	84	1.528	0.1303
$b1$	−0.0057	0.0030	84	−1.889	0.0623
c	3.5143	2.1195	84	1.658	0.1010
$c1$	0.1930	0.1449	84	1.332	0.1866
$c2$	−0.3469	0.2050	84	−1.693	0.0943
$c3$	−0.1681	0.1290	84	−1.303	0.1961

2. 考虑方差协方差结构

从表 6.3.6 中可以看出，考虑方差结构后，幂函数和指数函数形式的方差方程中仅幂函数形式的模型收敛，且能极显著提高模型精度，因此，采用幂函数形式作为其方差方程。AR（1）、CAR（1）和 ARMA（1）3 种时间自相关方程形式均不能显著提高模型精度，且 3 个模型的 AIC 和 BIC 值均高于原模型，因此，不考虑时间自相关的协方差的结构。

表 6.3.6　地形因子固定效应的树皮生物量生长混合模型比较

Table 6.3.6　The comparation of bark biomass growth models with the fixed effect of topographic factors

序号 No.	方差结构 Variance structure	协方差结构 Covariance structure	logLik	AIC	BIC	LRT	p 值 p-value
1	无	无	−410.680	845.360	876.133		
2	Power	无	−386.385	798.771	832.107	48.590	<0.0001
3	Exponential	无	不能收敛 No convergence				
4	无	AR（1）	−410.655	847.310	880.647	0.050	0.8230
5	无	CAR（1）	−410.664	847.328	880.665	0.032	0.8579
6	无	ARMA（1）	−410.670	847.341	880.677	0.020	0.8882
7*	Power	无	−391.590	799.180	819.695	38.181	<0.0001

*表示该模型为剔除不显著参数 $a1$、$a2$、$a3$、$c1$ 和 $c2$ 后的模型

*is the model removing no significant palrameters $a1$、$a2$、$a3$、$c1$ and $c2$

由于时间自相关形式的协方差结构不能提高模型精度，因此仅考虑模型的方差结构。且幂函数形式的拟合指标较好，但该模型中参数 $a1$、$a2$、$a3$ 和 $c1$、$c2$ 均不显著（p 值分别为 0.5529、0.4900、0.1998、0.8933 和 0.7699），因此剔除 5

个参数对应的固定效应变量进行拟合得出新模型。该模型较未剔除不显著参数前的模型具有较低的 BIC 值，但其 logLik 值也较低，AIC 值较高。但该模型也极显著优于不考虑方差协方差结构的地形因子固定效应混合模型。新模型形式见公式（6.3.2），模型拟合结果见表 6.3.7。

$$y = (a + ua) \cdot \left\{ \frac{1 - \exp[-(b + b1 \cdot \text{GASP}) \cdot t]}{1 - \exp[-(b + b1 \cdot \text{GASP}) \cdot t_0]} \right\}^{c + c1 \cdot \text{GASP}} \tag{6.3.2}$$

表 6.3.7　考虑地形因子固定效应的树皮生物量生长混合效应模型拟合结果

Table 6.3.7　The estimation results of bark biomass growth models with fixed effect of topographic factors

参数 Parameters	估计值 Value	标准差 Std. error	自由度 DF	t 值 t-value	p 值 p-value
a	10.0188	2.3756	89	4.217	0.0001
b	−0.0175	0.0161	89	−1.088	0.2796
$b1$	0.0090	0.0025	89	3.658	0.0004
c	1.2571	0.5492	89	2.289	0.0245
$c1$	0.4421	0.2007	89	2.203	0.0301
logLik			−391.590		
AIC			799.180		
BIC			819.695		
区组间方差协方差矩阵 D			D=3.2707		
异方差函数值 Heteroscedasticity value			Power=0.7045		
残差 Residual error			1.3644		

6.3.3　考虑气候因子固定效应的混合效应模型

1. 基本模型

引入年降雨量和年均温数据作为固定效应参与模型拟合，以基础混合效应模型（随机效应仅考虑 a 参数）为基础，分析不同组合的参数显著性及模型拟合指标后，选择的最佳模型形式见公式（6.3.3），该模型与基础混合效应模型的拟合指标比较见表 6.3.8，模型拟合结果见表 6.3.9。

$$y = (a + ua + a1 \cdot \text{TEM} + a2 \cdot \text{PRE}) \cdot \left\{ \frac{1 - \exp[-(b + b1 \cdot \text{TEM} + b2 \cdot \text{PRE}) \cdot t]}{1 - \exp[-(b + b1 \cdot \text{TEM} + b2 \cdot \text{PRE}) \cdot t_0]} \right\}^{c} \tag{6.3.3}$$

表 6.3.8　考虑气候因子固定效应的树皮生物量生长混合效应模型比较

Table 6.3.8　Comparison of the models considering the fixed effect of climate factors for bark biomass

模型形式 Model forms	logLik	AIC	BIC	LRT	p 值 p-value
气候因子固定效应+区域效应 Climate factors+regional effect	−418.774	855.548	878.627		
区域效应 Regional effect	−418.936	847.873	860.695	0.325	0.9881

表 6.3.9　考虑气候因子固定效应的树皮生物量生长混合效应模型拟合参数

Table 6.3.9　The estimation parameters of mixed-effect growth models for bark biomass considering the fixed effect of climate factors for bark biomass

参数 Parameters	估计值 Value	标准差 Std. error	自由度 DF	t 值 t-value	p 值 p-value
a	233.4956	145.3564	87	1.606	0.1118
$a1$	−3.4762	2.1761	87	−1.597	0.1138
$a2$	−0.1129	0.0702	87	−1.610	0.1111
b	1.4217	0.4385	87	3.242	0.0017
$b1$	−0.0124	0.0066	87	−1.867	0.0652
$b2$	−0.0007	0.0002	87	−3.465	0.0008
c	26.2304	7.4885	87	3.503	0.0007

2. 考虑方差协方差结构

从表 6.3.10 中可以看出，考虑方差结构后，幂函数和指数函数形式的方差方程均能极显著提高模型精度，其中指数函数形式的 logLik 值最大，AIC 和 BIC 值均最小，因此，采用指数函数形式作为其方差方程。AR（1）、CAR（1）和 ARMA（1）3 种时间自相关方程形式均不能显著提高模型精度，且 3 个模型的 AIC 和 BIC 值均高于原模型，因此，不考虑时间自相关的协方差结构。

表 6.3.10　考虑气候因子固定效应的树皮生物量生长混合效应模型比较

Table 6.3.10　The comparison of bark biomass growth models with the fixed effect of climate factors

序号 No.	方差结构 Variance structure	协方差结构 Covariance structure	logLik	AIC	BIC	LRT	p 值 p-value
1	无	无	−418.774	855.548	878.627		
2	Power	无	−406.719	833.438	859.082	24.109	<0.0001
3	Exponential	无	−404.503	829.006	854.650	28.541	<0.0001
4	无	AR（1）	−418.664	857.327	882.971	0.220	0.6387
5	无	CAR（1）	−418.774	857.548	883.192	0.001	0.9791
6	无	ARMA（1）	−418.669	857.338	882.982	0.209	0.6473

由于时间自相关形式的协方差结构均不能提高模型精度，因此仅考虑模型的方差结构。且指数函数形式的拟合指标较好，因此以该模型为基础构建气候因子影响的树皮生物量混合效应模型，其模型拟合结果见表 6.3.11。

表 6.3.11　考虑气候因子固定效应的树皮生物量生长混合模型拟合结果

Table 6.3.11　The estimation results of bark biomass growth models with the fixed effect of climate factors

参数 Parameters	估计值 Value	标准差 Std. error	自由度 DF	t 值 t-value	p 值 p-value
a	261.559 0	111.544 2	87	2.345	0.021 3
$a1$	−3.826 0	1.653 3	87	−2.314	0.023 0
$a2$	−0.127 3	0.054 1	87	−2.355	0.020 8
b	1.464 1	0.366 1	87	3.999	0.000 1
$b1$	−0.013 3	0.006 1	87	−2.182	0.031 8
$b2$	−0.000 8	0.000 2	87	−4.213	0.000 1
c	29.050 3	10.701 8	87	2.715	0.008 0
logLik			−404.503		
AIC			829.006		
BIC			854.650		
区组间方差协方差矩阵 D			D=0.000 02		
异方差函数值 Heteroscedasticity value			Expon=0.020 5		
残差 Residual error			7.892 5		

6.3.4　考虑竞争因子固定效应的混合效应模型

1. 基本模型

引入单木简单竞争指数（CI）数据作为固定效应参与模型拟合，以基础混合效应模型（随机效应仅考虑 a 参数）为基础，分析不同组合的参数显著性及模型拟合指标后，选择的最佳模型形式见公式（6.3.4），该模型与基础混合效应模型的拟合指标比较见表 6.3.12，模型拟合结果见表 6.3.13。

$$y = (a + ua + a1 \cdot \text{CI} + a2 \cdot \text{CI}^2) \cdot \left[\frac{1 - \exp(-b \cdot t)}{1 - \exp(-b \cdot t_0)} \right]^{c + c1 \cdot \text{CI} + c2 \cdot \text{CI}^2} \quad (6.3.4)$$

表 6.3.12　考虑竞争因子固定效应的树皮生物量生长混合效应模型比较

Table 6.3.12　Comparison of the models considering the fixed effect of competition factors for bark biomass

模型形式 Model forms	logLik	AIC	BIC	LRT	p 值 p-value
竞争因子固定效应+区域效应 Competition factors+regional effect	−411.553	841.107	864.186		
区域效应 Regional effect	−418.936	847.873	860.695	14.766	0.0052

表 6.3.13　考虑竞争因子固定效应的树皮生物量生长混合效应模型拟合参数

Table 6.3.13　The estimation parameters of mixed-effects growth models for bark biomass considering the fixed effect of competition factors

参数 Parameters	估计值 Value	标准差 Std. error	自由度 DF	t 值 t-value	p 值 p-value
a	29.714 3	17.903 2	87	1.660	0.100 6
b	0.059 8	0.020 4	87	2.931	0.004 3
$b1$	−0.001 4	0.000 7	87	−1.881	0.063 3
$b2$	0.000 02	0.000 01	87	1.758	0.082 2
c	10.487 6	5.700 0	87	1.840	0.069 2
$c1$	−0.273 9	0.177 2	87	−1.546	0.125 8
$c2$	0.003 6	0.002 7	87	1.355	0.178 8

2. 考虑方差协方差结构

从表 6.3.14 中可以看出，考虑方差结构后，幂函数和指数函数形式的方差方程中幂函数形式不能收敛，而指数函数能收敛且极显著提高模型精度，因此，采用指数函数形式作为其方差方程。AR（1）、CAR（1）和 ARMA（1）3 种时间自相关方程形式均不能显著提高模型精度，且 3 个模型的 AIC 和 BIC 值均高于原模型，因此，不考虑时间自相关的协方差结构。

由于时间自相关形式的协方差结构均不能提高模型精度，因此仅考虑模型的方差结构。且指数函数形式的拟合指标较好，因此以该模型为基础构建竞争因子影响的木材生物量混合效应模型，其模型拟合结果见表 6.3.15。

表 6.3.14　考虑竞争因子固定效应的树皮生物量生长混合效应模型比较

Table 6.3.14　The comparison of bark biomass growth models with fixed effect of competition factors

序号 No.	方差结构 Variance structure	协方差结构 Covariance structure	logLik	AIC	BIC	LRT	p 值 p-value
1	无	无	−411.553	841.107	864.186		
2	Power	无	不能收敛 No convergence				
3	Exponential	无	−393.006	806.012	831.656	37.094	<0.0001
4	无	AR（1）	−410.678	841.356	867.000	1.750	0.1858
5	无	CAR（1）	−411.550	843.101	868.744	0.006	0.9396
6	无	ARMA（1）	−410.775	841.549	867.193	1.558	0.2120

表 6.3.15　考虑竞争因子固定效应的树皮生物量生长混合模型拟合结果

Table 6.3.15　The estimation results of bark biomass growth models with fixed effect of competition factors

参数 Parameters	估计值 Value	标准差 Std. error	自由度 DF	t 值 t-value	p 值 p-value
a	5.4561	2.5322	87	2.155	0.0339
b	0.1392	0.0649	87	2.147	0.0346
$b1$	−0.0008	0.0004	87	−2.249	0.0270
$b2$	0.0371	0.0142	87	2.619	0.0104
c	5.9311	1.9778	87	2.999	0.0035
$c1$	−0.0706	0.0318	87	−2.219	0.0291
$c2$	0.0003	0.0002	87	1.702	0.0924
logLik			−393.006		
AIC			806.012		
BIC			831.656		
区组间方差协方差矩阵 D			D=2.9989		
异方差函数值 Heteroscedasticity value			Expon=0.0215		
残差 Residual error			6.2640		

6.3.5　模型检验与评价

从模型拟合情况看（表 6.3.16），混合效应模型的拟合效果均优于一般回归模型；考虑环境因子固定效应的混合效应模型中，地形因子混合效应模型具有最高的 logLik 值，一般区域效应混合模型具有最优的 AIC 和 BIC 值。3 类环境因子混合效应模型中，地形因子混合效应模型表现最好，竞争因子次之，气候因子最差。

表 6.3.16　树皮生物量生长模型拟合指标比较

Table 6.3.16　The comparison of fitting indices among the bark biomass growth models

模型形式 Model forms	logLik	AIC	BIC	LRT	p 值 p-value
一般回归模型 The ordinary model	−436.077	880.154	890.411		
区域效应混合模型 Mixed model including regional effect	−393.314	798.628	814.014	85.525	<0.0001
地形因子+区域效应混合模型 Mixed model including topographic factors and regional effect	−391.590	799.180	819.695	88.973	<0.0001
气候因子+区域效应混合模型 Mixed model including climate factors and regional effect	−404.503	829.006	854.650	63.147	<0.0001
竞争因子+区域效应混合模型 Mixed model including competition factors and regional effect	−393.006	806.012	831.656	86.141	<0.0001

从模型的独立性检验看（表 6.3.17），普通的区域效应混合模型各项指标均不及一般回归模型。考虑环境因子固定效应的混合效应模型则具有较高的预估精度，但仅含地形因子模型在各项指标上均优于一般回归模型，另两类环境因子模型除

预估精度均高于一般回归模型，且含气候因子模型的平均相对误差绝对值较低外，两个模型的其他指标均不及一般回归模型。就 3 类环境固定效应的混合效应模型而言，含地形因子模型具有最佳的表现，含竞争因子模型具有较高的预估精度，但其他 3 项指标均不及含气候因子模型。

表 6.3.17　树皮生物量生长模型检验结果
Table 6.3.17　The comparation of validation indices among the bark biomass growth models

模型形式 Model forms	总相对误差 RS	平均相对误差 EE	绝对平均相对误差 RMA	预估精度 P
一般回归模型 The ordinary model	−19.36	−22.06	47.65	90.18
区域效应混合模型 Mixed model including regional effect	−36.01	−25.46	52.15	88.31
地形因子+区域效应混合模型 Mixed model including topographic factors and regional effect	9.03	6.38	46.68	91.16
气候因子+区域效应混合模型 Mixed model including climate factors and regional effect	24.17	−21.65	47.89	90.70
竞争因子+区域效应混合模型 Mixed model including competition factors and regional effect	−29.96	−29.02	49.02	90.85

6.4　树枝生物量生长模型构建

6.4.1　基本混合效应模型

1. 混合参数选择

在考虑所有参数不同组合下，各种混合参数组合的拟合均不能收敛。因此，树枝生物量生长模型不考虑区域效应的混合效应模型。

2. 考虑方差协方差结构

从表 6.4.1 中可以看出，考虑方差结构后，幂函数和指数函数形式的方差方程中仅幂函数形式的模型能收敛且能极显著提高模型精度，因此，采用幂函数形式作为其方差方程。AR（1）、CAR（1）和 ARMA（1）3 种时间自相关方程形式均不能收敛，因此，不考虑其时间自相关的协方差结构。

表 6.4.1　树枝生物量生长模型拟合比较
Table 6.4.1　The comparation of branch biomass growth models

序号 No.	方差结构 Variance structure	协方差结构 Covariance structure	logLik	AIC	BIC	LRT	p 值 p-value
1	无	无	−534.207	1076.415	1086.672		
2	Power	无	−506.251	1022.501	1035.323	55.913	<0.0001
3	Exponential	无	不能收敛 No convergence				

序号 No.	方差结构 Variance structure	协方差结构 Covariance structure	logLik	AIC	BIC	LRT	p 值 p-value
4	无	AR（1）		不能收敛 No convergence			
5	无	CAR（1）		不能收敛 No convergence			
6	无	ARMA（1）		不能收敛 No convergence			

由于时间自相关协方差结构不能收敛，因此仅考虑方差结构形式。且幂函数形式的方差结构能极显著提高模型精度，因此以幂函数形式的方差结构模型为最终模型，其模型拟合结果见表 6.4.2。

表 6.4.2　树枝生物量生长模型拟合结果

Table 6.4.2　The estimation results of branch biomass growth model

参数 Parameters	估计值 Value	标准差 Std. error	自由度 DF	t 值 t-value	p 值 p-value
a	17.2904	3.1847	93	5.429	<0.0001
b	0.0609	0.0247	93	2.468	0.0154
c	5.3759	2.2569	93	2.382	0.0193
logLik			−585.132		
AIC			1182.263		
BIC			1197.649		
异方差函数值 Heteroscedasticity value			Power=0.9730		
残差 Residual error			1.1263		

6.4.2　地形因子影响的模型

1. 基本模型

引入海拔、坡度、坡向等级数据参与模型构建，分析不同组合的参数显著性及模型拟合 AIC 值后，选择的最佳模型形式见公式（6.4.1），该模型与一般回归模型的拟合指标比较见表 6.4.3，模型拟合结果见表 6.4.4。

$$y = a \cdot \left\{ \frac{1 - \exp[-(b + b1 \cdot \text{GASP}) \cdot t]}{1 - \exp[-(b + b1 \cdot \text{GASP}) \cdot t_0]} \right\}^{c+c1 \cdot \text{GSLO}} \tag{6.4.1}$$

表 6.4.3　含地形因子的树枝生物量生长模型比较

Table 6.4.3　The comparation of the models including topographic factors for branch biomass

模型形式 Model forms	logLik	AIC	BIC	LRT	p 值 p-value
含地形因子回归模型 The model including topographic factors	−531.877	1075.755	1091.141		
一般回归模型 The ordinary model	−534.207	1076.415	1086.672	3.576	0.1243

表 6.4.4　含地形因子的树枝生物量生长模型拟合参数

Table 6.4.4　The estimation parameters of branch biomass growth model including topographic factors

参数 Parameters	估计值 Value	标准差 Std. error	自由度 DF	t 值 t-value	p 值 p-value
a	19.0682	11.5961	91	1.644	0.0530
b	0.0340	0.0393	91	0.866	0.4325
b1	−0.0018	0.0019	91	−0.966	0.3018
c	1.4844	2.2620	91	0.656	0.5427
c1	0.3740	0.3130	91	1.195	0.2876

2. 考虑方差协方差结构

从表 6.4.5 中可以看出，考虑方差结构后，幂函数和指数函数形式的方差方程中仅幂函数形式的模型收敛，且能极显著提高模型精度，因此，采用幂函数形式作为其方差方程。AR（1）、CAR（1）和 ARMA（1）3 种时间自相关方程形式均不能收敛，因此，不考虑时间自相关的协方差结构。

表 6.4.5　含地形因子的树枝生物量生长模型比较

Table 6.4.5　The comparison of branch biomass growth models including topographic factors

序号 No.	方差结构 Variance structure	协方差结构 Covariance structure	logLik	AIC	BIC	LRT	p 值 p-value
1	无	无	−531.877	1075.755	1091.141		
2	Power	无	−493.268	1000.537	1018.487	77.218	<0.0001
3	Exponential	无	不能收敛 No convergence				
4	无	AR（1）	不能收敛 No convergence				
5	无	CAR（1）	不能收敛 No convergence				
6	无	ARMA（1）	不能收敛 No convergence				
7*	Power	无	−494.066	1000.131	1015.518		

*表示该模型为剔除不显著参数 b1 后的模型

*is the model removing no significant parameter b1

由于时间自相关形式的协方差结构均不能收敛，因此仅考虑模型的方差结构。且幂函数形式的拟合指标较好，但该模型中参数 b1 不显著（p 值为 0.5390），因此剔除该参数对应的变量进行拟合得出新模型，该模型较未剔除不显著参数模型具有较低的 AIC 和 BIC 值，但其 logLik 值也较低。不过该模型也极显著优于仅考虑地形因子固定效应的区域效应混合效应模型。新模型形式见公式（6.4.2），其模型拟合结果见表 6.4.6。

$$y = a \cdot \left[\frac{1 - \exp(-b \cdot t)}{1 - \exp(-b \cdot t_0)} \right]^{c + c1 \cdot \mathrm{GASP}} \tag{6.4.2}$$

表 6.4.6 含地形因子的树枝生物量生长模型拟合结果

Table 6.4.6 The estimation results of branch biomass growth models including topographic factors

参数 Parameters	估计值 Value	标准差 Std. error	自由度 DF	t 值 t-value	p 值 p-value
a	15.9415	2.5474	92	6.258	<0.0001
b	0.0352	0.0222	92	1.584	0.1167
c	1.6677	1.1910	92	1.400	0.1648
c1	0.6456	0.2803	92	2.303	0.0235
logLik			−494.066		
AIC			1000.131		
BIC			1015.518		
异方差函数值 Heteroscedasticity value			Power=0.9907		
残差 Residual error			0.9558		

6.4.3 气候因子影响的模型

1. 基本模型

引入年降雨量和年均温数据参与模型拟合，分析不同组合的参数显著性及模型拟合指标后，选择的最佳模型形式见公式（6.4.3），该模型与一般回归模型的拟合指标比较见表 6.4.7，模型拟合结果见表 6.4.8。

$$y = a \cdot \left\{ \frac{1-\exp[-(b+b1\cdot\mathrm{PRE})\cdot t]}{1-\exp[-(b+b1\cdot\mathrm{PRE})\cdot t_0]} \right\}^{c+c1\cdot\mathrm{TEM}} \quad (6.4.3)$$

表 6.4.7 含气候因子的树枝生物量生长模型比较

Table 6.4.7 Comparison of the models including climate factors for branch biomass

模型形式 Model forms	logLik	AIC	BIC	LRT	p 值 p-value
含气候因子回归模型 The model including climate factors	−529.576	1071.153	1086.355		
一般回归模型 The ordinary model	−534.207	1076.415	1086.672	4.135	0.1647

6.4.8 含气候因子的树枝生物量生长模型拟合参数

Table 6.4.8 The estimation parameters of branch biomass growth model including the climate factors

参数 Parameters	估计值 Value	标准差 Std. error	自由度 DF	t 值 t-value	p 值 p-value
a	11.6524	10.3729	91	1.123	0.1679
b	−0.3058	0.2405	91	−1.271	0.1325
b1	0.0002	0.0001	91	1.666	0.0568
c	16.1236	13.3481	91	1.208	0.1467
c1	−0.6570	0.4763	91	−1.379	0.0862

2. 考虑方差协方差结构

从表 6.4.9 中可以看出，考虑方差结构后，幂函数和指数函数形式的方差方程中仅幂函数形式的模型收敛，且能极显著提高模型精度，因此，采用幂函数形式作为其方差方程。AR（1）、CAR（1）和 ARMA（1）3 种时间自相关方程形式均不能收敛，因此，不考虑时间自相关的协方差结构。

表 6.4.9　含气候因子的树枝生物量生长模型比较

Table 6.4.9　The comparation of branch biomass growth models including climate factors

序号 No.	方差结构 Variance structure	协方差结构 Covariance structure	logLik	AIC	BIC	LRT	p 值 p-value
1	无	无	−529.576	1071.153	1086.355		
2	Power	无	−493.203	1000.405	1018.355	72.748	<0.0001
3	Exponential	无	不能收敛 No convergence				
4	无	AR（1）	不能收敛 No convergence				
5	无	CAR（1）	不能收敛 No convergence				
6	无	ARMA（1）	不能收敛 No convergence				

由于时间自相关形式的协方差结构均不能收敛，因此仅考虑模型的方差结构。且幂函数形式的拟合指标较好，该模型中参数 $b1$ 不显著，但剔除该参数对应变量后拟合的新模型的 b 值也不显著，且其对应的 p 值为 0.4069，因此不考虑剔除参数，以考虑幂函数形式方差结构的原模型为最终模型，其模型拟合结果见表 6.4.10。

表 6.4.10　含气候因子的树枝生物量生长模型拟合结果

Table 6.4.10　The estimation results of branch biomass growth models including climate factors

参数 Parameters	估计值 Value	标准差 Std. error	自由度 DF	t 值 t-value	p 值 p-value
a	13.8221	2.3152	91	5.970	<0.0001
b	−0.3466	0.2306	91	−1.503	0.1362
$b1$	0.00024	0.00015	91	1.624	0.1078
c	13.9944	5.3568	91	2.612	0.0105
$c1$	−0.6152	0.2535	91	−2.427	0.0172
logLik	−493.203				
AIC	1000.405				
BIC	1018.355				
异方差函数值 Heteroscedasticity value	Power=0.9771				
残差 Residual error	1.0247				

6.4.4　竞争因子影响的模型

1. 基本模型

引入单木简单竞争指数（CI）数据参与模型拟合，分析不同组合的参数显著性及模型拟合指标，选择的最佳模型形式见公式（6.4.4），该模型与一般回归模型的拟合指标比较见表 6.4.11，模型拟合结果见表 6.4.12。

$$y = a \cdot \left\{ \frac{1 - \exp[-(b + b1 \cdot \mathrm{CI}) \cdot t]}{1 - \exp[-(b + b1 \cdot \mathrm{CI}) \cdot t_0]} \right\}^{c + c1 \cdot \mathrm{CI}} \tag{6.4.4}$$

表 6.4.11　含竞争因子的树枝生物量生长模型比较

Table 6.4.11　The comparation of the models including competition factors for branch biomass

模型形式 Model forms	logLik	AIC	BIC	LRT	p 值 p-value
含竞争因子回归模型 The model including competition factors	−516.938	1045.875	1061.261		
一般回归模型 The ordinary model	−534.207	1076.415	1086.672	38.492	<0.0001

表 6.4.12　含竞争因子的树枝生物量生长模型拟合参数

Table 6.4.12　The estimation parameters of branch biomass growth model including the competition factors

参数 Parameters	估计值 Value	标准差 Std. error	自由度 DF	t 值 t-value	p 值 p-value
a	9.3524	11.255	91	0.831	0.3984
b	0.2365	0.1217	91	1.943	0.0458
$b1$	0.0001	0.0015	91	0.643	0.4983
c	333.9320	894.0520	91	0.374	0.6453
$c1$	−0.5781	8.8185	91	−0.066	0.8786

2. 考虑方差协方差结构

从表 6.4.13 中可以看出，考虑方差结构后，幂函数和指数函数形式的方差方程中指数函数形式不能收敛，但幂函数能极显著提高模型精度，因此，采用幂函数形式作为其方差方程。AR（1）、CAR（1）和 ARMA（1）3 种时间自相关方程形式均不能收敛，因此，不考虑时间自相关的协方差结构。

表 6.4.13　含竞争因子的树枝生物量生长模型比较

Table 6.4.13　The comparison of branch biomass growth models including competition factors

序号 No.	方差结构 Variance structure	协方差结构 Covariance structure	logLik	AIC	BIC	LRT	p 值 p-value
1	无	无	−516.938	1045.875	1061.261		
2	Power	无	−480.737	975.474	993.424	72.401	<0.0001
3	Exponential	无		不能收敛 No convergence			
4	无	AR（1）		不能收敛 No convergence			
5	无	CAR（1）		不能收敛 No convergence			
6	无	ARMA（1）		不能收敛 No convergence			

由于时间自相关形式的协方差结构均不能收敛，因此仅考虑模型的方差结构。幂函数形式的拟合指标较好，由于参数中 b_1 和 c_1 均不显著（p 值分别为 0.5679 和 0.9912），但剔除 c_1 后模型拟合指标较差（logLik 值为−536.334，AIC 值为 1084.667，BIC 值为 1100.053），且模型中其他参数均不显著，因此仍然以不剔除参数的模型为最终模型，其模型拟合结果见表 6.4.14。

表 6.4.14　含竞争因子的树枝生物量生长模型拟合结果

Table 6.4.14　The estimation results of branch biomass growth models including competition factors

参数 Parameters	估计值 Value	标准差 Std. error	自由度 DF	t 值 t-value	p 值 p-value
a	17.4045	4.0251	91	4.324	<0.0001
b	0.0908	0.0485	91	1.871	0.0646
b_1	0.0014	0.0025	91	0.573	0.5679
c	14.2369	14.0684	91	1.012	0.3142
c_1	0.0070	0.6370	91	0.011	0.9912
logLik		−480.737			
AIC		975.474			
BIC		993.424			
异方差函数值 Heteroscedasticity value		Power=0.6643			
残差 Residual error		3.0378			

6.4.5　模型检验与评价

从模型拟合情况看（表 6.4.15），考虑环境因子的模型和幂函数方差结构的回归模型的拟合效果均优于一般回归模型；含环境因子的回归模型均优于幂函数加权的一般回归模型；3 类含环境因子的回归模型中，含竞争因子模型表现最好，含气候因子模型具有较高的 logLik 值，但其 AIC 和 BIC 值均高于含地形因子模型。

表 6.4.15　树枝生物量生长模型拟合指标比较

Table 6.4.15　The comparison of fitting indices among the branch biomass growth models

模型形式 Model forms	logLik	AIC	BIC	LRT	p 值 p-value
一般回归模型 The ordinary model	−534.207	1076.415	1086.672		
考虑方差结构的回归模型 The model considering the variance structure	−506.251	1022.501	1035.323	55.913	<0.0001
含地形因子的回归模型 The model including topographic factors	−494.066	1000.131	1015.518	80.283	<0.0001
含气候因子的回归模型 The model including climate factors	−493.203	1000.405	1018.355	82.010	<0.0001
含竞争因子的回归模型 The model including competition factors	−480.737	975.474	993.424	106.941	<0.0001

从模型独立性检验看（表 6.4.16），含环境因子的模型在预估精度上均高于一般回归模型和幂函数方差结构的回归模型，且绝对平均相对误差也较小。仅含气候因子的回归模型在各项指标上均优于一般回归模型和幂函数加权的回归模型，且该模型总相对误差和平均相对误差的绝对值最小；地形因子模型具有最小的绝对平均相对误差和最高预估精度值，但其总相对误差和平均相对误差的绝对值均较大。

表 6.4.16　树枝生物量生长模型检验结果

Table 6.4.16　The comparison of validation indices among the branch biomass growth models

模型形式 Model forms	总相对误差 RS	平均相对误差 EE	绝对平均相对误差 RMA	预估精度 P
一般回归模型 The ordinary model	13.43	5.46	77.81	75.67
考虑方差结构的回归模型 The model considering the variance structure	14.09	9.07	79.82	75.33
含地形因子的回归模型 The model including topographic factors	−54.40	−30.87	66.68	80.86
含气候因子的回归模型 The model including climate factors	4.16	0.12	70.04	79.03
含竞争因子的回归模型 The model including competition factors	12.51	8.61	71.06	78.89

6.5　树叶生物量生长模型构建

6.5.1　基本混合效应模型

1. 混合参数选择

在考虑所有参数不同组合下，各种混合参数组合的拟合均不能收敛。因此，树叶生物量生长模型不考虑区域效应的混合效应模型。

2. 考虑方差协方差结构

从表 6.5.1 中可以看出，考虑方差结构后，幂函数和指数函数形式的方差方程均能极显著提高模型精度，且以幂函数形式的 logLik 值最大，AIC 和 BIC 值最小，因此，采用幂函数形式作为其方差方程。AR（1）、CAR（1）和 ARMA（1）3 种时间自相关方程形式中除 ARMA（1）不能收敛外，另两个方程形式均不及不考虑时间自相关的模型，因此，不考虑其时间自相关协方差结构。

表 6.5.1　树叶生物量生长模型比较

Table 6.5.1　The comparison of leaf biomass growth models

序号 No.	方差结构 Variance structure	协方差结构 Covariance structure	logLik	AIC	BIC	LRT	p 值 p-value
1	无	无	−278.749	565.499	575.256		
2	Power	无	−272.409	554.819	567.640	12.680	0.0004
3	Exponential	无	−274.586	559.172	571.993	8.327	0.0039
4	无	AR（1）	−278.749	567.307	580.129	0.192	0.6615
5	无	CAR（1）	−278.749	567.499	580.321	0.0004	0.9844
6	无	ARMA（1）	不能收敛 No convergence				

由于时间自相关协方差结构不能提高模型精度，故而仅考虑方差结构形式，且幂函数形式的方差结构能极显著提高模型精度，因此以幂函数形式的方差结构模型为最终模型，其模型拟合结果见表 6.5.2。

表 6.5.2　树叶生物量生长模型拟合结果

Table 6.5.2　The estimation results of leaf biomass growth model

参数 Parameters	估计值 Value	标准差 Std. error	自由度 DF	t 值 t-value	p 值 p-value
a	3.7277	0.6779	93	5.499	<0.0001
b	0.1551	0.0559	93	2.776	0.0067
c	11.0676	8.6974	93	1.273	0.2064
logLik		−272.409			
AIC		554.819			
BIC		567.640			
异方差函数值 Heteroscedasticity value		Power=0.8664			
残差 Residual error		1.0340			

6.5.2　地形因子影响的模型

1. 基本模型

引入海拔、坡度、坡向等级数据参与模型拟合，经分析不同组合下的各参数显著性及模型拟合 AIC 值后，选择的最佳模型形式见公式（6.5.1），该模型与一般回归模型的拟合指标比较见表 6.5.3，模型拟合结果见表 6.5.4。

$$y = (a + a1 \cdot \text{GALT}) \cdot \left\{ \frac{1 - \exp[-(b + b1 \cdot \text{GALT}) \cdot t]}{1 - \exp[-(b + b1 \cdot \text{GALT}) \cdot t_0]} \right\}^c \qquad (6.5.1)$$

表 6.5.3 含地形因子的树叶生物量生长模型比较

Table 6.5.3 The comparison of the models including topographic factors for leaf biomass

模型形式 Model forms	logLik	AIC	BIC	LRT	p 值 p-value
含地形因子回归模型 The model including topographic factors	−269.549	551.099	566.485		
一般回归模型 The ordinary model	−278.749	565.499	575.756	18.400	0.0001

表 6.5.4 含地形因子的树叶生物量生长模型拟合参数

Table 6.5.4 The estimation parameters of leaf biomass growth model including the topographic factors

参数 Parameters	估计值 Value	标准差 Std. error	自由度 DF	t 值 t-value	p 值 p-value
a	−1.6083	1.0005	91	−1.608	0.1114
$a1$	1.8704	0.3474	91	5.384	<0.0001
b	0.0104	0.0317	91	0.328	0.7441
$b1$	0.0670	0.0286	91	2.339	0.0215
c	15.7937	26.9614	91	0.586	0.5595

2. 考虑方差协方差结构

从表 6.5.5 中可以看出，考虑方差结构后，幂函数和指数函数形式的方差方程中仅指数函数形式的模型收敛，且能极显著提高模型精度，因此，采用指数函数形式作为其方差方程。AR（1）、CAR（1）和 ARMA（1）3 种时间自相关方程形式中除 AR（1）和 ARMA（1）的 logLik 值较大外，其余指标均不及不考虑时间自相关的模型。

表 6.5.5 含地形因子的树叶生物量生长模型比较

Table 6.5.5 The comparison of leaf biomass growth models including topographic factors

序号 No.	方差结构 Variance structure	协方差结构 Covariance structure	logLik	AIC	BIC	LRT	p 值 p-value
1	无	无	−269.549	551.099	566.485		
2	Power	无	不能收敛 No convergence				
3	Exponential	无	−258.341	530.683	548.633	22.416	<0.0001
4	无	AR（1）	−269.467	552.935	570.885	0.164	0.6854
5	无	CAR（1）	−269.549	553.099	571.049	0.000	0.9930
6	无	ARMA（1）	−269.466	552.933	570.883	0.166	0.6837

由于时间自相关形式的协方差结构均不能提高模型精度，因此仅考虑模型的方差结构。指数函数形式收敛且拟合指标较好，因此以该模型为基础构建地形因子影响的树枝生物量生长模型，但该模型中 a、b、c 3 个参数均不显著（p 值分别为 0.7688、0.7053 和 0.3040），3 个参数作为模型基本参数，不能剔除，因此仍以该模型作为最终模型，其模型拟合结果见表 6.5.6。

表 6.5.6　含地形因子的树叶生物量生长模型拟合结果

Table 6.5.6　The estimation results of leaf biomass growth models including topographic factors

参数 Parameters	估计值 Value	标准差 Std. error	自由度 DF	t 值 t-value	p 值 p-value
a	−0.2847	0.9657	91	−0.295	0.7688
$a1$	1.2960	0.3511	91	3.691	0.0004
b	−0.0153	0.0403	91	−0.379	0.7053
$b1$	0.0406	0.0135	91	2.996	0.0035
c	3.2901	3.1828	91	1.034	0.3040
logLik			−258.341		
AIC			530.683		
BIC			548.633		
异方差函数值 Heteroscedasticity value			Expon=0.1799		
残差 Residual error			1.4318		

6.5.3　气候因子影响的模型

1. 基本模型

引入年降雨量和年均温数据参与模型拟合，分析不同组合下的各参数显著性及模型拟合 AIC 值，选择的最佳模型形式见公式（6.5.2），该模型与一般回归模型的拟合指标比较见表 6.5.7，模型拟合结果见表 6.5.8。

$$y = a \cdot \left\{ \frac{1 - \exp[-(b + b1 \cdot \mathrm{TEM} + b2 \cdot \mathrm{PRE}) \cdot t]}{1 - \exp[-(b + b1 \cdot \mathrm{TEM} + b2 \cdot \mathrm{PRE}) \cdot t_0]} \right\}^{c} \qquad (6.5.2)$$

表 6.5.7　含气候因子的树叶生物量生长模型比较

Table 6.5.7　Comparison of the models including climate factors for leaf biomass

模型形式 Model forms	logLik	AIC	BIC	LRT	p 值 p-value
含气候因子回归模型 The model including climate factors	−267.068	546.137	561.523		
一般回归模型 The ordinary model	−278.749	565.499	575.756	23.362	<0.0001

表 6.5.8　含气候因子的树叶生物量生长模型拟合参数

Table 6.5.8　The estimation parameters of leaf biomass growth model including the climate factors

参数 Parameters	估计值 Value	标准差 Std. error	自由度 DF	t 值 t-value	p 值 p-value
a	3.1411	0.8877	91	3.538	0.0006
b	−0.9564	0.5302	91	−1.804	0.0764
$b1$	−0.0108	0.0084	91	−1.291	0.1998
$b2$	0.0009	0.0004	91	2.279	0.0250
c	10.0483	18.3061	91	0.548	0.5844

2. 考虑方差协方差结构

从表 6.5.9 中可以看出，考虑方差结构后，幂函数和指数函数形式的方差方程中仅幂函数形式的模型收敛，且能极显著提高模型精度，因此，采用幂函数形式作为其方差方程。AR（1）、CAR（1）和 ARMA（1）3 种时间自相关方程形式除 CAR（1）形式外均不能收敛，且 CAR（1）除 logLik 值与原模型一样外，AIC 和 BIC 值均高于原模型，因此，不考虑时间自相关的协方差结构。

表 6.5.9　含气候因子的树叶生物量生长模型比较

Table 6.5.9　The comparison of leaf biomass growth models including climate factors

序号 No.	方差结构 Variance structure	协方差结构 Covariance structure	logLik	AIC	BIC	LRT	p 值 p-value
1	无	无	−267.068	546.137	561.523		
2	Power	无	−256.624	527.248	545.198	20.889	<0.0001
3	Exponential	无	不能收敛 No convergence				
4	无	AR（1）	不能收敛 No convergence				
5	无	CAR（1）	−267.068	548.137	566.087	0.000	0.9899
6	无	ARMA（1）	不能收敛 No convergence				
7[*]	Power	无	−256.667	525.335	540.721		

*表示该模型为剔除不显著参数 $b1$ 后的模型

*is the model removing no significant parameter $b1$

由于时间自相关形式的协方差结构均不能收敛或不能提高模型精度，因此仅考虑模型的方差结构。且幂函数形式的拟合指标较好，该模型中存在参数 $b1$ 不显著（p 值为 0.9263），剔除该参数对应变量后拟合新模型，新模型除 logLik 值略高于原模型外，其 AIC 和 BIC 值均低于原模型，因此以考虑幂函数形式方差结构并剔除不显著参数 $b1$ 对应变量后模型为最终模型。新模型形式见公式（6.5.3），模型拟合结果见表 6.5.10。

$$y = a \cdot \left\{ \frac{1 - \exp[-(b + b1 \cdot \text{PRE}) \cdot t]}{1 - \exp[-(b + b1 \cdot \text{PRE}) \cdot t_0]} \right\}^c \tag{6.5.3}$$

表 6.5.10　含气候因子的树叶生物量生长模型拟合结果

Table 6.5.10　The estimation results of leaf biomass growth models including climate factors

参数 Parameters	估计值 Value	标准差 Std. error	自由度 DF	t 值 t-value	p 值 p-value
a	2.9467	0.4279	92	6.887	<0.0001
b	−1.1992	0.3651	92	−3.285	0.0014
$b1$	0.0009	0.0002	92	3.539	0.0006
c	2.5893	1.3597	92	1.904	0.0600
logLik			−256.667		
AIC			525.335		
BIC			540.721		
异方差函数值 Heteroscedasticity value			Power=0.7751		
残差 Residual error			1.0628		

6.5.4　竞争因子影响的模型

1. 基本模型

引入单木简单竞争指数（CI）数据参与模型拟合，分析不同组合的参数显著性及模型拟合指标，选择的最佳模型形式见公式（6.5.4），该模型与一般回归模型的拟合指标比较见表 6.5.11，模型拟合结果见表 6.5.12。

$$y = (a + a1 \cdot \text{CI} + a2 \cdot \text{CI}^2) \cdot \left\{ \frac{1 - \exp[-(b + b1 \cdot \text{CI}) \cdot t]}{1 - \exp[-(b + b1 \cdot \text{CI}) \cdot t_0]} \right\}^c \tag{6.5.4}$$

表 6.5.11　含竞争因子的树叶生物量生长模型比较

Table 6.5.11　The comparation of the models including competition factors for leaf biomass

模型形式 Model forms	logLik	AIC	BIC	LRT	p 值 p-value
含竞争因子回归模型 The model including competition factors	−271.682	557.364	575.315		
一般回归模型 The ordinary model	−278.749	565.499	575.756	14.134	0.0027

表 6.5.12　含竞争因子的树叶生物量生长模型拟合参数

Table 6.5.12　The estimation parameters of leaf biomass growth model including the
competition factors

参数 Parameters	估计值 Value	标准差 Std. error	自由度 DF	t 值 t-value	p 值 p-value
a	6.8322	1.3191	90	5.179	<0.0001
a1	−0.0921	0.0196	90	−4.690	<0.0001
a2	0.0003	0.0001	90	2.687	0.0086
b	0.2240	0.2064	90	1.085	0.2807
b1	−0.0012	0.0006	90	−2.194	0.0308
c	12.1896	41.1033	90	0.297	0.7675

2. 考虑方差协方差结构

从表 6.5.13 中可以看出，考虑方差结构后，幂函数和指数函数形式的方差方程中指数函数形式不能收敛，幂函数能极显著提高模型精度，因此，采用幂函数形式作为其方差方程。AR（1）、CAR（1）和 ARMA（1）3 种时间自相关方程形式均不能显著提高模型精度，且 3 个模型的 AIC 和 BIC 值均高于原模型，因此，不考虑时间相关的协方差结构。

表 6.5.13　含竞争因子的树叶生物量生长模型比较

Table 6.5.13　The comparation of leaf biomass growth models including competition factors

序号 No.	方差结构 Variance structure	协方差结构 Covariance structure	logLik	AIC	BIC	LRT	p 值 p-value
1	无	无	−271.682	557.364	575.315		
2	Power	无	−264.482	544.964	565.479	14.400	0.0001
3	Exponential	无	不能收敛 No convergence				
4	无	AR（1）	−271.137	558.274	578.789	1.090	0.2964
5	无	CAR（1）	−271.682	559.364	579.879	0.000	0.9922
6	无	ARMA（1）	−271.118	558.235	578.750	1.129	0.2879
7*	Power	无	−254.659	523.659	541.610		

*表示该模型为剔除不显著参数 b1 后的模型

*is the model removing no significant parameter b1

由于时间自相关形式的协方差结构均不能提高模型精度，因此仅考虑模型的方差结构。且幂函数形式的拟合指标较好，但该模型中参数中 b1 不显著（p 值为 0.2421），因此剔除该参数对应变量拟合新模型，新模型 3 项拟合指标均优于剔除不显著参数前的模型。因此以剔除不显著参数后的模型为最终模型，其模型形式见公式（6.5.5），模型拟合结果见表 6.5.14。

$$y = (a + a1 \cdot CI + a2 \cdot CI^2) \cdot \left[\frac{1 - \exp(-b \cdot t)}{1 - \exp(-b \cdot t_0)} \right]^c \quad (6.5.5)$$

表 6.5.14　含竞争因子的树叶生物量生长模型拟合结果

Table 6.5.14　The estimation results of leaf biomass growth models including competition factors

参数 Parameters	估计值 Value	标准差 Std. error	自由度 DF	t 值 t-value	p 值 p-value
a	5.2897	0.7607	91	6.954	<0.0001
a1	−0.0465	0.0110	91	−4.224	0.0001
a2	0.0001	0.0000	91	2.933	0.0042
b	0.1937	0.0400	91	4.847	<0.0001
c	17.5631	7.6442	91	2.298	0.0239
logLik		−254.659			
AIC		523.659			
BIC		541.610			
异方差函数值 Heteroscedasticity value		Power=1.1677			
残差 Residual error		0.5752			

6.5.5　模型检验与评价

从模型拟合情况看（表 6.5.15），采用考虑幂函数方差结构的回归模型和考虑环境因子的模型的拟合效果均优于一般回归模型；含环境因子的回归模型均优于仅考虑幂函数方差结构的回归模型；3 类环境因子混合效应模型中，竞争因子模型表现最好，该模型具有最高的 logLik 值和最低的 AIC 值，而气候因子模型次之，该模型具有最小的 BIC 值，且该模型的 logLik 值和 AIC 值也仅不及竞争因子模型；地形因子模型最差。

表 6.5.15　树叶生物量生长模型拟合指标比较

Table 6.5.15　The comparison of fitting indices among the leaf biomass growth models

模型形式 Model forms	logLik	AIC	BIC	LRT	p 值 p-value
一般回归模型 The ordinary model	−278.749	565.499	575.756		
考虑方差结构的回归模型 The model considering the variance structure	−272.409	554.819	567.640	12.680	0.0004
含地形因子的回归模型 The model including topographic factors	−258.341	530.683	548.633	40.816	<0.0001
含气候因子的回归模型 The model including climate factors	−256.667	525.335	540.721	44.164	<0.0001
含竞争因子的回归模型 The model including competition factors	−254.659	523.659	541.610	47.840	<0.0001

从模型的独立性检验看（表 6.5.16），考虑幂函数方差结构的回归模型全面优于一般回归模型，且幂函数加权的回归模型具有所有模型中最低的总相对误差和平均相对误差值。含环境因子的回归模型在预估精度上均高于幂函数加权回归模

型，且绝对平均相对误差较低，但 3 类环境因子模型的总相对误差和平均相对误差均较高。就 3 类环境因子模型而言，地形因子模型表现最佳，各项指标均优于其他两类环境因子模型，竞争因子模型次之，气候因子最差。

表 6.5.16　树叶生物量生长模型检验结果

Table 6.5.16　The comparison of validation indices among the leaf biomass growth models

模型形式 Model forms	总相对误差 RS	平均相对误差 EE	绝对平均相对误差 RMA	预估精度 P
一般回归模型 The ordinary model	14.92	16.00	71.97	77.79
考虑方差结构的回归模型 The model considering the variance structure	14.69	12.81	70.59	77.82
含地形因子的回归模型 The model including topographic factors	16.76	18.29	68.36	79.09
含气候因子的回归模型 The model including climate factors	18.36	22.51	69.52	77.98
含竞争因子的回归模型 The model including competition factors	17.60	19.03	69.05	78.22

6.6　地上部分生物量生长混合效应模型构建

6.6.1　基本混合效应模型

1. 混合参数选择

在考虑所有参数不同组合下，分析不同混合参数组合模型拟合的 3 个指标值，通过比较可以看出仅选取 a 参数作为混合参数的模型效果最好。该模型与无混合参数的比较情况见表 6.6.1。

表 6.6.1　地上部分生物量生长模型混合参数比较

Table 6.6.1　The mixed parameters choices of growth models for aboveground biomass

混合参数 Mixed parameters	logLik	AIC	BIC	LRT	p 值 p-value
无	−667.013	1342.026	1352.283		
a	−647.684	1305.367	1318.189	38.658	<0.0001
b	−652.558	1315.116	1327.938	28.910	<0.0001
c	不能收敛 No convergence				
a、b	−647.681	1307.361	1322.747	38.664	<0.0001
a、c	−647.681	1307.361	1322.747	38.664	<0.0001
b、c	不能收敛 No convergence				
a、b、c	−647.681	1309.361	1327.311	38.665	<0.0001

2. 考虑方差协方差结构

从表 6.6.2 中可以看出，考虑方差结构后，指数函数形式和幂函数形式的方差方程均能极显著提高模型精度，且幂函数形式的 logLik 值最大，AIC 和 BIC 值均最小，因此，采用幂函数形式作为其方差方程。AR（1）、CAR（1）和 ARMA（1）3 种时间自相关方程形式均不能显著提高模型精度，且 3 个模型的 AIC 和 BIC 值均高于原模型，因此，不考虑时间自相关的协方差结构。

表 6.6.2　地上部分生物量生长混合模型比较

Table 6.6.2　The comparison of the mixed models of aboveground biomass growth

序号 No.	方差结构 Variance structure	协方差结构 Covariance structure	logLik	AIC	BIC	LRT	p 值 p-value
1	无	无	−647.684	1305.367	1318.189		
2	Power	无	−606.222	1224.445	1239.831	92.839	<0.0001
3	Exponential	无	−617.739	1247.478	1262.864	59.889	<0.0001
4	无	AR（1）	−647.634	1307.269	1322.655	0.099	0.7532
5	无	CAR（1）	−647.691	1307.383	1322.769	0.015	0.9015
6	无	ARMA（1）	−647.684	1305.367	1322.658	0.095	0.9777

由于时间自相关形式的协方差结构均不能提高模型精度，因此仅考虑模型的方差结构。且幂函数形式的拟合指标较好，因此以该模型为基础构建地上部分生物量生长混合效应模型，其模型拟合结果见表 6.6.3。

表 6.6.3　地上部分生物量生长混合效应模型拟合结果

Table 6.6.3　The estimation results of mixed-effects growth models for aboveground biomass

参数 Parameters	估计值 Value	标准差 Std. error	自由度 DF	t 值 t-value	p 值 p-value
a	76.3382	19.2527	91	3.965	0.0001
b	0.0111	0.0115	91	0.961	0.3389
c	2.9552	0.6778	91	4.360	<0.0001
logLik			−606.222		
AIC			1224.445		
BIC			1239.831		
区组间方差协方差矩阵 D			D=28.1220		
异方差函数值 Heteroscedasticity value			Power=0.7787		
残差 Residual error			1.7662		

6.6.2　考虑地形因子固定效应的混合效应模型

1. 基本模型

引入海拔、坡度、坡向等级数据作为固定效应参与模型拟合，以基础混合效应模型（随机效应仅考虑 a 参数）为基础，分析不同组合的参数显著性及模型拟合指标，选择最佳模型形式见公式（6.6.1），该模型与基础混合效应模型的拟合指标比较见表 6.6.4。该模型显著不及原模型，但仍以该模型为基础构建地形因子固定效应的区域效应混合模型，其模型拟合结果见表 6.6.5。

$$y = (a + ua + a1 \cdot \text{GALT} + a2 \cdot \text{GSLO})$$

$$\cdot \left\{ \frac{1 - \exp[-(b + b1 \cdot \text{GALT} + b2 \cdot \text{GSLO}) \cdot t]}{1 - \exp[-(b + b1 \cdot \text{GALT} + b2 \cdot \text{GSLO}) \cdot t_0]} \right\}^c \tag{6.6.1}$$

表 6.6.4　考虑地形因子固定效应的地上部分生物量生长混合效应模型比较

Table 6.6.4　Comparison of the models considering the fixed effect of topographic factors for aboveground biomass

模型形式 Model forms	logLik	AIC	BIC	LRT	p 值 p-value
地形因子+区域效应 Topographic factors+regional effect	−657.513	1333.026	1356.105		
区域效应 Regional effect	−647.684	1305.367	1318.189	19.659	0.0006

表 6.6.5　考虑地形因子固定效应的地上部分生物量生长混合效应模型拟合参数

Table 6.6.5　The estimation parameters of mixed-effects growth models for aboveground biomass considering the fixed effect of topographic factors

参数 Parameters	估计值 Value	标准差 Std. error	自由度 DF	t 值 t-value	p 值 p-value
a	3.0867	23.1795	87	0.133	0.8944
$a1$	27.9510	11.8032	87	2.368	0.0201
$a2$	−7.0489	7.0254	87	−1.003	0.3185
b	0.0318	0.0181	87	1.753	0.0831
$b1$	0.0118	0.0037	87	3.176	0.0021
$b2$	−0.0053	0.0031	87	−1.698	0.0931
c	6.3337	2.5408	87	2.493	0.0146

2. 考虑方差协方差结构

从表 6.6.6 中可以看出，考虑方差结构后，幂函数和指数函数形式的方差方程中均能极显著提高模型精度，且其中幂函数各项指标较佳，因此，采用幂函数形式作为其方差方程。AR（1）、CAR（1）和 ARMA（1）3 种时间自相关方程形式均不能显著提高模型精度，且 3 个模型的 AIC 和 BIC 值均高于原模型，因此，不考虑时间自相关的协方差结构。

表 6.6.6　地形因子固定效应的地上部分生物量生长混合模型比较

Table 6.6.6　The comparison of aboveground biomass growth models with fixed effect of topographic factors

序号 No.	方差结构 Variance structure	协方差结构 Covariance structure	logLik	AIC	BIC	LRT	p 值 p-value
1	无	无	−657.513	1333.026	1356.105		
2	Power	无	−618.822	1257.645	1283.288	77.382	<0.0001
3	Exponential	无	−635.807	1291.615	1317.258	43.411	<0.0001
4	无	AR（1）	−657.073	1334.146	1359.790	0.880	0.3482
5	无	CAR（1）	−657.073	1334.146	1359.790	0.880	0.3482
6	无	ARMA（1）	−657.180	1334.360	1360.004	0.666	0.4145
7*	Power	无	−619.977	1255.954	1276.468	75.073	<0.0001

*表示该模型为剔除不显著参数 $a2$ 和 $b1$ 后的模型

*is the model removing no significant parameters $a2$ and $b1$

　　由于时间自相关形式的协方差结构均不能提高模型精度，因此仅考虑模型的方差结构，且幂函数形式的拟合指标较好，但该模型中参数 $a2$ 和 $b1$ 均不显著（p 值分别为 0.3766 和 0.3308），因此剔除这两个参数对应的固定效应变量进行拟合得出新模型。该模型较未剔除不显著参数模型具有较低的 AIC 和 BIC 值，该模型也极显著优于考虑地形因子固定效应的混合效应模型。新模型形式见公式（6.6.2），模型拟合结果见表 6.6.7。

$$y = (a + ua + a1 \cdot \text{GALT}) \cdot \left\{ \frac{1 - \exp[-(b + b1 \cdot \text{GSLO}) \cdot t]}{1 - \exp[-(b + b1 \cdot \text{GSLO}) \cdot t_0]} \right\}^c \qquad (6.6.2)$$

表 6.6.7　考虑地形因子固定效应的地上部分生物量生长混合效应模型拟合结果

Table 6.6.7　The estimation results of aboveground biomass growth models with fixed effect of topographic factors

参数 Parameters	估计值 Value	标准差 Std. error	自由度 DF	t 值 t-value	p 值 p-value
a	30.1707	9.4877	88	3.180	0.0020
$a1$	12.2476	3.3685	88	3.636	0.0005
b	0.02597	0.0119	88	2.177	0.0322
$b1$	−0.0041	0.0022	88	−1.829	0.0708
c	3.1892	0.7901	88	4.036	0.0001
logLik			−619.977		
AIC			1255.954		
BIC			1276.468		
区组间方差协方差矩阵 D			$D=1.4656\times10^{-4}$		
异方差函数值 Heteroscedasticity value			Power=0.8712		
残差 Residual error			1.2235		

6.6.3　考虑气候因子固定效应的混合效应模型

1. 基本模型

引入年降雨量和年均温数据作为固定效应参与模型拟合，以基础混合效应模型（随机效应仅考虑 *a* 参数）为基础，分析不同组合的参数显著性及模型拟合指标后，选择的最佳模型形式见公式（6.6.3），该模型与基础混合效应模型的拟合指标比较见表 6.6.8，模型拟合结果见表 6.6.9。

$$y = (a + ua) \cdot \left\{ \frac{1 - \exp[-(b + b1 \cdot \text{TEM} + b2 \cdot \text{PRE}) \cdot t]}{1 - \exp[-(b + b1 \cdot \text{TEM} + b2 \cdot \text{PRE}) \cdot t_0]} \right\}^{c + c1 \cdot \text{TEM} + c2 \cdot \text{PRE}} \qquad (6.6.3)$$

表 6.6.8　考虑气候因子固定效应的地上部分生物量生长混合效应模型比较

Table 6.6.8　Comparation of the models considering the fixed effect of climate factors for aboveground biomass

模型形式 Model forms	logLik	AIC	BIC	LRT	p 值 p-Value
气候因子固定效应+区域效应 Climate factors+regional effect	−647.917	1313.833	1336.912		
区域效应 Regional effect	−647.684	1305.367	1318.189	0.466	0.9768

表 6.6.9　考虑气候因子固定效应的地上部分生物量生长混合效应模型拟合参数

Table 6.6.9　The estimation parameters of mixed-effects growth models for aboveground biomass considering the fixed effect of climate factors for bark biomass

参数 Parameters	估计值 Value	标准差 Std. error	自由度 DF	t 值 t-value	p 值 p-value
a	44.2980	37.2120	87	1.190	0.2371
b	3.5640	0.4610	87	7.724	<0.0001
b1	−0.0190	0.0020	87	−9.585	<0.0001
b2	−0.0020	0.0000	87	−6.758	<0.0001
c	3188.7640	1552.6710	87	2.054	0.0430
c1	−46.5890	21.9260	87	−2.125	0.0364
c2	−1.5520	0.7650	87	−2.030	0.0454

2. 考虑方差协方差结构

从表 6.6.10 中可以看出，考虑方差结构后，幂函数和指数函数形式的方差方程均能极显著提高模型精度，其中指数函数形式的 logLik 值最大，AIC 和 BIC 值均最小，因此，采用指数函数形式作为其方差方程。AR（1）、CAR（1）和 ARMA（1）3 种时间自相关方程形式均不能显著提高模型精度，且 3 个模型的 AIC 和 BIC 值均高于原模型。

表 6.6.10　气候因子固定效应地上部分生物量生长混合效应模型比较

Table 6.6.10　The comparison of aboveground biomass growth models with fixed effect of climate factors

序号 No.	方差结构 Variance structure	协方差结构 Covariance structure	logLik	AIC	BIC	LRT	p 值 p-value
1	无	无	−647.917	1313.833	1336.912		
2	Power	无	−635.831	1291.662	1317.306	24.171	0.0001
3	Exponential	无	−635.034	1290.068	1315.711	25.765	0.0054
4	无	AR（1）	−647.896	1315.792	1341.435	0.042	0.8385
5	无	CAR（1）	−647.896	1315.792	1341.435	0.042	0.8385
6	无	ARMA（1）	−647.898	1315.795	1341.439	0.038	0.8458

　　由于时间自相关形式的协方差结构均不能提高模型精度，因此仅考虑模型的方差结构。且指数函数形式的拟合指标较好，因此以该模型为基础构建气候因子固定效应的地上生物量生长混合效应模型，其模型拟合结果见表 6.6.11。

表 6.6.11　考虑气候因子固定效应的地上部分生物量生长混合模型拟合结果

Table 6.6.11　The estimation results of aboveground biomass growth models with fixed effect of climate factors

参数 Parameters	估计值 Value	标准差 Std. error	自由度 DF	t 值 t-value	p 值 p-value
a	47.6920	31.9030	87	1.495	0.1386
b	3.6230	0.4110	87	8.824	<0.0001
$b1$	−0.0190	0.0020	87	−9.626	<0.0001
$b2$	−0.0020	0.0000	87	−7.665	<0.0001
c	3007.568	1326.4360	87	2.267	0.0258
$c1$	−44.0500	18.8680	87	−2.335	0.0219
$c2$	−1.4630	0.6520	87	−2.244	0.0273
logLik		−635.034			
AIC		1290.068			
BIC		1315.711			
区组间方差协方差矩阵 D		D=0.00004			
异方差函数值 Heteroscedasticity value		Power=0.1344			
残差 Residual error		91.5955			

6.6.4　考虑竞争因子固定效应的混合效应模型

1. 基本模型

　　引入单木简单竞争指数（CI）数据作为固定效应参与模型拟合，以基础混合效应模型（随机效应仅考虑 b 参数）为基础，分析不同组合的参数显著性及模型拟合指标后，选择的最佳模型形式见公式（6.6.4），该模型与基础混合效应模型的拟合指标比较见表 6.6.12，模型拟合结果见表 6.6.13。

$$y = (a + ua) \cdot \left\{ \frac{1 - \exp[-(b + b1 \cdot \mathrm{CI} + b2 \cdot \mathrm{CI}^2) \cdot t]}{1 - \exp[-(b + b1 \cdot \mathrm{CI} + b2 \cdot \mathrm{CI}^2) \cdot t_0]} \right\}^{c + c1 \cdot \mathrm{CI} + c2 \cdot \mathrm{CI}^2} \quad (6.6.4)$$

表 6.6.12　考虑竞争因子固定效应的地上部分生物量生长混合效应模型比较

Table 6.6.12　Comparison of the models considering the fixed effect of competition factors for aboveground biomass

模型形式 Model forms	logLik	AIC	BIC	LRT	p 值 p-value
竞争因子固定效应+区域效应 Competition factors+regional effect	−640.069	1298.138	1321.217		
区域效应 Regional effect	−647.684	1305.367	1318.189	24.978	0.0001

表 6.6.13　考虑竞争因子固定效应的地上部分生物量生长混合效应模型拟合参数

Table 6.6.13　The estimation parameters of mixed-effects growth models for aboveground biomass considering the fixed effect of competition factors

参数 Parameters	估计值 Value	标准差 Std. error	自由度 DF	t 值 t-value	p 值 p-value
a	62.410 1	34.239 8	87	1.823	0.071 8
b	0.093 0	0.022 5	87	4.128	0.000 1
b1	−0.001 5	0.000 8	87	−1.812	0.073 4
b2	0.000 03	0.000 01	87	1.956	0.053 7
c	17.255 9	10.408 5	87	1.658	0.100 9
c1	−0.584 5	0.385 5	87	−1.516	0.133 1
c2	0.008 8	0.006 1	87	1.443	0.152 6

2. 考虑方差协方差结构

从表 6.6.14 中可以看出，考虑方差结构后，幂函数和指数函数形式的方差方程均能极显著提高模型精度，其中幂函数形式的 logLik 值最大，AIC 和 BIC 值均最小，因此，采用幂函数形式作为其方差方程。AR（1）、CAR（1）和 ARMA（1）3 种时间自相关方程形式均不能显著提高模型精度，且 3 个模型的 AIC 和 BIC 值均高于原模型，因此，不考虑时间自相关的协方差结构。

表 6.6.14　竞争因子固定效应的地上部分生物量生长混合模型比较

Table 6.6.14　The comparison of aboveground biomass growth models with fixed effect of competition factors

序号 No.	方差结构 Variance structure	协方差结构 Covariance structure	logLik	AIC	BIC	LRT	p 值 p-value
1	无	无	−640.069	1298.138	1321.217		
2	Power	无	−608.110	1236.221	1261.864	63.918	<0.0001

续表

序号 No.	方差结构 Variance structure	协方差结构 Covariance structure	logLik	AIC	BIC	LRT	p 值 p-value
3	Exponential	无	−616.228	1252.457	1278.100	47.681	<0.0001
4	无	AR（1）	−639.377	1298.754	1324.398	1.384	0.2394
5	无	CAR（1）	−639.377	1298.754	1324.398	1.384	0.2394
6	无	ARMA（1）	−639.577	1299.153	1324.797	0.985	0.3209
7*	Power	无	−607.079	1230.159	1250.673	65.979	<0.0001

*表示该模型为剔除不显著参数 b1 和 b2 后的模型
*is the model removing no significant parameters b1 and b2

　　由于时间自相关形式的协方差结构均不能提高模型精度，因此仅考虑模型的方差结构。且幂函数形式的拟合指标较好，但模型中参数 b1 和 b2 不显著（p 值为 0.2521 和 0.1662），因此剔除两个参数对应变量拟合新模型，新模型显著优于剔除不显著参数前的模型（二者 LRT 差异性检验 p 值为 0.3567）。该模型具有最佳的拟合指标值，因此以新模型为竞争因子固定效应的混合效应模型。其模型形式见公式（6.6.5），模型拟合结果见表 6.6.15。

$$y = (a + ua) \cdot \left[\frac{1 - \exp(-b \cdot t)}{1 - \exp(-b \cdot t_0)} \right]^{c + c1 \cdot CI + c2 \cdot CI^2} \tag{6.6.5}$$

表 6.6.15　考虑竞争因子固定效应的地上部分生物量生长混合模型拟合结果
Table 6.6.15　The estimation results of aboveground biomass growth models with fixed effect of competition factors

参数 Parameters	估计值 Value	标准差 Std. error	自由度 DF	t 值 t-value	p 值 p-value
a	76.9496	11.6512	89	6.596	<0.0001
b	0.0656	0.0152	89	4.320	<0.0001
c	9.1919	2.9250	89	3.143	0.0023
c1	−0.1017	0.0341	89	−2.984	0.0037
c2	0.0003	0.0001	89	3.021	0.0033
logLik		−607.079			
AIC		1230.159			
BIC		1250.673			
区组间方差协方差矩阵 D		$D = 2.9887 \times 10^{-9}$			
异方差函数值 Heteroscedasticity value		Power=0.7300			
残差 Residual error		2.3904			

6.6.5　模型检验与评价

　　从模型拟合情况看（表 6.6.16），混合效应模型的拟合效果均优于一般回归模型；环境因子固定效应的混合效应模型在拟合指标上均不及一般区域效应混合效应模型；各类环境因子混合效应模型中，竞争因子模型表现最好，地形因子模型次之，气候因子模型最差。

表 6.6.16　地上部分生物量生长模型拟合指标比较

Table 6.6.16　The comparison of fitting indices among aboveground biomass growth models

模型形式 Model forms	logLik	AIC	BIC	LRT	p 值 p-value
一般回归模型 The ordinary model	−667.013	1342.026	1352.283		
区域效应混合模型 Mixed model including regional effect	−606.222	1224.445	1239.831	121.581	<0.0001
地形因子+区域效应混合模型 Mixed model including topographic factors and regional effect	−619.977	1255.954	1276.468	94.072	<0.0001
气候因子+区域效应混合模型 Mixed model including climate factors and regional effect	−635.034	1290.068	1315.711	62.363	<0.0001
竞争因子+区域效应混合模型 Mixed model including competition factors and regional effect	−607.079	1230.159	1250.673	119.867	<0.0001

从模型独立性检验看（表 6.6.17），普通区域效应混合效应模型除绝对平均相对误差低于一般回归模型外，其余 3 项指标均不及一般回归模型；环境因子混合效应模型在预估精度、绝对平均相对误差和平均相对误差上均优于一般回归模型，也优于区域效应混合效应模型；但在总相对误差上，仅地形因子混合效应模型优于一般回归模型；3 类环境因子混合效应模型中，地形因子模型具有最佳的预估精度、总相对误差和平均相对误差，气候因子模型具有最低的绝对平均相对误差，但该模型其他 3 项指标均不及其他两类环境因子混合效应模型。

表 6.6.17　地上部分生物量生长模型检验结果

Table 6.6.17　The comparison of validation indices among aboveground biomass growth models

模型形式 Model forms	总相对误差 RS	平均相对误差 EE	绝对平均相对误差 RMA	预估精度 P
一般回归模型 The ordinary model	7.71	9.82	61.93	85.81
区域效应混合模型 Mixed model including regional effect	−62.08	−37.46	55.16	79.85
地形因子+区域效应混合模型 Mixed model including topographic factors and regional effect	5.91	4.03	52.57	86.40
气候因子+区域效应混合模型 Mixed model including climate factors and regional effect	43.57	8.21	51.21	85.85
竞争因子+区域效应混合模型 Mixed model including competition factors and regional effect	−34.26	6.45	54.34	86.08

6.7　讨　论

6.7.1　模型方差和协方差结构

所有模型中考虑时间自相关的协方差结构均不能显著提高模型精度；考虑方差结构均能显著提高模型精度，且多以幂函数形式为最佳，仅考虑地形因子的树叶生物量生长模型（幂函数不收敛）、考虑竞争因子的树皮生物量生长模型（幂函数不收敛）、考虑气候因子的地上部分生物量生长模型（指数函数较好）、考虑气候因子的树皮生物量生长模型（指数函数较好）4 个模型以指数函数形式的方差结构形式为好。

6.7.2　模型拟合及检验指标分析

混合效应模型技术被广泛应用于林木生长与收获中，尤其是对单木树高、胸径、材积，以及林分优势高、林分蓄积等开展了较多的研究，这说明相对一般的林木生长回归模型，混合效应模型具有较好的拟合表现和预估能力（罗云建等，2010）。而该模型技术应用生物量生长的研究却较少。本研究通过对思茅松单木地上部分各维量的生物量混合效应模型的构建，发现考虑区域效应随机效应，并不能提高树枝和树叶生物量模型的拟合精度，但能提高木材、树皮和地上生物量的拟合精度。

就混合效应模型的拟合表现而言，考虑环境因子固定效应后，木材、树皮和地上部分生物量 3 个维量的气候因子固定效应的混合效应均不及普通混合效应模型；地上部分总生物量的 3 个环境因子混合效应模型的拟合指标均不及普通混合效应模型；木材生物量生长模型中仅地形因子固定效应混合模型和竞争因子固定效应混合模型在各项指标均优于普通混合效应模型；树皮生物量混合效应模型中地形因子固定效应混合模型和竞争因子固定效应混合模型较普通混合效应模型具有较高的 logLik 值，但其 AIC 和 BIC 值也较高。3 类环境因子模型中，竞争因子模型的拟合指标较好，且在木材和树皮上均为最佳的环境因子固定效应混合效应模型；地形因子固定效应混合模型则是树皮生物量模型中表现最好的环境因子固定效应混合效应模型。

从混合效应模型的独立性检验指标看，除木材生物量生长模型外，树皮和地上部分生物量生长的普通混合效应模型的独立性检验指标多不及一般回归模型；考虑环境因子的混合效应模型均具有较高的预估精度和较低的绝对平均相对误差值；木材生物量生长模型中环境因子模型全面优于一般回归模型和普通混合效应模型,而树皮和地上部分生物量生长模型的其他指标表现不一;3 类环境因子固定效应混合模型中,竞争因子固定效应混合模型在拟合木材生物量生长中表现最好,地形因子模型在树皮生物量和地上生物量生长拟合中表现最好。

而对树枝和树叶生物量生长模型而言,含环境因子的模型均优于普通考虑方差协方差结构模型;环境因子模型中竞争因子模型具有最佳的拟合指标,气候因子表现次之,地形因子模型最差。可见,林木竞争是影响单木生物量生长的重要因素。

树枝和树叶生物量生长模型中,考虑方差结构的模型表现不一,其中在树枝生物量生长模型中,考虑方差结构的模型表现均不及一般回归模型,但树叶生物量生长模型却优于一般回归模型;环境因子模型均具有较高的预估精度和较小的绝对平均相对误差值,且均以地形因子模型的预估精度为最高,绝对平均相对误差值最小;但环境因子模型的总相对误差和平均相对误差的绝对值多高于一般回归模型和考虑方差结构的回归模型。

综合考虑模型拟合和独立性检验指标,木材生物量生长和地上部分生物量生长模型以考虑竞争因子固定效应的区域效应混合效应模型最佳,树皮生物量生长模型以地形因子混合效应模型最好,树枝和树叶生物量生长模型则以含竞争因子的回归模型为好。

6.8　小　　结

考虑区域效应,采用非线性混合效应模型构建单木地上部分生物量各维量的生长模型。由于混合效应参数选择中仅单木木材、树皮和地上部分生物量 3 个维量的混合参数组合能显著提高模型精度,而树枝和树叶生物量生长模型的区域效应模型则不能,因此构建单木木材、树皮和地上部分生物量区域混合效应模型,而树枝和树叶构建一般非线性模型。

(1)所有模型中考虑时间自相关的协方差结构均不能显著提高模型精度;考虑方差结构均能显著提高模型精度,且多以幂函数形式为最佳。

(2)考虑环境因子固定效应后多能提高模型拟合及预估精度。但分别考虑 3 类环境因子固定效应后混合效应模型在各维量的表现各异。

(3)单木地上部分各维量生物量模型选择。综合考虑模型拟合和独立性检验指标,木材生物量生长和地上部分生物量生长模型以考虑竞争因子固定效应的区域效应混合效应模型最佳,树皮生物量生长模型以地形因子混合效应模型最好,树枝和树叶生物量生长模型则以含竞争因子的回归模型较好。

第7章 结论与讨论

7.1 结 论

7.1.1 共性结论

（1）并非考虑区域效应的混合效应模型都能提高模型拟合精度，如单木树皮生物量、单木树枝与树叶生物量生长模型的基本区域效应混合模型均不能提高模型拟合精度；混合效应模型多具有较佳的独立性检验表现。

（2）考虑环境因子固定效应的混合效应模型多优于仅考虑区域效应的混合效应模型的拟合表现，且考虑环境因子固定效应的区域混合效应模型多具有较佳的独立性检验表现；但其最佳的环境因子固定效应的混合效应模型在各维量中各有不同。

（3）考虑模型的方差协方差结构多能提高模型拟合精度，但对不同维量的模型而言，最佳的方差或协方差结构形式各异。

（4）考虑环境因子固定效应后，部分模型区域随机效应的区组间方差协方差矩阵值趋近于0。

7.1.2 分项结论

（1）单木生物量混合效应模型构建。综合考虑模型拟合和独立性检验指标，木材、根系和单木总生物量生物量模型选取地形因子固定效应的混合效应模型，树枝生物量模型则是选取竞争因子固定效应的混合效应模型；树叶和地上部分生物量模型以气候因子固定效应的混合效应模型为最佳，树皮生物量模型则以气候因子灵敏的回归模型为好。

（2）林分生物量混合效应模型构建。综合考虑模型拟合和独立性检验指标，除林分根系生物量选择普通区域效应混合模型外，其余维量均选择地形因子固定效应的混合效应模型。

（3）林分生物量扩展因子及根茎比模型构建。综合考虑模型拟合和独立性检验指标，树枝生物量、树叶生物量、乔木层地上部分生物量、乔木层根系生物量、乔木层总生物量BEF选择含地形因子的回归模型；木材生物量、林分地上部分生物量、林分根系生物量、林分总生物量BEF选择考虑协方差的一般回归模型；林分生物量根茎比模型则选取仅考虑协方差结构的回归模型。

（4）单木生物量生长模型构建。综合考虑模型拟合和独立性检验指标，木材生物量生长和地上部分生物量生长模型以考虑竞争因子固定效应的区域效应混合效应模型为最佳，树皮生物量生长模型以地形因子固定效应的混合效应模型为最佳，树枝和树叶生物量生长模型则以含竞争因子的回归模型为较好。

7.2　讨　　论

7.2.1　基于混合效应模型的生物量模型构建

来自观测单元内部和观测单元间的误差是两种基本的误差来源，而观测单元间的误差是不能忽略的（李春明，2010），因此混合效应模型中参数考虑了观测单元间的变化而得到广泛应用，并且获得了比传统回归方法更好的拟合和预估精度。本研究以不同区域为观测单元，考虑区域效应的随机效应构建了单木生物量各维量及林分乔木层及林分总生物量各维量的混合效应模型，除单木树皮生物量外其余维量的混合效应模型均能提高模型精度。

7.2.2　综合考虑环境因子的生物量模型构建

林木及林分生长受到环境因子的影响，对于具有分组特性的因子可以考虑成随机效应，如本研究的区域效应，以及样地效应、样木效应、立地条件差异、抚育管理措施等（李春明，2009，2010）。但是对于连续数据而言，考虑随机效应是不可行的，因此具有连续变化特征的环境因子采用混合效应模型中的固定效应进行分析。综合考虑环境因子固定效应的混合效应模型可以提高模型精度。本研究在林分水平的生物量维量模型中考虑林分因子（SDI 和 SI）、气候因子及地形因子固定效应，在单木水平上考虑气候因子、地形因子及竞争因子的影响。通过模型拟合，考虑环境因子固定效应的模型多具有较好的拟合精度和独立性检验表现，且多数维量表现较好的模型均为环境因子固定效应模型，这在一定程度上也说明了考虑连续变化的环境因子的固定效应对于提高模型精度具有重要意义。

由于考虑环境因子固定效应后，部分维量的环境因子固定效应模型的区组间方差协方差矩阵 D 中随机效应向量值趋近于 0，也就是说加入环境因子后会造成区组间的随机效应趋于 0，模型中区组间差异不明显。区域效应是对一定区域内环境条件的综合反映，考虑区域效应可以提高模型精度，但是其提高模型精度的内在原因很难解释。在单木各维量模型构建中，气候因子固定效应混合效应模型的区组间方差协方差矩阵随机效应向量值多趋于 0。这也在一定程度上说明区域水平反映大尺度上的林木生长的水热条件分布，由于考虑年均温和年降雨量两个气候因子的固定效应，在固定效应中已经反映了水热条件差异，从而造成区域效应的随机效应向量趋于 0；而林分水平各维量环境因子固定效应混合模型中则是林分因子和地形因子固定效应模型多趋于 0。造成单木和林分水平上各类环境因子固定效应混合模型中存在差异的原因有待进一步研究，且在研究中如何选择随机效应和环境因子固定效应的组合显得极为重要，这需要在今后的研究中进一步探讨。

不同维量的各类环境因子固定效应模型表现不一致。单木生物量各维量中，木材、根系和单木总生物量模型选取地形因子固定效应的混合效应模型，树枝和树叶生物量模型则是竞争因子固定效应的混合效应模型，地上部分生物量模型为气候因子和地形因子固定效应的混合效应模型较好；而林分水平生物量各维量中，除林分根系生物量选择普通区域效应混合模型外，其余维量均选择地形因子固定效应的混合效应模型；就单木生物量生长模型而言，木材生物量生长和地上部分生物量生长模型以考虑竞争因子固定效应的区域效应混合效应模型为最佳，树皮生物量生长模型以地形因子混合效应模型为最佳。可见，林分生物量模型多以地形因子固定效应模型表现最好，说明在山区地区，除考虑区域效应随机效应外，考虑林分所在的地形因子对于精确估计其生物量具有重要意义；而对于单木而言，尤其是单木树枝和树叶生物量，除区域效应外，也应重视林木竞争对林木生物量的影响。

本研究仅就不同环境因子类型，分别构建不同环境因子类型固定效应的混合效应模型，且各类环境因子固定效应混合模型多具有较好的拟合和预估表现，如何综合考虑各类环境因子，构建整合各类环境要素的综合混合效应模型，进一步提高各维量生物量模型的精度和预估能力，这将在今后的研究中进一步探讨。

7.2.3　生物量模型的方差协方差结构

林木生长和收获模型中普遍存在异方差现象，且林木静态模型中往往存在空间分布自相关性，生长模型中存在时间自相关性，因此考虑模型构建中方差协方差结构可以在一定程度上提高模型精度。但本研究中考虑方差和协方差结构在各维量中表现不一。

生物量扩展因子及根茎比模型考虑方差结构不能提高模型精度，这可以从其对应的残差图中看出，其模型拟合中多不存在异方差现象。

单木生物量生长模型中考虑方差结构均能提高模型精度，且从残差图中可以看出，考虑方差结构之后模型的异方差得到解决，但是其考虑时间自相关的协方差结构却不能提高模型精度，这需要在今后的研究中进一步探讨。

对单木及林分生物量各维量模型而言，考虑方差和协方差结构后的模型表现不一。其中，单木各维量模型中，以仅考虑方差结构提高精度的模型为多（20 个）；

考虑方差协方差结构均能提高精度的模型数次之（7 个），仅考虑协方差结构提高精度的模型和考虑方差和协方差结构均不能提高精度的模型均仅 1 个；且方差结构函数以幂函数形式为多，协方差结构形式则主要是 Spherical 形式。林分生物量各维量模型中，以仅考虑方差结构提高精度的模型为多（15 个）；仅考虑协方差结构提高精度的次之（5 个），考虑方差与协方差结构均能提高精度的模型和考虑方差与协方差结构均不能提高精度的模型均为 2 个；且方差结构函数以幂函数形式为多，协方差结构形式则主要是 Gaussian 形式。可见，考虑方差结构提高模型精度的模型数较多，且方差结构多以幂函数形式显著提高模型精度，胥辉和张会儒（2002）以原函数倒数（即对应的加权的幂函数值为 1）为加权去除模型异方差降低了模型的误差及变动系数。可见，幂函数形式的方差结构能有效去除生物量模型异方差。本研究中以因变量为基础，通过模型拟合得出最终幂函数形式的幂值，该值均小于 1，且多在 0.9 左右。考虑协方差结构也能在一定程度上提高一些维量的模型精度，且单木水平以 Spherical 形式为多，林分水平则以 Gaussian 形式为多，其变化原因尚需进一步研究。

参 考 文 献

陈炳浩，陈楚莹. 1980. 沙地红皮云杉森林群落生物量和生产力的初步研究[J]. 林业科学，16：
　　269—278

陈东升，李凤日，孙晓梅，等. 2011. 基于线性混合模型的落叶松人工林节子大小预测模型[J]. 林
　　业科学，47（11）：121—128

陈灵芝，任继凯，鲍显诚. 1984. 北京西山人工油松林群落学特征及生物量的研究[J]. 植物生态
　　学与地植物学报，8（3）：173—181

程栋梁. 2007. 植物生物量分配模式与生长速率的相关规律研究[D]. 兰州：兰州大学博士学位论文

程栋梁，钟全林，林茂兹，等. 2011. 植物代谢速率与个体生物量关系研究进展[J]. 生态学报，
　　31（8）：2312—2320

党承林，吴兆录. 1992. 季风常绿阔叶林短刺栲群落的生物量研究[J]. 云南大学学报（自然科学
　　版），14（2）：95—107

董利虎，李凤日，贾炜玮. 2013. 东北林业天然白桦相容性生物量模型[J]. 林业科学，49（7）：
　　75—85

冯宗炜，陈楚莹，张家武，等. 1982. 湖南会同地区马尾松林生物量的测定[J]. 林业科学，18（2）：
　　127—134

冯宗炜，王效科，吴刚. 1999. 中国森林生态系统的生物量和生产力[M]. 北京：科学出版社

符利勇. 2012. 非线性混合效应模型及其在林业上的应用[D]. 北京：中国林业科学研究院博士学
　　位论文

符利勇，李永慈，李春明，等. 2011. 两水平非线性混合模型对杉木林优势高生长量研究[J]. 林
　　业科学研究，24（6）：720—726

符利勇，李永慈，李春明，等. 2012. 利用2种非线性混合效应模型（2水平）对杉木林胸径生
　　长量的分析[J]. 林业科学，48（5）：36—43

符利勇，孙华. 2013. 基于混合效应模型的杉木单木冠幅预测模型[J]. 林业科学，49（8）：65—74

符利勇，张会儒，李春明，等. 2013. 非线性混合效应模型参数估计方法分析[J]. 林业科学，
　　49（1）：114—119

韩文轩，方精云. 2008. 幂指数异速生长机制模型综述[J]. 植物生态学报，32（4）：951—960

贺东北，骆期邦，曾伟生. 1998. 立木生物量线性联立模型研究[J]. 浙江林学院学报，15（3）：
　　298—303

雷相东，李永慈，向玮. 2009. 基于混合模型的单木断面积生长模型[J]. 林业科学，45（1）：74—80

李春明. 2009. 混合效应模型在森林生长模型中的应用[J]. 林业科学，45（4）：131—138

李春明. 2010. 混合效应模型在森林生长模型中的应用[D]. 北京：中国林业科学研究院博士学位
　　论文

李春明. 2011. 基于纵向数据非线性混合模型的杉木林优势木平均高研究[J]. 林业科学研究，
　　24（1）：68—73

李春明. 2012a. 基于混合效应模型的杉木人工林蓄积联立方程系统[J]. 林业科学，48（6）：80—88

李春明. 2012b. 基于两层次线性混合效应模型的杉木林单木胸径生长量模型[J]. 林业科学, 48（3）：66—73

李春明, 唐守正. 2010. 基于非线性混合模型的落叶松云冷杉林分断面积模型[J]. 林业科学, 46（7）：106—113

李春明, 张会儒. 2010. 利用非线性混合模型模拟杉木林优势木平均高[J]. 林业科学, 46（3）：89—95

李东. 2006. 西双版纳季风常绿阔叶林的碳贮量及其分配特征研究[D]. 勐仑：中国科学院西双版纳热带植物园硕士学位论文

李贵祥, 孟广涛, 方向京, 等. 2006. 滇中高原桤木人工林群落特征及生物量分析[J]. 浙江林学院学报, 23（4）：362—366

李海奎, 雷渊才. 2010. 中国森林植被生物量和碳储量评估[M]. 北京：中国林业出版社

李建华, 李春静, 彭世揆. 2007. 杨树人工林生物量估计方法与应用[J]. 南京林业大学学报（自然科学版）31（4）：37—40

李江. 2011. 思茅松中幼林人工碳储量和碳储量动态研究[D]. 北京：北京林业大学博士学位论文

李江, 孟梦, 朱宏涛, et al. 2010. 思茅松中幼人工林的生物量碳计量参数[J]. 云南植物研究, 32（1）：60—66

李文华, 邓坤枚, 李飞. 1981. 长白山主要生态系统生物量生产量的研究[J]. 森林生态系统研究（试刊）：34—50

李耀翔, 姜立春. 2013. 基于2层次线性混合模型的落叶松木材密度模拟[J]. 林业科学, 49（7）：91—98

李意德, 曾庆波, 吴仲民. 1992. 尖峰岭热带山地雨林生物量的初步研究[J]. 植物生态学与地植物学学报, 16：293—300

李永慈. 2004. 基于混合模型和度量误差模型方法研究生长收获模型的参数估计问题[D]. 北京：北京林业大学博士学位论文

刘世荣. 1990. 兴安落叶松人工林群落生物量及净初级生产力的研究[J]. 东北林业大学学报, 18（2）：40—46

刘云彩, 姜远标, 陈宏伟, 等. 2008. 西南桦人工林单株生物量的回归模型[J]. 福建林业科技, 35（2）：42—46

吕晓涛, 唐建维, 何有才, 等. 2007. 西双版纳热带季节雨林的生物量及其分配特征[J]. 植物生态学报, 31（1）：11—22

罗天祥. 1996. 中国主要森林类型生物生产力格局及其数学模型[D]. 北京：中国科学院自然资源综合考察委员会

罗云建. 2007. 华北落叶松人工林生物量碳计量参数研究[D]. 北京：中国林业科学院硕士学位论文

罗云建, 王效科, 张小全, 等. 2013. 中国生态系统生物量及其分配研究[M]. 北京：中国林业出版社

罗云建, 张小全, 侯振宏, 等. 2007. 我国落叶松林生物量碳计量参数的初步研究[J]. 植物生态学报, 31（6）：1111—1118

罗云建, 张小全, 王效科, 等. 2009. 森林生物量的估算方法及其研究进展[J]. 林业科学, 45（8）：129—133

骆期邦, 曾伟生, 贺东北, 等. 1999. 立木地上部分生物量模型的建立及其应用研究[J]. 自然资源学报, 14（3）：271—277

马钦彦. 1989. 中国油松生物量的研究[J]. 北京林业大学学报，11（4）：1—10

孟宪宇. 2006. 测树学（3 版）[M]. 北京：中国林业出版社

潘维俦，李利村，高正衡. 1979. 12 个不同地域类型杉木林的生物产量和营养元素分布[J]. 中南林业科技，（4）：1—141

史军. 2005. 造林对中国陆地碳循环的影响研究[D]. 北京：中国科学院地理科学与资源研究所

唐守正，郎奎建，李海奎. 2009. 统计和生物数学模型计算（ForStat 教程）[M]. 北京：科学出版社

唐守正，张会儒，胥辉. 2000. 相容性生物量模型的建立及其估计方法研究[J]. 林业科学研究，36（专刊 1）：19—27

万猛，李志刚，李富海，等. 2009. 基于遥感信息的森林生物量估算研究进展[J]. 河南林业科技，29（4）：42—45

王海亮. 2003. 思茅松天然次生林林分生长模型研究[D]. 昆明：西南林业大学硕士学位论文

魏殿生. 2003. 造林绿化与气候变化——碳汇问题研究[M]. 北京：中国林业出版社

温庆忠，赵远藩，陈晓鸣，等. 2010. 中国思茅松林生态服务功能价值动态研究[J]. 林业科学研究，23（5）：671—677

吴小山. 2008. 杨树人工林生物量碳计量参数研究[D]. 雅安：四川农业大学硕士学位论文

吴兆录，党承林. 1992. 云南普洱地区思茅松林的生物量[J]. 云南大学学报（自然科学版），14（2）：161—167

西南林学院，云南省林业厅. 1988. 云南树木图志[M]. 昆明：云南科技出版社

胥辉. 1997. 林木生物量模型研究综述[J]. 林业资源管理，（5）：33—36

胥辉. 1998. 立木生物量模型构建及估计方法的研究[D]. 北京：北京林业大学博士学位论文

胥辉. 1999. 一种与材积相容的生物量模型[J]. 北京林业大学学报，21（5）：32—36

胥辉，刘伟平. 2001. 相容性生物量模型研究[J]. 福建林学院学报，21（1）：18—23

胥辉，张会儒. 2002. 林木生物量模型研究[D]. 昆明：云南科技出版社

岳锋，杨斌. 2011. 思茅松林碳汇功能研究[J]. 江苏农业科学，39（5）：467—469

云南森林编写委员会. 1988. 云南森林[M]. 昆明：云南科技出版社&中国林业出版社

曾伟生，骆期邦，贺东北. 1999. 兼容性立木生物量非线性模型研究[J]. 生态学杂志，18（4）：19—24

曾伟生，骆期邦，贺东北. 1999. 论加权回归与建模[J]. 林业科学，35（5）：5—11

曾伟生，唐守正. 2010. 利用混合模型方法建立全国和区域相容性立木生物量方程[J]. 中南林业调查规划，29（4）：1—6

曾伟生，唐守正，夏忠胜，等. 2011. 利用线性混合模型和哑变量模型方法建立贵州省通用性生物量方程[J]. 林业科学研究，24（3）：285—291

曾伟生，张会儒，唐守正. 2011. 立木生物量建模型方法[M]. 北京：中国林业出版社

张会儒，唐守正，王奉瑜. 1999. 与材积兼容的生物量模型的建立及其估计方法研究[J]. 林业科学研究，12（1）：53—59

张会儒，唐守正，胥辉. 1999. 生物量模型中的异方差问题[J]. 林业资源管理，（1）：46—49

张会儒，赵有贤，王学力，等. 1999. 应用线性联立方程组方法建立相容性生物量模型研究[J]. 林业资源管理，（6）：63—67

张小全，武曙红. 2010. 林业碳汇项目理论与实践[M]. 北京：中国林业出版社

郑征，冯志立，曹敏，等. 2000. 西双版纳原始热带湿性季节雨林生物量及净初级生产[J]. 植物

生态学报，24（2）：197—203

中国植物志编辑委员会. 1978. 中国植物志. 第 7 卷[M]. 北京：科学出版社

António N，Tomé M，Tomé J，et al. 2007. Effect of tree，stand，and site variables on the allometry of *Eucalphyptus globules* tree biomass[J]. Canadian Journal of Forest Research，37：895—906

Basuki T M，van Laake P E，Skidmore A K，et al. 2009. Allometric equations for estimating the above-ground biomass in tropical lowland Dipterocarp forests[J]. Forest Ecology and Management，257（8）：1684—1694

Bi H，Tumer J，Lambert M J. 2004. Additive biomass equations for native eucalypt forest trees of temperate Australia[J]. Trees，18（4）：467—479

Brown S，Gillespie A J R，Lugo A E. 1989. Biomass estimation methods for tropical forests with applications to forest inventory data[J]. Forest Science，35（4）：881—902

Brown S，Lugo AE. 1984. Biomass of tropical forests：a new estimate based on forest volumes[J]. Science，233：1290—1293

Brown S，Schroeder P E. 1999. Spatial patterns of aboveground production and mortality of woody biomass for eastern US Forests[J]. Ecological Applications，9：968—980

Bruce D，Wensel L C. 1987. Modelling forest growth，approaches，definitions and problems in proceeding of IUFRO conference[J]. Forest Growth Modelling and Prediction，（1）：1—8.

Budhathoki C B，Lyneh T B，Guldin J M. 2005. February 28—March 4. Individual tree growth models for natural even-aged Shortleaf pine（Pinus echinata Mill.）[C]//Proceedings of the 13th Biennial Southern Silvieultural Conferenee，Memphis，TN，USA

Caims M A，Brown S，Helmer E H，et al. 1997. Root biomass allocation in the world's upland forests[J]. Oecologia，111：1—11

Calama R，Montero G. 2004. Interregional nonlinear height-diameter model with random coefficients for Stone pine in Spain[J]. Canadian Journal of Forest Research，34：150—163

Case B，Hall R J. 2008. Assessing prediction errors of generalized tree biomass and volume equations for boreal forest region of west-central Canada[J]. Canadian Journal of Forest Research，38：878—889

Cheng D，Wang G，Li T，et al. 2007. Relationships among the stem，aboveground and total biomass across Chinese forests[J]. Journal of Integrative Plant Biology，49（11）：1573—1579

Chojnacky D C. 2002. Allometric scaling theory applied to FIA biomass etimation[R]. //Proceeding of the Third Annual Forest Inventory and Analysis Symposium. GTR NC-230，North Central Research Station，Forest Service USDA：96—102

Dorado F C，Ulises D A，Marcos B A，et al. 2006. A generalized height-diameter model including random components for Radiata pine plantations in Northwestern Spain[J]. Forest Ecology and Management，229：202—213

Eamus D，McGuinness K，Burrows W. 2000. Review of allometric relationships for estimating woody biomass for Queensland，the Northern Territory and Western Australia[R]//National Carbon Accounting System Technical Report 5A. Australian Greenhouse Office，Canberra

Fang J Y，Chen A P，Peng C H，et al. 2001a. Changes in forest biomass carbon storage in China between 1949 and 1998[J]. Science，292：2320—2322

Fang J Y，Liu G H，Xu S L. 1998. Forest biomass of China：an estimation based on the biomass-volume relationship[J]. Ecological Applications, 8: 1084—1091

Fang Z, Baley R L. 2001. Nonlinear mixed effects modeling for slash pine dominant height growth following intensive silvicultural treatments. Forest Science, 47: 287—300

Fang Z, Bailey R L, Shiver B D. 2001b. A multivariate simultaneous prediction system for stand growth and yield with fixed and random effects[J]. Forest Science, 47: 550—562

Fehrmann L, Lehtonen A, Kleinn C, et al. 2008. Comparison of linear and mixed-effect regression models and a K-nearest neighbour approach for estimation of single-tree biomass[J]. Canadian Journal of Forest Research, 38 (1): 1—9

Fu L Y, Zeng W S, Tang S Z, et al. 2012. Using linear mixed model and dummy variable model approaches to construct compatible single-tree biomass equations at different scales —a case study for Masson pine in Southern China[J]. Journal of Forest Science, 58 (3): 101—115

Fu L, Zeng W, Zhang H, et al. 2014. Generic linear mixed-effects individual-tree biomass models for *Pinus massoniana* in southern China[J]. Southern Forests, 76 (1): 47—56

Fukuda M, Iehara N, Matsumoto M. 2003. Carbon stock estimates for sugi and hinoki forests in Japan[J]. Forest Ecology and Management, 184 (1—3): 1—16

Garber S M, Maguire D A. 2003. Modeling stem taper of three Central Oregon species using nonlinear mixed effects models and autoregressive error structures[J]. Forest Ecology and Management, 179: 507—522

Gregoire T G. 1987. Generalized error-structure for forestry yield models[J]. Forest Science, 33: 423—444

Gregoire T G, Schabenberger O. 1996. A nonlinear mixed-effects model to predict cumulative bole volume of standing trees[J]. Journal of Apply Statisties, 23: 257—271

Guo Z, Fang J, Pan Y, et al. 2010. Inventory-based estimates of forest biomass carbon stocks in China: a comparison of three methods[J]. Forest Ecology and Management, 259 (7): 1225—1231

Hall D B, Clutter M. 2004. Multivariate multilevel nonlinear mixed effects models for timber yield predictions[J]. Biometries, 60: 16—24

Hegyi F. 1974. A simulation model for managing jack-pine[J]. Growth models for tree and stand simulation, (30): 74—90

IPCC. 2003. Good practice guidance for Land use, land-use change and froestry[R/OL]. Kanagawa (Japan): Institute for Global Environmental Strategies. http: //www. ipcc-nggip. iges. or. jp/public/gpglulucf/gpglulucf-contents. html[2012-05-01]

IPCC. 2006. IPCC Guidelines for national greenhouse gas inventories: agriculture, forestry and other land use[R]. Kanagawa (Japan): Institute for Global Environmental Strategies. http: //www. ipcc-nggip.iges.or.jp/public/2006gl/vol4.html[2012-05-01]

IPCC. 2007. 4th Assessment Report Climate Change 2007[R]

Jenkins J C, Chojnacky D C, Heath L S, et al. 2003. National-scale biomass estimators for United States tree species[J]. Forest Science, 49: 12—35

Jenkins J C, Chojnacky D C, Heath L S, et al. 2004. Comprehensive database of diameter-base biomass regressions for North American tree species[R]. General Technical Report NE-319, USDA Forest Service, Northeastern Research Station, Newtown Square, PA

Keith H, Barrett D, Keenan R. 2000. Review of allometric relationships for estimating woody biomass for New South Wales，the Austrilian Capital Territory，Victoria，Tasmania，and South Australian[R/OL]//National Carbon Accouting System Technical Report 5B. Australian Greenhouse Office，Canberra，Australian

Konopka B，Pajtik J，Seben V，et al. 2011. Belowground biomass functions and expansion factors in high elevation Norway spruce[J]. Forestry，84（1）：41—48

Kraenzel K，Castillo A，Moore T，et al. 2003. Carbon storage of harvest-age teak（*Tectona grandis*）plantations，Panama[J]. Forest Ecology and Management，173（1—3）：213—225

Laird N M，Ware J H. 1982. Random effects models for longitudinal data[J]. Biometries，38：963—974

Lappi J，Bailey R L. 1988. A height prediction model with random stand and tree parameters：an alternative to traditional site methods[J]. Forest Science，34：907—927

Lehtonen A，Mäkipää R，Heikkinen J，et al. 2004. Biomass expansion factors（BCEFs）for Scots pine，Norway spruce and birch according to stand age for boreal forests[J]. Forest Ecology and Management，188：211—224

Levy P E，Hale S E，Nieotl B C. 2004. Biomass expansion factors and root：shoot ratios for coniferous tree species in Great Britain[J]. Forestry，77（5）：421—430

Li X，Yi M J，Son Y，et al. 2010. Biomass expansion factors of natural Japanese red pine（*Pinus densiflora*）forests in Korea[J]. Journal of Plant Biology，53（6）：381—386

Lieth H，Whittaker R H. 1975. Primary productivity of biosphere[M]. New York：Springer

Little R C，Milliken G A，Stroup W W，et al. 2006. SAS for mixed models（second edition）[M]. Cary，NC，USA：SAS institute Inc

Mahadev S，John P. 2007. Height-diameter equations for boreal tree species in Ontario using a mixed-effects modeling approach[J]. Forest Ecology and Management，249：187—198

Mokany K，Raison J R，Prokushkin S A. 2006. Critical an alysis of root：shoot ratios in terrestrial biomes[J]. Global Change Biology，12：84—96

Muukkonen P. 2007. Forest inventory-based large-scale forest biomass and carbon budget assessment：new enhanced methods and use of remote sensing for verification[R]. Department of Geography，University of Helsinki，Helsinki，Finland

Nanos N，Rafael C，Gregorio M，et al. 2004. Geostatistical prediction of height-diameter models[J]. Forest Ecology and Management，195：221—235

Návar J. 2009. Allometric equations for tree species and carbon stocks for forests of northwestern Mexico[J]. Forest Ecology and Management，257：427—433

Parresol B R. 1999. Assessing tree and stand biomass：a review with examples and critical comparisons[J]. Forest Science，256：1853—1867

Parresol B R. 2001. Additivity of nonlinear biomass equations[J]. Canadian Journal of Forest Research，31：865—878

Pearce H G，Anderson W R，Fogarty L G，et al. 2010. Linear mixed-effects models for estimation biomass and fuel loads in shrublands[J]. Canadian Journal of Forest Research，40（10）：2015—2026

Pinheiro J C，Bates D M. 2000. Mixed effects models in S and S-plus. New York：Springer Verlag

Poorter H，Niklas K J，Reich P B，et al. 2012. Biomass allocation to leaves stems and roots：meta-analysis of interspecific variation and environment control [J]. New Phytologist，193（1）：30—50

Ranger J，Gelhaye D. 2001. Belowground biomass and nutrient content in a 47-year-old Douglas-fir plantation[J]. Annals of Forest Science，58（4）：423—430

Ravindranath N H，Ostwald M. 2008. Carbon inventory methods：handbook for greenhouse gas inventory，carbon mitigation and roundwood production projects [M]. Dordrecht（Netherland）：Springer

Reineke L H. 1933. Perfecting a stand-density index for even-aged forests[J]. Journal of Agricultural Research，46（7）：627—638

Repola J，Ojansuu R，Kukkola M. 2007. Biomass functions for Scots pine，Norway spruce and birch in Finland[R]. Working Papers of the Finnish Forest Research Institute 53.

Rose R，Lee S，Rosner L S，et al. 2006. Twelfth-year response of Douglas-fir to area of weed control and herbaceous versus woody weed control treatments[J]. Canadian Journal of Forest Research，36（10）：2464—2473

Segura M. 2005. Allometric models for tree volume and total aboveground biomass in a tropical humid forest in Costa Rica[J]. Biotropica，37（1）：2—8

Ter-Mikaelian M T，Korzukhin M D. 1997. Biomass equations for sixty-five North American tree species[J]. Forest Ecology and Management，97：1—24.

Wang X P，Fang J Y，Zhu B. 2008. Forest biomass and root-shoot allocation in northeast China[J]. Forest Ecology and Management，255：4007—4020

West G B，Brown J H，Enquist B J. 1997. A general model for the origin of allometric scaling laws in biology[J]. Science，276：122—126

West G B，Brown J H，Enquist B J. 1999a. A general model for structure and allometry of plant vascular systems[J]. Nature，400：664—667

West G B，Brown J H，Enquist B J. 1999b. The fourth dimension of life：fractal geometry and allometric scaling of organisms[J]. Science，284：1677—1679

West G B，Niklas K J. 2002. Allometric scaling of metabolic rate from molecules and mitochondria to cells and mammals[J]. Proceedings of the National Academy of Sciences of the United States of America，99（S1）：2473—2478

West P W. 2009. Tree and forest measurement（2nd edition）[M]. Berlin：Springer

Zhang Y J，Borders B E. 2004. Using a system mixed-effects modeling method to estimate tree compartment biomass for intensively managed Loblolly Pines-an allometric approach[J]. Forest Ecology and Management，194：145—157

Zhao D，Wilson M，Borders B E. 2005. Modeling response curves and testing treatment effects in repeated measures experiments：a multi-level nonlinear mixed-effects model approach[J]. Canadian Journal of Forest Research，35：122—132

Zhou G S，Wang Y H，Jiang Y L，et al. 2002. Estimating biomass and net primary production from forest inventory data：a case study of China's Larix forests[J]. Forest Ecology and Management，169：149—157

Zianis D. 2008. Predicting mean aboveground forest biomass and its associated variance[J]. Forest Ecology and Management，256：1400—1407

Zianis D，Muukkonen P，Makipaa R，et al. 2005. Biomass and stem volume equations for tree species in Europe[R]//Silva Fennica Monographs 4